电子信息技术系列图书

数据链技术

主　编　钱凤臣　赵海燕
副主编　杨俊强　严丽娜　谭　薇
主　审　苏　兵

西安电子科技大学出版社

内 容 简 介

本书系统地介绍了数据链的基本原理、技术体系、功能组成、消息格式以及未来技术发展等。全书共8章，包括数据链概述、数据链的信息传输、数据链组网技术、数据链多址接入技术、数据链消息标准、数据链抗干扰技术、数据链安全防护技术和数据链技术发展等内容。

本书可供从事数据链技术研究、装备运用等工作的技术人员阅读，也可作为通信工程、信息工程、电子工程、计算机科学与技术、电子对抗、作战指挥、导航与控制等领域的高校师生、部队工程师以及研究院所人员的参考书。

图书在版编目(CIP)数据

数据链技术/钱凤臣，赵海燕主编. —西安：西安电子科技大学出版社，2022.7
ISBN 978-7-5606-6503-0

Ⅰ. ①数…　Ⅱ. ①钱…　②赵…　Ⅲ. ①数据传输　Ⅳ. ①TN919.1

中国版本图书馆CIP数据核字(2022)第098411号

策　　划　秦志峰
责任编辑　秦志峰
出版发行　西安电子科技大学出版社(西安市太白南路2号)
电　　话　(029)88202421　88201467　　邮　　编　710071
网　　址　www.xduph.com　　电子邮箱　xdupfxb001@163.com
经　　销　新华书店
印刷单位　陕西博文印务有限责任公司
版　　次　2022年7月第1版　2022年7月第1次印刷
开　　本　787毫米×1092毫米　1/16　印张　11.5
字　　数　265千字
印　　数　1～1000册
定　　价　35.00元
ISBN 978-7-5606-6503-0/TN
XDUP 6805001-1

*****如有印装问题可调换*****

编委会名单

主　审　苏　兵

主　编　钱凤臣　赵海燕

副主编　杨俊强　严丽娜　谭　薇

参　编　赵　骞　吴　波　张一凡　邓　鹏

齐　涛　张仁鹏　牛德智　张佳唯

张峥嵘　王明乾

前　言

世界已经进入信息化时代，信息技术和信息网络无处不在，未来的战争是信息化战争。在信息化战争下，战争节奏加快，战场态势瞬息万变，作战样式和规模都将发生巨大变化，特别是作战节奏、反应速度和打击能力的变化对战场信息获取、传递和共享提出了更高要求。数据链作为数字化战场神经系统的重要组成部分，将战场上的各级指挥中心、指挥所、参战部队和武器平台链接在一起，构成陆、海、空、天、电一体化的数字信息网络。

在世界各国竞相研究和发展数据链的热潮中，最先受益的是美国。从近期美军主导的几场局部战争中可以看出，数据链技术已经逐渐地渗透到情报侦察、作战指挥和效果评估等各个领域，将整个战场紧密地融合为一体，实现了战场情报的高度共享，提高了反应速度和打击精度，从整体上提升了美军的作战能力，为其在军事上赢得战争的胜利奠定了坚实基础。

目前，我国的数据链建设正处在一个快速发展的时期，数据链技术研究、装备建设和作战运用的人才现状与实际需求之间存在巨大差距，亟需加大数据链人才培养的力度和加快数据链人才培训的步伐。本书在现有文献资料的基础上对数据链最新技术和理论作了进一步整理、深化和总结，旨在为读者提供一本逻辑清晰、层次分明、系统性强的教科书。

全书共8章。第1章是数据链概述，介绍数据链的基本概念、数据链的组成和结构、数据链的作用和分类等；第2章是数据链的信息传输，介绍电波传播与天线、数据链常用的调制解调技术以及编码技术；第3章是数据链组网技术，介绍数据通信网的基础知识、数据链信道共享技术、网络同步技术、网络协议及网络规划与管理；第4章是数据链多址接入技术，介绍数据链多址接入技术的基本概念和分类、轮询接入技术和时分多址技术的概念及工作原理；第5章是数据链消息标准，介绍数据链消息标准概述以及Link 16、Link 4A、Link 11、Link 22、VMF等典型数据链消息标准；第6章是数据链抗干扰技术，介绍数据链抗干扰技术的基本概念及分类、直接序列扩谱、跳频技术、交织技术以及Link 16系统中的抗干扰技术；第7章是数据链安全防护技术，介绍数据链系统安全概述、Link 11的安全系统和Link 16的安全系统等；第8章是数据链技术发展，介绍联合战术无线电系统、协同作战能力系统及其关键技术、战术组件网络、战术瞄准网络技术、宽带网络波形以及移动自组织网络技术等。

本书由苏兵主审。钱凤臣、赵海燕担任本书主编，杨俊强、严丽娜、谭薇担任副主编。赵骞、吴波、张一凡、邓鹏、齐涛、张仁鹏、牛德智、张佳唯、张峥嵘、王明乾参与完成了各章节的编写工作。全书由赵海燕统稿。在编写过程中，我们参考了许多军内外相关教材、著作以及学术论文，在此向相关文献作者表示衷心的感谢。

数据链技术涉及知识面较广、相关学科较多，由于编者水平有限，书中难免存在不妥之处，敬请读者批评指正。

编　者

2022 年 4 月

目　　录

第 1 章　数据链概述

信息化条件下的战争是陆、海、空、天、电一体的综合体系对抗。在广大的区域内，敌我双方数量众多的武器平台交织在一起，情况和位置迅速变化。各级指挥机构和指挥员必须掌握实时的敌我态势，了解所属部队和武器的战斗形态，将不同种类的作战单元有机地链接起来，形成整体合力，并选择合适的攻击武器和最佳的攻击地点，在最短的时间内给敌人以最有效的打击。

数据链(data link)是在信息化战争的新形势下，为适应高速机动作战单元实时共享战场态势、高效指挥控制和战术协同需要，采用格式化消息、高效的组网协议和多种信道而构成的信息系统，是实现各作战平台之间协同工作和进行信息化铰链，共享整个战场资源，打赢信息化战争的基础装备。数据链可以将信息获取、信息传递、信息处理、信息控制紧密地连接在一起，完成各种军事信息系统(如指挥控制、预警探测、电子对抗、精确制导信息等系统)的信息业务互通，把原本独立的各级指挥机关、战斗部队、传感探测平台和武器平台有机地连接在一起，实现所有作战单元的沟通，形成具有统一、协调能力的作战整体，从而极大地增强部队的整体作战效能，为取得战争的胜利奠定坚实的基础。

1.1　数据链的基本概念

数据链的建设是信息化战争的重要保证，数据链的应用水平在很大意义上决定着信息化战争的水平和能力。随着信息技术的飞速发展和武器装备信息化程度的不断提高，美国、苏联及北约等军队先后发展了近百种数据链，数据链的种类、功能越来越多，应用范围也越来越广。目前，数据链已成为“现代化武器装备的生命线”和军队信息化建设的基础性要素。

1.1.1　数据链的发展历史

数据链建设始于 20 世纪 50 年代，首先装备于地面防空系统，而后逐渐扩展到海军舰艇和作战飞机上。美军于 20 世纪 50 年代中期启用的“赛其”防空预警系统，率先在雷达站与指挥控制中心间建立了点对点的数据链，使防空预警反应时间从 10 min 缩短为 15 s。随后，北约为“赛其”防空预警系统研制了点对点的 Link 1 数据链，使遍布欧洲的 84 座大型地面雷达站形成整体预警能力。美军数据链发展较为迅速的阶段是在 20 世纪 70 年代，目前被广泛使用的 Link 16 数据链就是在这个时期开始研发的。虽然数据链的产生不过几十年的时间，但其性能和应用范围却得到了飞速的提高和扩大。目前，美国、俄罗斯、以色列以及北约国家的军队装备有数据链。

数据链技术作为当今军用信息技术的核心，从其登上军事舞台起，就引起了各国的极大关注。数据链技术研究，在美国和北约国家起步较早，而在我国轰轰烈烈地开展专项研究并从系统整体上进行建设是从21世纪初才开始的。数据链的产生和发展也与其他事物的出现是一样的，经历了从无到有、从少量到大量、从低速到高速、从简单到复杂、从专用到通用、从非保密到高保密的一个逐渐完善的发展过程。总体上说，数据链的发展经历了起步、发展和完善三个阶段。下面结合美国和北约国家数据链的起步、发展和完善来介绍数据链的发展历程。

1. 数据链的起步阶段

20世纪50年代至60年代末为数据链的起步阶段。数据链最初是为了应对高速突防的战略轰炸机而研制的，但后来很快在解决航空母舰与舰载机的协同控制方面找到了更广阔的用武之地。例如，美国海军由水面舰艇部队、潜艇部队、海军航空兵、海军陆战队等多兵种组成，其作战特点为海域辽阔、平台众多、兵力分散、组织复杂。每个作战平台都是相对封闭、独立的作战个体，无线通信是各作战平台对外联系的唯一手段。因此，相对于其他各军兵种，美国海军对战术协同的需求尤其迫切。正是在这一迫切需求下，美国海军提出在各类舰载作战飞机与水面舰艇之间建立数据链接关系，以实现舰艇对舰载作战飞机的指挥引导，研发了Link 4。

这一阶段代表性的数据链有Link 1、Link 4等，其特点是技术简单，传输速率较低，没有保密性，不具备抗干扰能力，只能单向通信等。

最早的数据链是Link 1，它不但可以使用无线传输，还可以使用电缆等有线传输。目前，北约国家的自动防空系统还在使用Link 1。随后发展的数据链有Link 2和Link 3。Link 2与Link 1功能类似，主要用于北约国家陆基雷达之间的情报数据传输，目前已经被弃用。Link 3是一种传输速率较低的陆上数据链，主要用于某些特定的早期防空预警系统，目前已经基本停止使用。

Link 4是这个阶段比较成功的数据链，它是20世纪50年代末投入使用的，最初是为了满足空中交通管制的要求而开发的，而后发展成为陆上平台、海上平台、空中平台进行数据传输的重要手段。特别是作为航空母舰与舰载机之间的协同手段，Link 4发挥了巨大作用，也为后来数据链在航空领域的广泛应用做了有益的探索。但Link 4没有保密能力。在这个阶段，苏联也先后发展了“蓝天”和“蓝宝石”两种航空指挥控制引导数据链。

2. 数据链的发展阶段

20世纪70年代到90年代为数据链的发展阶段。目前广泛使用的数据链都是在这个阶段开始研制并得到初步应用的，如著名的Link 11、Link 16等数据链。这一阶段数据链的主要缺点仍然是传输速率低，保密性、抗干扰能力差，但能够实现双向通信，而且部分数据链开始具备一定的保密能力。

Link 11系列数据链是这个阶段数据链的典型代表。Link 11的研制始于20世纪60年代，美军称之为“战术数字信息链路A”系列，主要用于完成舰艇和飞机之间实时地交换预警信息、指挥控制指令和目标数据等功能，而且具有一定的保密能力。当使用Link 11时，舰艇之间的通信距离可以达到500多千米，舰艇与飞机之间的通信距离可以达到300多千米。Link 11还可以使用卫星中继来扩大传输距离。Link 11B是Link 11的一个衍生版本，是为了适应陆地使用环境而专门修改的。除可以使用无线电传输外，Link 11B还可以使用有线线路传输，其主要用于地面雷达站、防空部队等单位传输和交换空中目标的相关信息。

Link 11 系列数据链也存在传输速率低、保密性差等缺点。

Link 4 的改进型数据链是这个阶段另一类重要的数据链。在 Link 4 的基础上，美军从 20 世纪 70 年代末开始发展了 Link 4A 和 Link 4C 两套数据链系统。对于 Link 4A，美军称之为“战术数字信息链路 C”系列，并于 1983 年形成 TADIL C 传输技术标准，主要用于陆/海与空中平台之间、空中平台之间的战术通信，可以使预警机控制的飞机数量达到 100 多架。Link 4C 是为特定战机之间传输信息而专门修改的数据链，采用了与 Link 4A 大体相同的技术体制，增加了抗干扰措施(比 Link 4A 多了电子对抗的能力)。Link 4C 从 20 世纪 80 年代开始装备，主要用在美国海军主力战机 F-14“雄猫”战斗机上。随着该型战机的退役，Link 4C 也逐渐退出了历史舞台。在这个阶段，苏联发展了“彩虹”航空指挥控制引导数据链。

3. 数据链的完善阶段

20 世纪 90 年代至今为数据链的完善阶段。这一阶段以 Link 16 为代表的高速率、高保密性、高抗干扰能力的数据链逐步得到了广泛的应用，并出现了适用性更好的 Link 22。这个阶段数据链的特点是技术复杂、保密性好、抗毁性高、抗干扰能力强。可以说，这个阶段的数据链具备了现代意义上数据链的所有特征，是完整意义上的数据链。

Link 16 是这个阶段最具代表性的数据链。Link 16 的研制始于 20 世纪 70 年代，但由于研制的复杂性等，Link 16 的广泛使用是在 20 世纪 90 年代以后，特别是在海湾战争以后。Link 16 是一种具有高速率、强抗干扰能力的数据链(具备扩、跳频)，美军称之为“战术数字信息链路 J”系列。Link 16 综合了 Link 4 和 Link 11 的部分特点，已经成为美军和北约国家主要的标准通信装备，也是目前广泛使用的数据链。

Link 22 是这个阶段的另一个代表。Link 22 的研制始于 20 世纪 90 年代，被北约国家称为“北约改进型数据链 11 号”，是一种可以借助中继平台进行通信并具有高速率、高保密性和强抗干扰能力的数据链，可以在陆、海、空平台之间传输和交换各种数据信息。Link 22 融合了 Link 11 和 Link 16 的一些特点。在这个阶段，苏联继续发展并完善了“彩虹”航空指挥控制引导数据链。

在不同的时期，美军和北约国家还发展了一些其他的数据链。很多数据链由于多种原因目前已经被弃用，在此以表格的形式对其进行简要说明，详见表 1-1。

表 1-1 Link 系列数据链

代号	用途	说明	使用国家(地区)
Link 1	地—地	北约国家防空雷达	美国及北约国家
Link 2	地—地	北约国家陆基雷达情报传输，类似于 Link 1	无
Link 3	地—地	防空预警，属低速电报数据链	北约国家
Link 4	空—空/地	标准单向数据链	美国及北约国家
Link 4A	空—地/舰	标准双向数据链	美国及北约国家
Link 4B	地—地	地面设备间有线通信数据链	美国及北约国家
Link 4C	空—空	F—14 战斗机间专用数据链	美国

续表

代号	用途	说明	使用国家(地区)
Link 5	舰—地	舰对岸数据链，已弃用	无
Link 6	地—地	导弹系统	北约国家
Link 7	地—空	空中交通管制	法国
Link 8	舰—地	与 Link 13 类似，已弃用	无
Link 9	地—地	防空中心、空军基地指挥专用，已弃用	无
Link 10	舰—舰/地	类似于 Link 11	英国、荷兰、比利时、希腊
Link 11	舰—舰/地	也可用于舰对空，美军称之为 TADIL A 系列	美国、日本、韩国、以色列、埃及、澳大利亚以及北约国家
Link 11B	地—地	陆上使用的 Link 11，美军称之为 TADIL B 系列	美国和北约国家
Link 12	舰—舰	美国海军早期发展的数据链，已弃用	无
Link 13	舰—舰	部分北约国家早期发展的数据链，已弃用	无
Link 14	舰—舰	低速单向电报数据链	美国和北约国家
Link 15	舰—舰	低速单向电报数据链，已弃用	无
Link 16	舰—空/地	多用途高性能数据链，美军称之为 TADIL J 系列	无
Link 22	舰—舰/地	北约国家改进型 Link 11，结合了 Link 11 和 Link 16 的特点	美国和北约国家
Link ES	舰—舰	Link 11 的意大利版	意大利
Link G	空—地	英国开发的类似于 Link 4 的数据链	英国
Link R	舰—地	用于英国海军司令部与舰艇之间的数据链	英国
Link W	舰—舰	法国版本的 Link 11	法国
Link X	舰—舰	Link 10 的另一个代号	英国、比利时、荷兰、希腊
Link Y	舰—舰	外销给非北约国家的 Link 10	中东、南美、东南亚部分国家以及巴基斯坦等
Link δ	空—地	外销版本的 Link 11，用于埃及 E-2C	埃及
Link π	空-地	外销版本的 Link 11，用于以色列 E-2C	以色列
Link σ	空—地	外销版本的 Link 11，用于新加坡 E-2C	新加坡

1.1.2　数据链的定义

数据链的建设和发展是与各国各军武器装备的发展密切相关的，迄今为止，数据链没有统一、明确的定义。军事专家、技术专家、战术专家等不同人员因所处的立场不同，对数据链有不同的定义和理解。下面给出一些关于数据链的不同描述。

数据链是武器装备的“生命线”，是战斗力的“倍增器”，是联合作战的“黏合剂”。

数据链是将数字化战场上的指挥中心、各级指挥所、各参战部队和武器平台链接起来的一种信息处理、交换和分发系统。它由系统与设施、通信规程和应用协议组成。

数据链是获得信息优势，提高各作战平台快速反应能力和协同作战能力，实现作战指挥自动化的关键设备。

数据链通过无线信道实现各作战单元数据信息的交换和分发，采用数据相关和融合技术来处理各种信息。

数据链是采用无线网络通信技术和应用协议，实现机载、陆基和舰载战术数据系统之间的数据信息交换，从而最大限度地发挥战术系统效能的系统。

数据链可以形成点对点数据链路和网状数据链路，使作战区域内各种指挥控制系统和作战平台的计算机系统组成战术数据传输/交换和信息处理网络，为作战指挥人员和战斗人员提供有关的数据和完整的战场战术态势图。数据链技术包括高效远距离光学通信技术、抗干扰通信的多波束自适应零位天线技术、数据融合技术和自动目标识别技术等。

上述有关数据链的表述，各有侧重，但都不全面。

广义地讲，所有传递数据的通信链路均可称为数据链。所谓数据通信，是与语音通信相对而言的。我们日常生活中使用的电话，传统上将其归为语音通信。而一些主要传输字符的通信通常称为数据通信，如电传、电报以及后来发展的分组交换等通信手段都可以称为数据通信，计算机通信也属于数据通信的一种。链路是技术标准与相关设备组成的一个完整系统，数据链路就是数据通信技术标准与计算机、传输终端等设备组成的数据传输系统。从这个角度上讲，数据链基本上是一种在各个用户间，依据共同的通信协议，使用自动化的无线或有线收发设备传递、交换数据信息的通信链路。

狭义地讲，数据链是用于传输机器可读的战术数字信息的标准通信链路。也就是说，并不是任何传输数据的通信链路都可以称为数据链，而只有那些传输特定格式数据的通信链路才可以称为数据链，而且这些特定格式的数据能够被接收和发送的终端设备所“理解”，并能够按照数据所传递的内容完成特定的任务。例如，当雷达探测到一个空中目标时，如果使用数据链将目标的高度、速度、方位、航向、敌我属性等信息传递给指挥所，那么其高度、速度、方位、航向、敌我属性可能在雷达探测的同时就形成了特定的“10”“11”等编码。若高度 8000 m 表示为“0100”，速度 900 km/h 表示为“0010”，方位“东南”表示为“0001”，航向“西北”表示为“1000”，敌我属性“敌机”表示为“1001”，则这些信息就形成了一个“01000010000110001001”的字符串。这个字符串通过数据链直接传送到指挥所，指挥所的接收终端再将这个字符串还原为所要表达的高度、速度、方位、航向、敌我属性等信息，并直观、自动地在电子地图上标绘出来，供指挥员参考。在这种情况下，数据链传输的特定格式的字符串就是机器能够自动识别的数据信息，也就是“机器可读”的数据信息。数据链通过单一网络体系结构和多种通信媒体，将两个或多个指挥控制系统或武器系统连接在一起，进而进行战术信息的交换。

从通信的角度来看，数据链是按照规定的消息格式和通信协议，利用各种先进的调制解调技术、纠错编码技术、组网通信技术和信息融合技术，以面向比特的方式实时传输格式化数字信息的地—空、空—空、地—地战术无线数据通信系统，其本质上是一种高效、实时传输、保密、抗干扰、格式化消息的数据通信网络。

从作战体系的角度来看，数据链是指挥、控制、通信、计算机、攻击、情报、监视与侦察系统(C4KISR)的信息传输"纽带"，是实现 C4KISR 的通信基础设备。简单地说，"数据链"就是链接数字化战场上的作战平台(传感器平台、指挥控制平台以及武器平台)，实时传输和处理(交换、分发)战术信息(态势信息、平台信息和作战指控指令等)的数据通信系统。

为了便于理解，这里我们总结各种表述给出数据链的定义：数据链是按照统一的消息标准和通信协议，主要以无线信道链接传感器平台、指挥控制平台和武器平台，实时处理和分发战场态势、指挥引导、战术协同、武器控制等格式化消息的信息系统。

我们可以通俗地从以下四个方面来理解数据链的内涵。

(1) 格式化消息，解决"传什么"的问题。数据链传输的内容是特定的作战信息，这些信息都按照一定的标准进行简短、扼要的数字化表述，因而提高了信息表达效率，便于机器直接识别、快速处理，这也是三军信息共享的基础。格式化消息由作战需求所确定，它规定了数据链传送的信息内容，因而实质上决定了数据链的作战使用功能。

(2) 实时化传输，解决"怎么传"的问题。数据链传输的目标信息和各种指挥引导信息的实时性很强，如果不在规定的时间内完成处理和传输，这些信息将失去意义。数据链利用短波、超短波、微波和卫星等多种信道，采用高效、简明的通信协议，通过灵活的组网方式、直达的传输路径，保证了信息传输的实时性。如预警机获取敌机信息后，以广播方式即时将信息传到地面有关指挥所。

(3) 一致化时空，解决"传得准"的问题。为实现各作战平台的高精度定位和目标航迹的统一，数据链各参与单元采用共同的时间、空间基准，利用到达时间进行精密测距和数据处理，实时、精确地确定自己的时间、位置、速度和航向。在此基础上，提高对雷达目标的数据融合处理精度，实现目标航迹的统一。时空一致化，为达成跨平台时空一致的信息共享，进行各种条件下精确定位、导航和武器打击奠定了基础，并为联合作战创造了有利条件。

(4) 一体化链接，解决"传给谁"的问题。数据链通常直接嵌入传感器、武器和指控平台，与信息获取或信息处理设备紧密结合，实现自动控制、在线显示。通过数据链，地面指挥所不仅可控制机载雷达开机时机，控制雷达天线对准目标扫描，还可控制飞机自动驾驶仪，使飞机上的显示器能够为飞行员提供战场敌我态势、飞行航路、目标位置、目标分配及投弹点的直观图形和相关数据等信息。单个平台的局限性可以通过数据链这个纽带，利用其他平台资源加以有效克服，从而提高体系对抗能力。

不同的国家对数据链的称谓不同，美国将数据链称为战术数字信息链(tactical digital information link)，北约国家称其为 Link。美军参谋长联席会议主席令(CJCSI6610.01B，2003 年 11 月 30 日)中对战术数字信息链的定义为：通过单网或多网结构和通信介质，将两个或两个以上的指控系统和武器系统链接在一起，是一种适合于传送标准化数字信息的通信链路，简称 TADIL。目前，一些国家和地区军队装备的"标准密码数字链""战术数字情报链”“高速计算机数字无线高频/超高频通信战术数据系统”“联合战术信息分发系统”“多功能信息分配系统”等都属于数据链。

1.1.3 数据链的基本特征

数据链最根本的特征是使处于不同地理位置的作战平台实现紧密的信息链接。以作战平台为主要链接对象，以特殊的数据通信为链接手段，将不同的作战平台组合为完整战术共同体的链接关系，是数据链通信区别于传统通信最明显的特征。综合考虑数据链的链接对象、链接手段和链接关系的突出特点，可将数据链的基本特征归纳为以下五个方面。

1. 链接对象智能化

数据链的紧密战术关系是在链接对象之间组成的，是建立在战术信息数据快速流动的基础上的。链接对象担负着战术信息的采集、加工、传递和应用等重要使命，要完成这些使命，链接对象的数字化是前提，智能化是基础。没有链接对象的智能化，数据链就失去了存在的基础。作战平台，包括指控系统、探测平台、武器平台，并不都能成为数据链的链接对象，只有完成战术信息的采集、加工、传递和应用的平台，才能实现战术数据的紧密链接。

2. 链接手段特殊化

数据链的链接手段主要依靠数据通信，且必须是在规定的时间、规定的地点，按规定的通信协议和信息格式，向规定的链接对象传输规定的战术数据信息的特殊战术通信手段，具有一定的特殊性。这种特殊性主要表现在以下三个方面：

(1) 信息传输实时。信息传输实时化是数据链的立身之本，也是数据链的生命力所在。紧密的战术链接关系需要实时性很强的战术数据交换来建立，如果不能满足战术数据的实时传输与交换的要求，就不可能建立一种紧密的战术链接关系，数据链也就不复存在。

(2) 传输方式共享。各链接对象要建立紧密的战术链接关系，主要通过信息资源共享来实现。因此，传输方式共享是数据链链接手段的一个重要特征。传输方式共享是指数据链中各链接节点既能共享各链接节点发出的所有信息，也能相对公平地分配总的信息发送时间，分割总的发送信道。

(3) 传输手段多样。为保证信息快速、可靠地传输，数据链的链接手段可以采用多种方式，既有点到点的单链路传输，也有点到多点和多点到多点的网络传输，且网络结构和网络通信协议多种多样。只要能满足数据链信息的传输要求，很多数据传输方式均可作为数据链的链接手段。根据应用需求和具体作战环境的不同，数据链可综合采用短波信道、超短波信道、微波信道和卫星信道。通过信息无缝链接手段，还可以实现多种信道组建单一数据链路的结构形式。

3. 信息内容格式化

信息内容格式化是指数据链采用统一的面向比特定义的信息标准。其好处在于：一是提高了信息表达效率(相对字符定义)，为战术信息的实时化链接赢得了时间；二是为各作战平台的紧密铰链提供了手段，为实现“从传感器到射手”信息流的形成奠定了基础；三是为信息在不同数据链之间的传输、转接、处理提供了便利，也为信息数据的无缝链接提供了前提条件。

4. 信息流程自动化

数据链采用统一的格式化信息标准，使战术信息数据的采集(由传感器完成)、加工(由传感器处理器和指控系统完成)、传输(由数据链终端设备和信道设备完成)、处理(由数据链接口设备和指控系统完成)和使用(作战指挥部门和武器平台)能自动完成，无需人工干预，从而形成信息流程的自动化。信息流程自动化既提高了信息传输实时化的程度，也缩短了战术信息有效利用的时间，使“从传感器到射手”成为现实。这是数据链日益受到人们重视且其设备一跃成为信息化时代的主战装备的重要原因。

5. 链接关系紧密化

信息传输实时化、信息内容格式化、信息流程自动化为实现链接对象的紧密铰链和与武器平台的紧密铰链提供了前提条件。数据链紧密链接关系是在各作战平台之间构成的，主要体现在两个方面：一是数据链的各个链接对象(作战平台之间)的紧密链接关系，这种关系依赖的主要手段是信息资源共享；二是数据链的单个链接对象内部和各武器平台之间的紧密链接关系，与武器平台在战术层面紧密铰链是数据链的重要使命，也是数据链的一个重要特征。链接关系紧密化的结果直接导致了战术共同体的形成，使单个作战平台的作用范围大大延伸，作战威力得到极大加强。因此，数据链作为信息化战争条件下的“军力倍增器”名副其实，并且其设备已成为信息化时代的必备装备。

1.1.4 数据链的主要功能

数据链的基本作用是保证战场上各个作战单元之间能够迅速交换情报信息，共享各作战单元掌握的所有情报，实时监视战场态势，提高相互协同能力和整体作战效能。数据链作为军队指挥、控制与情报系统传输信息的工具和手段，是信息化战争中的一种重要通信方式。

在数字化战场中，指挥中心、各级指挥所、各参战部队和武器平台通过“数据链”链接在一起，构成陆、海、空、天、电一体化的数据通信网络。在该网络中，各种信息按照规定的信息格式，实时、自动、保密地进行传输和交换，从而实现信息资源共享，为指挥员迅速、正确地做决策提供整个战区统一、及时和准确的作战态势，其功能模型如图 1-1 所示。

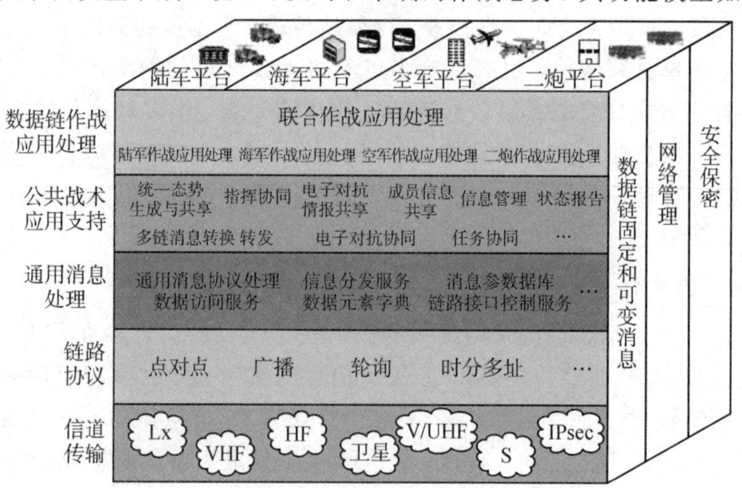

图 1-1 数据链系统功能模型

美国空军对数据链提出的总要求是：在恰当的时间提供恰当的信息，并以恰当的方式进行分发和显示，以使作战人员能够在恰当的时间用恰当的方式完成恰当的事情。这样做的目的是利用数据链所提供的信息优势，加快和改进作战人员的决策过程。总之，数据链是大量重要作战能力的关键使能器(key enabler)，其主要功能总结如下。

(1) 在需要的时间和地点提供信息的能力。全球信息栅格(GIG)描述了在需要的时间和地点提供准确、及时和相关信息的能力。如今，全球信息栅格在主要的地基系统(如空军全球指挥控制系统和战区作战管理核心系统)之间提供连通性。数据链是将空中平台与其他高机动和专用节点集成在一起的主要方式。

(2) 快速准确地获取战场空间图片的能力、评估战场形势的能力、做出正确决策的能力、分配任务和重新分配任务的能力以及评估任务效果的能力。这些能力在发现、锁定、跟踪、瞄准、交战和评估(F2T2EA)，时间关键目标瞄准(TCT)，以及动态监视、评估、规划和执行(D-MAPE)概念中得以强调。数据链是向传感器和射手分发态势感知信息的主要方式，它将射手、决策者和战场管理者连接到全球信息栅格中，并提供了一种快速分配任务和重新分配任务的方式。另外，数据链还用于引导传感器收集战场损伤评估(BDA)信息，并快速地将BDA报文或图像分发出去。

(3) 在传感器、决策者、射手和支援设施之间快速准确地交换信息的能力。数据链在机载平台和机载/地基C2节点间提供无缝连通。相关信息的图形化显示以及与飞机上其他系统(即导航、传感器和目标导引)的接口，大大降低了信息交换的工作量，提高了信息交换的准确性，并且极大地增强了战斗效率。

(4) 支持全球打击特遣任务部队(GSTF)作战的能力。GSTF作战概念强调多种数据链的要求和能力，尤其在作战初始阶段且没有大范围的地基指挥控制基础结构的情况下，以及在不成熟的战区作战时更需要强调这些功能。数据链能够使平台在机器一级集成和对话，能够融合无数的信息源，提高精确定位、识别和报告关键目标的能力。将视距数据链参与者连接成网络对预测战场空间态势、重新定位目标、时间关键目标瞄准、威胁更新和作战损伤评估报告来说是非常重要的。另外，为了连接途中的指挥官、参谋人员、支援和增援部队，向他们分发战区内的有用资源和信息，数据链必须具备超视距数据通信能力。如F-22提供空中优势，B-2执行战略攻击和封锁，加油机提供空中加油，情报侦察监视(ISR)平台定位目标并收集作战损伤评估，以及指挥控制节点实施战场管理，所有这些资源必须协同工作，在视距和超视距资源之间快速、准确地交换任务关键信息。

数据链除了可用于向飞机、舰艇编队或地面控制站台等战术单位之间、小范围区域内的数据交换、数据传输外，也可通过飞机、卫星或地面中继站用于大范围的战区，甚至是战略级的国家指挥当局与整体武装力量间的数据传输。

1.1.5 数据链与数字通信系统的关系

数据链与数字通信系统关系紧密，可以说数字通信技术是数据链的重要技术基础，但并不等于说数据链就是数字通信。一般来说，数字通信的主要功能是按照一定的质量要求将数据从发端送到接收端的透明传输，即完成所谓的“承载”任务，通常不关心所传输数据表征的信息，数据由所在的应用系统做进一步处理后形成信息。而数据链则不然，除要完成数据传输的功能外，数据链终端还要对数据进行处理并提取出信息，用以指导进一步的战术行动。另外，数据链的组网方式也与战术应用密切相关，应用系统可以根据情况的变化，适时地调整网络配置和模式与之匹配。数据链消息标准中蕴涵了很多战术理论、实战经验数据和信息处理规则，将数字通信的功能从数据传输层面拓展到了信息共享范畴。

数据链是紧密结合战术应用，在无线数字通信技术和数据处理技术基础上发展起来的一项综合技术，它将传输组网、时空统一、导航和数据融合处理等技术进行综合，形成了一体化的装备体系。在今后相当长的一段时期内，无线数字通信技术仍然是数据链装备发展的主要技术基础之一。

数据链与数字通信系统的区别和联系主要体现在以下几个方面。

(1) 使用目的不同。数据链用于提高指挥控制、态势感知及武器协同能力，实现对武器的实时控制和提高武器平台作战的主动性；而数字通信系统则用于提高数据传输能力，主要实现传输目的，但数字通信技术是数据链的基础。

(2) 使用方式不同。数据链直接与指控系统、传感器、武器系统链接，可以“机-机”方式交换信息，实现从传感器到武器系统的无缝链接；而数字通信系统一般不直接与指控系统、传感器、武器系统链接，通常以“人-机-人”方式传输信息。数据链设备的使用针对性很强，在每次参加战术行动前都要根据作战的任务需求，进行比较复杂的数据链网络规划，使数据链网络结构和资源与该次作战任务最佳匹配；而数字通信系统常为即插即用，在通信网络一次性配置好后一般不作变动，不与作战任务发生直接耦合。

(3) 信息传输要求不同。数据链传输的是作战单元所需要的实时信息，需要对数据进行必要的整合、处理，提取出有用的信息；而数字通信一般是透明传输，所有的措施是为了保证数据传输质量，对数据所包含的信息内容不作识别和处理。另外，为实现运动平台的时空定位信息可被其他用户所共享，各数据链终端需要统一时间基准和位置参考基准；而数字通信系统一般不考虑用户的绝对时间基准(数字通信系统的相对时钟同步可解决传输的准确性问题)与空间位置的关系。

(4) 与作战需求关联度不同。数据链网络设计是根据特定的作战任务，决定每个具体终端可以访问什么数据，传输什么消息，什么数据被中继。数据链的网络设计方案是根据作战任务，从预先规划的网络库中挑选一种网络设计配置，在初始化时加载到终端上。数据链的组网配置直接取决于当前面临的作战任务、参战单元和作战区域。数据链的应用直接受作战样式、指挥控制关系、武器系统控制要求、情报的提供方式等因素的牵引和制约，与作战需求高度关联；而数字通信系统的配置和应用与这些因素的关联度相对较低。

总的来说，数据链用于有针对性地完成部队作战时的实时信息交换任务，而数字通信系统则用于解决各种用户和信息传输的普遍性问题。数据链所传输的信息和对象以及要实现的目标十分明确，一般无交换、路由等环节，并简化了数字通信系统中为了保证差错控制和可靠传输的冗余开销，它的传输规程、链路协议和格式化消息的设计都针对性地满足作战的实时需求。由于数据链网络链接各种平台(包括指挥所和无指控能力的传感器与武器系统等)，所以其平台任务计算机需要专门配置相应的软件，用以接收和处理数据链端机传来的信息或向其他平台发送信息。数据链与平台任务计算机之间必须紧密集成，以支持机器与机器、机器与人之间的相互操作。

1.2 数据链的组成和结构

数据链是一个地域分布式的立体化空间网络系统，是将分布在广阔地域上的各级指挥所、武器平台和作战部队链接起来的信息处理、交换和分发系统，具有固定的组成要素和网络结构。

1.2.1 数据链的组成要素

从数据链的组成要素角度来看，数据链系统包括三个基本要素：传输通道、通信协议和标准的格式化消息，如图1-2所示。

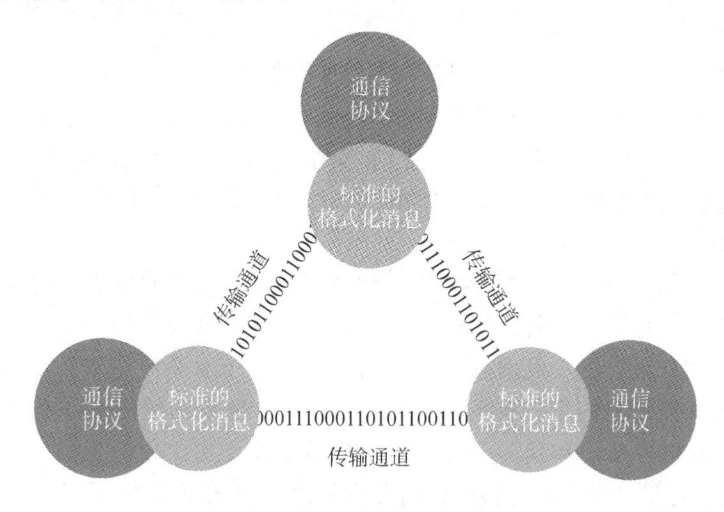

图1-2 数据链系统要素构成示意图

传输通道是数据链通信的基础，通常指数据链端机、数据链电台等。通过选择合适的信道、工作频段、发射功率、调制解调方式等，产生数据链信号波形，满足数据链战术信息的传输要求，如通信距离、通信方式、通信业务、通信带宽、传输速率等。

通信协议是数据链系统在通信的过程中，有关数据信息的传输顺序、传输条件、传输流程及传输控制方面的规约，主要解决各种应用系统的格式化消息如何通过信息网络可靠且有效地建立链路的问题，从而快速达成信息交互的目的。通信协议主要包括频率协议、波形协议、链路协议、网络协议等。数据链系统各节点加载初始化程序后，各节点按照通信协议的操作控制及时序规定，自动生成、处理、交换战术信息，建立通信链路，形成具有一定拓扑结构的通信网络，满足作战任务的实时、可靠通信的需求，从而完成作战任务。

标准的格式化消息是指对数据链传输信息的帧结构、信息类型、信息内容、信息发送/接收规则所做的详细规定而形成的标准格式，便于计算机生成、解析与处理。标准的格式化消息是数据链系统传输的数据内容，它使可以被机器识别，传输的数据可用于控制武器平台，也可以产生图形化的人机界面。标准的格式化消息是数据链广泛应用的前提条件。首先，它能够保证战场上的各类作战信息按照统一约定的格式传输分发，从而被共享；其次，在复杂的无线信道通信环境中，经编码技术处理的格式化消息能够提高链路的抗干扰能力。只有标准的格式化消息才能够使各作战平台的传感器、指控系统、武器平台有机链接起来。

从数据链的设备角度来看，数据链系统设备主要包括战术数据系统(TDS，tactical data system)、接口控制处理器、数据链端机等，如图 1－3 所示。

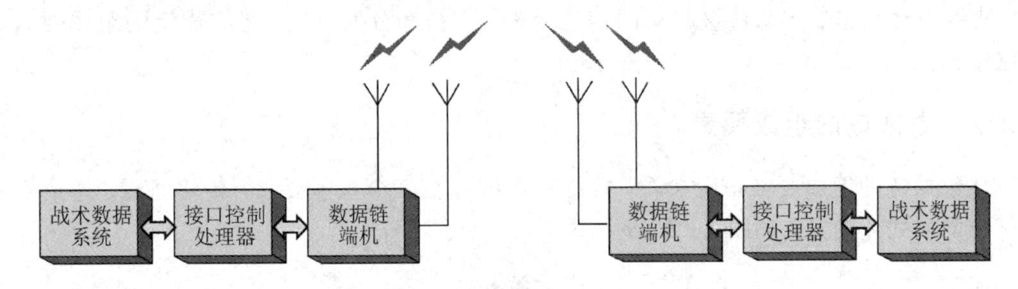

图 1－3　数据链系统设备构成示意图

战术数据系统(TDS)也称为战术计算机系统，由多台计算机设备组成。TDS 主要接收各种传感器(如雷达、导航、CCD 成像系统)和操作员发出的各种数据，并将其编排成标准的信息格式。计算机内的输入输出缓存器用于数据的存储分发，同时接收处理链路中其他 TDS 发来的各种数据。

接口控制处理器完成不同数据链的接口和协议转换，实现战场态势的共享和指挥控制命令、状态信息的及时传递。为了保证对信息的一致理解以及传输的实时性，数据链交换的信息是按照格式化设计的。根据战场实时态势生成、分发和传达指控命令的需要，接口控制处理器按所交换信息内容、顺序、位数及代表的计量单元编排成一系列面向比特的消息代码，以便于在指控系统和武器平台的战术数据系统及主任务计算机中对这些消息进行自动识别、处理、存储，并将格式转换的时延和精度损失减至最小。

数据链端机简称端机，是数据链网络的核心部分和最基本单元，主要由调制解调器、网络控制器和密码设备等组成。密码设备是数据链系统中的一种重要设备，用来保证网络中数据传输的安全。通信规程、消息协议一般都在端机内实现，端机控制着整个数据链路的工作并负责与指挥控制系统或武器平台进行信息交换。一般要求端机具有较高的传输速率、抗干扰能力、保密性、鲁棒性和反截获能力。传输通道通常是由端机和无线信道构成的，端机设备在通信协议的控制下进行数据收发和处理。

数据链的工作过程一般是：首先由作战单元的主任务计算机将本单元欲共享的战术信息通过 TDS 按照数据链消息标准转换为格式化消息，然后接口控制处理器对格式化消息进行处理及转换，最后数据链端机根据组网通信协议处理后传送给信道设备，按照设置好的工作参数将信息发送给制定目标。接收方(可以为一个或多个)的信道设备接收到信号后，首先按组网通信协议进行接收处理，然后经过接口控制处理器进行处理和转换，由 TDS 对格式化消息进行分析和解读，最后送交到主任务计算机进行进一步处理和应用，并通过图形符号的形式显示在作战单元的屏幕上。

1.2.2　数据链的结构

纵观现有的各类数据链系统，可以将数据链的主要系统结构归纳为点对点结构、星型结构、网状结构和多网结构。

1. 点对点结构

北约地面防空预警系统早期采用的Link 1，以及后期美军开发的ATDL-1、Link 11B、CDL、TCDL等数据链都采用了点对点结构。

Link 1自20世纪50年代后期开始发展，主要用于北约"赛其"地面防空系统内各雷达站、控制中心间点对点的数据传输。北约的Link 1设备通常安装在地基中心，并被分配一个地理责任区域。该地理责任区域称为作战有关地区(AOI)。在AOI区域内，进一步建立轨迹生成区(TPA)。为了相互告知从一个AOI到另一个AOI的轨迹，需要在相邻中心之间交换相关信息。北约Link 1通信要求每对报告单元(RU)之间有独立专用的全双工链路，即在两个信道上同时收发数据。

ATDL-1是一种保密的、点对点的、全双工数据链路。它将"霍克""爱国者"和TSQ73等武器系统与美国陆军、海军陆战队和空军的控制中心连接起来。ATDL-1能够工作于高频段或者特高频段，用于指挥控制、情报格式、目标信息和跟踪更新。

Link 11B，即美军的TADIL B数据链系统，是一种全双工的、双向的、点对点数据链路。它在美国陆军、空军、海军陆战队和国家安全局之间提供数据串行传输功能，其参与者称为报告单元。因为美军的TADIL B数据链系统是点对点的，所以每一对报告单元靠一条单独的TADIL B链路运转，因此经常被称为"B-链"，在报告单元对之间通过转发报告单元转发数据。

通用数据链是视距200 km的一种全双工、抗干扰、扩频、点对点数据链路，用于情报、监视和侦察(ISR)传感器、传感器平台与地面终端之间的微波通信系统。前向(指挥控制)链路速率可达200 kb/s，并有可能最终达到45 Mb/s。后向(侦察信息)链路速率可达10.71～45 Mb/s，137 Mb/s或274 Mb/s，最终有望达到548 Mb/s和1096 Mb/s。

战术通用数据链是一种大带宽数据链，主要提供雷达信息、图像、视频和其他传感器信息的空对舰或空对地的点对点传输，具有保密功能，传输范围可达200 km。它会聚集无人或有人驾驶飞机上传感器的宽带侦察数据，并将这些数据传送到舰载或地面终端，以供战场战术分析和其他应用。

2. 星型结构

通常在战场中负责战术信息或战术情报收集并分发的数据链采用星型结构，这些数据链系统包括早期的Link 4A系统。

在Link 4A系统中，网络控制站负责点名呼叫各个参与节点(如受控飞机)，被点名的受控飞机在规定时段内发送应答。在一个Link 4A系统中，网络控制站既是系统的管理者，也是系统通信的中心枢纽。

由Cubic公司研制的监视控制数据链是专供E-8联合监视目标攻击雷达系统(JS-TARS)使用的抗干扰广播数据链。该数据链在E-8C飞机和多个地面站之间提供保密、全天候链接，从而帮助E-8C飞机将雷达数据和相关报文传送给机动的地面站。同时，监视控制数据链也为地面站提供了向E-8C飞机发送服务请求的功能。

3. 网状结构

在网络结构中，任何节点之间都可以相互通信。不过，不同类型的数据链系统采用的系统管理和通信控制方法有所不同。Link 11采用的是有中心控制站的"呼叫轮询"的方式，

EPLRS 采用的是有中心控制站的 TDMA 方式，Link 16、Link 22 则采用的是无中心控制站的 TDMA 方式。美军的火控级数据链(包括 CEC 、TTNT 等)也采用了网状结构。

4. 多网结构

在数据链的实际作战运用过程中，作战区域可以同时存在多个数据链网络结构，比如 Link 16 的层叠网结构、Link 22 的超网结构，以及基于各类网关或转发设备的多数据链网络结构。

1.3　数据链的作用和分类

在现代信息化战争中，数据链作为重要的指挥控制手段，具有越来越重要的地位和作用。针对现代战争中各种作战方式的不同需求，有多种类型的数据链，各种数据链都有其特定的用途和服务对象。

1.3.1　数据链的作用

数据链作为 C4ISR 系统的一个重要的组成部分，是利用无线信道在各级指挥所、舰艇、飞机及各种作战平台的指挥控制系统或战术平台之间，构成陆、海、空、天、电一体化的数据通信网络，按照规定的信息格式，实时、自动、保密地传输和交换各种作战数据，实现情报资源共享，为指挥员迅速、正确地做决策提供整个战区统一、及时、准确的作战态势。数据链已经在近年来的历次局部战争中大显身手，获得了很好的实战效果。数据链在现代战争中的作用可以归纳为以下几点：

1. 数据链是战斗力的“倍增器”

未来战争是一体化程度很高的战争，敌我双方的较量实质是彼此作战体系之间的对抗，因此，作战体系将受到全方位、多层次和全时空的威胁。如果要使作战体系的任何一个部分都能尽早感知敌方的威胁，就必须将作战体系中的所有侦察单元连接起来，形成一个触角密布陆、海、空、天、电的全维立体侦察网，让每个侦察单元探测到的敌情信息都为整个战争体系中的各个单元共享，否则，作战体系对全方位的威胁将防不胜防。数据链能将分布在全维作战空间中的侦察探测系统联为一体，并使所有侦察系统获得的信息在整个作战指挥网络中实现信息共享，这种战场全时空的一体化情报侦察使得整个战场空间内的各个作战单元都能共享所有情报信息，大大增强了各级作战指挥系统对整个战场态势的感知能力，整个作战体系的情报侦察效率也得以提高。因此，它是未来信息化、智能化和一体化军队战斗力的“倍增器”。

2. 数据链可以提升指挥决策水平

数据链信息网络将战场上的各种指挥控制系统组成一个一体化的互联网络，上至最高统帅指挥机构，中至战役战术指挥机构，下至每一个武器平台甚至单个士兵，全部联为一体。数据链能方便地进行战场情报、目标数据和指挥信息分层式分发或广播式分发，实现战场空间内的信息资源共享，为信息的使用争取时间。因此，数据链将分布于广阔区域内的各种情报侦察系统、指挥控制系统和武器系统等，集成为一个统一高效的信息网络体系，能使指挥员纵观整个战场的敌我态势，掌握敌方作战平台对己方的威胁等级和攻击目标的类型、位置、运动状况等信息，并根据这些信息及时采取行动。

3. 数据链创新作战协同模式

在机械化战场上，由于战前与战时的预测差距较大，协同计划很难全盘实施，而要采取临时协同方式，又因信息传输的时效性、安全性、保密性和可靠性差等原因无法高效达成，因此，协同问题一直是指挥员亟待解决的一个难题。数据链为从根本上解决协同难题奠定了坚实的技术基础。

一般来说，数据链可提供两种协同模式。一种是共享战场态势的协同模式，它使各个作战分系统的情报侦察系统相互联网，实现信息自由交互的自适应协同，各个作战分系统中的武器平台可根据自身的特长选择作战目标，采取适当的作战行动方式。另一种是一体化的协同模式，即每个作战单元的侦察预警系统不仅相互联网，共享战场态势信息，而且通过信息网络实现战场指挥决策的协同及作战资源的优化，最大限度地发挥各个作战分系统的作战效能。

4. 数据链提高武器打击效果

过去提高主战装备作战能力的主要途径是改善装备的物理性能(如增加弹丸的装药量和增加装甲的厚度等)，而数据链的出现将从根本上改变主战装备战斗力的跃升方式。主战装备通过将信息化、智能化作战平台上众多的作战分系统链接起来，提高了主战平台的态势感知能力、信息传输效率、自动控制水平、快速反应能力以及自我防护能力和火力打击效能。

有资料显示，一架装备了 Link 16 的英国“旋风”战斗机能同时击败 4 架只装备了语音通信设备的美国空军 F-15C 战斗机，而在未装数据链之前，由最好飞行员驾驶一架“旋风”战斗机也只能与一架 F-15C 战斗机打个平手。美国的“爱国者”反导系统装备数据链后拦截率大增，由海湾战争中不足 10%增至伊拉克战争中的 40%。军事专家认为，所有信息化作战平台加装数据链后，其作战效能都将大幅度跃升。

1.3.2　数据链的分类

针对现代战争中各种作战方式的不同需求，有多种类型的数据链，各种数据链都有其特定的用途和服务对象。从不同的角度，可以将数据链分为不同类型。

1. 按应用角度分

按应用角度的不同，数据链可分为以下几种：

(1) 以搜集和处理情报、传输战术数据、共享资源为主的数据链。这类数据链通常要求较高的数据率和较低的误码率。电子侦察机和预警机等一般都选择这种数据链。

(2) 以常规命令的下达，战情的报告、请示，勤务通信和空中战术行动的引导指挥等为主的数据链。这类数据链要求的数据率不高，但要求数据准确、可靠。歼击机、轰炸机、武装直升机等一般采用这种数据链。

(3) 综合型机载数据链。这种数据链既具有搜集和处理情报、传输战术数据、共享资源的作用，同时也具有常规命令下达、战情报告和请示、勤务通信以及空中战术行动引导指挥的功能，甚至能同时传送数字话音。这种数据链不仅传输速率高，而且具有抗干扰和保密的双重功能，是当前机载数据链的主流。

2. 按应用范围分

按应用范围的不同，数据链可分为通用数据链与专用数据链。用于各军兵种多种平台之间交换不同类型信息、满足多样化任务需求的数据链一般称为通用数据链，例如北约国家的 Link 4A、Link 11/11B、Link 16、Link 22 等。专门为某个军种或某种武器系统(如防空导弹)完成特定作战任务而设计，且功能与信息交换形式较为单一的数据链称为专用数据链，例如用于某个军种的陆军专用数据链、海军专用数据链、空军专用数据链、海军陆战队专用数据链，用于武器系统的"爱国者"导弹控制数据链，用于情报、监视与侦察等数据传输的 ISR 数据链等。

3. 按应用平台分

按应用平台的不同，数据链可分为陆基平台数据链、空基平台数据链和天基平台数据链。陆基平台数据链由各级基本指挥所和遂行机动作战任务的各级机动指挥车构成；空基平台数据链包括机载平台和弹载平台两类；天基平台数据链主要是成像侦察和电子侦察卫星、导航定位卫星等星载信息终端。利用天基平台，可为陆基平台和空基平台设备提供优质的目标图像信息和及时、准确的情报信息，以及快速定位信息等，如美军的 F-22"猛禽"战斗机数据链、"战斧"巡航导弹数据链、"全球鹰"无人机侦察机数据链、E-3 预警机数据链等。

4. 按覆盖范围分

根据数据链覆盖范围的不同，数据链可分为战区协同数据链、战术协同数据链、武器协同数据链。战区协同数据链是战区与战区、战区与后方总指挥部、前方战区与后方重点防空区之间的协同数据链，主要任务是传输(或下达)作战任务、话音、图像、部队协同指挥信息、战前情报侦察信息、预警和监视信息，以及各战区综合战术态势信息等；战术协同数据链主要用于传送和显示作战计划、打击目标位置、航向、目标识别数据和代码指挥信息等战术数据；武器协同数据链的主要任务是完成同一作战指挥对象对其下属的不同型号武器间的协同信息传送，以实现不同型号武器装备作战的指挥控制。

5. 按跨越空间分

按跨越空间的不同，数据链可分为地-空数据链、空-空数据链、舰-空数据链、舰-舰数据链。比如，美军的 Link 4C 数据链就是专门为航母舰载机之间进行通信而设计的空-空数据链。

6. 按作战用途分

按作战用途的不同，数据链可分为情报数据链、指挥控制数据链、图像传输数据链、防空反导数据链等。比如，U-2 飞机上装有专门的情报传输数据链，"捕食者"无人机上装有专门的图像传输数据链。

7. 按网络结构分

按网络结构的不同，数据链可分为有中心节点数据链和无中心节点数据链。比如，Link 11 是有中心节点数据链，Link 16 是无中心节点数据链。

目前，较为普遍的分法是，将数据链分为通用数据链和专用数据链两大类。需要注意的是，数据链的发展过程是从专用到通用，不断循环、螺旋上升的。通用与专用的分类是相对的，有历史条件的。目前，应用最为广泛的通用数据链的典型代表就是 Link 16，但是由于受设计性能、物理体积等因素限制，Link 16 不可能完全取代其他数据链，而新装备技术的发展也给性能各异的专用数据链提供了广阔的发展空间。或许到了一定的历史时期，目前我们定义的“通用”数据链，将因不通用而被认定为“专用”数据链，这也符合事物发展的客观规律。

本章小结

本章介绍了数据链相关的基础知识。首先介绍了数据链的基本概念，包括数据链的发展历史、定义、基本特征、主要功能以及数据链与数字通信系统的关系；然后介绍了数据链的组成和结构，包括数据链的三大组成要素以及数据链常用的四种结构；最后介绍了数据链的作用和分类，包括数据链在现代战争中的作用，以及从不同角度对数据链进行的分类。

思考题

1. 简述数据链的发展历程。
2. 分别从广义和狭义角度简述数据链的定义。
3. 简述数据链的基本特征。
4. 简述数据链的主要功能。
5. 简述数据链与数字通信系统的区别和联系。
6. 数据链由哪几部分组成？简述各部分的作用。
7. 简述数据链的地位和作用。
8. 从不同角度简述数据链的分类。

第2章　数据链的信息传输

数据链是一种按照统一的数据格式和通信协议，以无线信道为主对信息进行实时、准确、自动、保密传输的数据通信系统或信息传输系统。它将指挥机构、作战部队、武器平台链为一体，通过信息处理、交换、分发系统来完成战场信息共享和控制功能。要完成这些艰巨的任务，数据链必须在电波传播、天线技术、调制解调、数据编码、差错控制等诸多方面获得技术支撑，只有这样，才能为指挥员迅速、正确地进行指挥决策提供及时、准确的战场态势和实现全军的情报资源共享。本章将逐一介绍这些技术。

2.1　电波传播与天线

根据数据链的应用情况，数据链通常以无线电传输信道为主。在无线电信道中，信号都是以电磁波的形式传输的，不同频段的传输信道具有不同的信道特征，对电磁波的传输性能有不同的影响，要实现信息的有效传输，数据链应选择适当的信道和天线以满足战术信息传输的需求。

2.1.1　电波传播

1. 电磁波的频段

在无线电信道中，电磁波通常以信道的频率或波长来描述信道。按照无线电频段划分，无线电波可分为超长波、长波、中波、短波、超短波、分米波、厘米波、毫米波等。不同波长的无线电波，传播特性也不同，表2-1给出了无线电波频段划分的情况。

表2-1　无线电波频段划分

频段名称	频率范围	单　位	波段名称
甚低频(VLF)	3～30	kHz	超长波
低频(LF)	30～300	kHz	长波
中频(MF)	300～3000	kHz	中波
高频(HF)	3～30	MHz	短波
甚高频(VHF)	30～300	MHz	超短波
特高频(UHF)	300～3000	MHz	分米波
超高频(SHF)	3～30	GHz	厘米波
极高频(EHF)	30～300	GHz	毫米波

实际应用中，300 MHz以上的电磁波常称为微波。微波波段在雷达和卫星通信中依照

表2-2划分为更详细的频段。

表2-2 微波频段表

微波频段	频率范围/GHz	微波频段	频率范围/GHz	微波频段	频率范围/GHz
L	1～2	K	18～26	E	60～90
S	2～4	Ka	26～40	W	75～100
C	4～8	Q	33～50	D	110～170
X	8～12	U	40～60	G	140～220
Ku	12～18	V	50～75	Y	220～235

2. 电磁波传播方式

无线信道的传输媒质包括短波电离层反射、对流层散射等。可以这样认为，凡不属有线信道的媒质均为无线信道的媒质。数据链中所使用的电磁波传播方式有地波传播、直射波传播、天波传播、散射传播等。

1）地波(地表面波)传播

沿大地与空气的分界面传播的电波叫地表面波，简称地波，其传播途径主要取决于地面的电特性。地波在传播过程中，由于能量逐渐被大地吸收，很快减弱(波长越短，减弱越快)，因而传播距离不远。但地波不受气候影响，可靠性高。超长波、长波、中波无线电信号都是利用地波传播的。短波近距离通信也利用地波传播。

2）直射波传播(视距传播)

直射波又称为空间波，是由发射点从空间直线传播到接收点的无线电波。直射波传播距离一般限于视距范围(10～50 km)。在传播过程中，它的强度衰减较慢。超短波和微波通信就是利用直射波传播的。

在地面进行直射波通信时，其接收点的场强主要由两路组成：一路由发射天线直达接收天线；另一路由地面反射后到达接收天线。如果天线高度和方向架设不当，就容易造成相互干扰。限制直射波通信距离的因素主要是地球表面弧度和山地、楼房等障碍物，因此超短波和微波天线要求尽量架高。

3）天波传播

天波是由天线向高空辐射的电磁波遇到大气电离层折射后返回地面的无线电波。电离层只对短波波段的电磁波产生反射作用，因此天波传播主要用于短波远距离通信。电离层的特性在很大程度上决定着天波传输的特性。电离层是地球大气层的一部分，处于平流层的上部，从离地球表面约50 km开始一直伸展到约1000 km高度的地球高层大气区域。处于这种高度的大气，其对流作用甚小，在太阳的辐射作用以及宇宙射线的影响下产生电离，形成相当多的离子和自由电子。电离层的变化随每日时间不同和季节不同而不同，而且与太阳的辐射作用密切相关。

4）散射传播

散射传播是由天线辐射出去的电磁波投射到低空大气层或电离层中不均匀介质时产生散射，其中一部分到达接收点。散射传播距离远，但是效率低，不易操作，主要用于军事保密通信。

2.1.2 天线技术

战术数据链通信系统的传输媒质是无线空间，因此，发射系统的电信号最终要被转换成电磁波辐射出去。载有信息的电磁波经空中传播后，到达接收点，接收系统必须能够将电磁波转换成电信号，通过对电信号的处理得到有用的信息，完成通信任务。天线在战术数据链通信系统中承担着将电信号转换成电磁波、电磁波转换成电信号的任务。天线的一个重要的特性是它辐射或接收能量是具有一定的方向性的。根据不同的战术任务，战术数据链通信系统的天线一般都同时配备定向天线和全向天线两种。

1. 天线类型

当前，各国已经使用或在研的数据链种类繁多，有常用战术数据链、宽带战术数据链和各种专用战术数据链。这些功能迥异的战术数据链是在不同时期为满足不同作战需求而开发研制的，具有不同的应用背景、应用特点和功能用途。相应地，它们所使用的天线也有较大的差异。

1）高频天线

最简单的高频天线是鞭状天线。鞭状天线一般比较粗壮而且呈现比较小的风阻，可以把它们安装在固定的位置上，也可以安装在可移动的位置上。人们有时会选择双鞭状天线，以提高天线的方向性和增益特性。另一些类型的高频天线包括扇形天线和双扇形天线，以及用于较高频率的锥形单极天线和束鞭天线。

美军 11 号战术数据链（TADIL－A）天线就是一种典型的鞭状天线，用于辐射和接收垂直极化波。该天线长 35 英尺（1 英尺＝0.3084 米），由铝质部分或者管状（或矩形）玻璃钢构成。鞭状天线一般采取全向辐射，所以效率相对比较低。而且，由于短波信道的不稳定性，因此天线性能易受周围自然环境的影响。

2）特高频天线

特高频天线工作在 300～3000 MHz，辐射和接收的电磁波波长比较短，相应地，其长度和体积比较小，因此它们几乎可以安装在桅杆的任何地方。而且，由于受硬件单元的影响较小，所以特高频天线一般比高频天线需要的维修要少。美军的 4A 号战术数据链（TADIL－C）和 11 号数据链（TADIL－A）都使用了特高频天线。

然而，视距传播的特高频天线易受到其他现象的影响，如遮蔽、扇形体阻塞和波导。特高频天线的遮蔽和阻塞很可能限制了天线的全向覆盖，容易形成零点或盲区，严重影响用户之间的正常通信。所以，特高频天线的架设通常是越高越好，以摆脱周围障碍物对它的制约。

3）相控阵天线

以上介绍的战术数据链天线虽然工作在不同的频段，但均属于全向天线，可以满足武器平台在作战过程中频繁移动的需要。美国海军 CEC（协同作战能力）系统使用的相控阵天线同样可以满足武器平台频繁移动的作战需求，但是它并不是全向天线。

相控阵天线实际上是一个空馈反射阵列天线，可在±60°范围内实现电扫描。如果在每个贴片天线单元下安装一个微型马达，还可实现天线波束的机械扫描，增大天线的辐射范围。采用相控阵天线使 CEC 系统有快速改变波束指向和波束形状的能力，使在点对多点通信中，发射端与接收端均在运动状态下快速建立通信联络、抗干扰定向、通信源定位等的实现变得容易。与全向天线相比，相控阵天线具有高增益、高效率、高指向精度、高保密性、高抗干扰能力等显著优点。

2. 数据链天线的选型

不同的无线电设备、不同的地理环境、不同服务的要求需要选用不同类型、不同规格的天线。当频率太低时，需要使用比较长的大型天线；而对于移动的无线电设备，天线必须足够小以便于移动。通常，天线选择必须依据用途、权衡各种因素综合考虑。数据链天线的选择需要考虑以下一些因素。

1）频段要求

天线的工作频段必须和无线电设备的工作频段相吻合。如果战术数据链（TADIL－J）使用高频天线，那么该数据链就不能充分发挥其效能。

2）增益和效率要求

高增益和高效率的天线可以降低对数据链发射端输出功率的要求，提高接收端的接收灵敏度，有效增大了数据链系统之间的通信距离、增强了数据链系统的抗干扰能力。

3）方向性要求

数据链系统一般配置高速移动的作战平台或指控系统。作战平台的高速移动要求数据链天线能向四周全方位辐射或接收电磁波，以确保用户之间信息交互的不间断。

4）极化特性要求

由于电波的特性，决定了水平极化传播的信号在贴近地面时会在大地表面产生极化电流，极化电流因受大地（或海平面）阻抗影响产生热能而使电场信号迅速衰减，而垂直极化方式则不易产生极化电流，从而避免了能量的大幅衰减，保证了信号的有效传播。因此，常常根据设备的性质和任务对电波的极化特性提出要求，或者说对天线的极化方式提出要求。

5）尺寸及坚固性要求

在确保天线其他性能的前提下，天线的尺寸应尽量短，并坚固配置在相应位置，以延长天线使用寿命。

2.1.3　典型数据链的传输信道

当前数据链系统信息传输的信道主要有短波信道、超短波信道和卫星信道。表 2－3 给出了几种典型数据链系统的传输信道。

表 2－3　几种典型数据链系统的传输信道

典型数据链	信道类型
Link 4A 数据链	UHF
Link 11（海基）数据链	HF\UHF
Link 16 数据链	微波（Lx 频段）
Link 22 数据链	HF\UHF
通用数据链（CDL）	微波（X 频段和 Ku 频段）

通过分析表2-3可以看出，数据链信息传输所使用的无线信道主要包括HF(短波)频段、UHF频段和微波频段。

1. 短波信道

短波频段的波长为100～10 m(频率为3～30 MHz)。实际上，往往也把中波的高频段(1.5～3 MHz)归到短波波段中。Link 11和Link 22都采用了短波频段，以实现超视距传播，短波频段的信息传输主要有两种电磁波传播方式：地波传播和天波传播。

1) 短波信道信息传输的特点

(1) 传输距离远。利用短波传播，短波单次反射的最大地面传输距离可达4000 km，多次反射可达上万千米，甚至可环球传播。特别是在低纬度区域，短波频段的可用频段变宽，最高可用频率较高，受粒子沉降事件和地磁暴的影响较小。

(2) 存在盲区。短波传播还有一个重要的特点就是存在盲区。对于短波地波传播来说，由于地波衰减很快，在离开发射机不太远的地点就无法接收到地波；而对于短波天波传播来说，电离层对一定频率的电波反射在一定距离以外才能收到，从而就形成了既收不到地波又收不到天波的短波传播盲区。当采用无方向天线时，盲区是围绕发射点的一个环形地域。

(3) 信道拥挤。可供短波频段信息传输的频率带宽比较窄，通信容量小。在通信领域，短波电台很多，特别是10 MHz以下的频率十分拥挤。邻近电台之间干扰严重，这一问题大大限制了短波通信的发展，因此要采用特殊的调制方式，如单边带调制(SSB)。这种调制比调幅(AM)节省一半带宽，由于抑制了不携带信息的载波，因而节省了发射功率。目前HF通信装备均采用单边带调制。

(4) 信道不稳定。短波频段的远距离信息传输主要采用天波传播，而电离层受昼夜季节的变化、太阳黑子活动等影响，其传播参数并不稳定。另外，天波信道还存在着严重的多径效应，多径延时使接收信号在时间上扩散，严重地限制了短波高速数据传输。除此之外，较强的低频率的大气和工业干扰，也会导致短波频段的信息传输中断。

(5) 顽存性强。短波信道信息传输设备目标小，架设容易，机动性强，不易被摧毁，即使遭到破坏也容易更换修复。又由于其造价低，可以大量安装，所以系统的顽存性强。

2) 短波信道的传输特性

(1) 传输损耗。短波信道的传播总损耗包括自由空间传播损耗、电离层偏移/非偏移吸收损耗、极化耦合损耗、多跳地面反射损耗、极区吸收损耗、E层附加损耗等。但目前实际能计算的损耗只有3项，即自由空间传播损耗、电离层非偏移吸收损耗和多跳地面反射损耗。而其他各项损耗以及为以上各项损耗的逐日变化所留的余量统称为“额外系统损耗”。

(2) 多径效应。由于电离层的特性，短波信道的电磁波可通过一次或多次反射到达接收端。一条通信线路中存在着多种传播路径，不同的通信距离可能有不同的传输模式，而相同的通信距离也可能存在多种传输模式，这就造成了短波通信存在多径。由于各路径的传输距离不同，因此，到达接收端的各路径所经历的传输时延也不同。多径时延的大小和通信距离、工作频率等因素有关。最大多径时延是指当发送端发送某一单位脉冲时，接收端收到的最后一个脉冲相对于接收到的第一个脉冲的延迟时间。短波信道的最大多径时延通常在 10 ms 以下。多径时延还具有时变性，即电离层的电子密度变化越大，多径时延的变化也就越严重。多径效应导致接收到的信号是发送信号的不同幅度、不同相位和不同延时的信号叠加，相当于发送信号在时间上被扩展(时延扩展)了，从而造成码间干扰。

在短波信道中比较常用的抗多径效应方法有：① 采用不易受衰落影响的调制技术；② 采用分集接收技术；③ 增大等效发射功率；④ 选用接近最高可用频率的频率；⑤ 采用自适应天线阵。

(3) 衰落。衰落现象是指接收端信号强度随机变化的一种现象。在短波信道中，即使在电离层的平静时期，也不可能获得稳定的信号。接收端信号的振幅总是呈现忽大忽小的随机变化，这种现象称为衰落。在短波传输中，衰落又有快衰落和慢衰落之分。快衰落的周期从十分之几秒到几十秒不等，而慢衰落的周期从几分钟到几小时，甚至更长时间。

(4) 多普勒频移。利用短波信道传输信号时，不仅存在由于衰落所造成的信号振幅的起伏，而且传输中还存在多普勒效应所造成的发射信号频率漂移，这种漂移称为多普勒频移。多普勒频移产生的原因是电离层经常性的快速运动以及反射层高度的快速变化，使传播路径的长度不断变化，从而信号的相位也随之产生变化，这种相位的变化可以看成电离层不规则运动引起的高频段载波的多普勒频移。多普勒频移在日出和日落期间呈现较大的数值，此时很容易影响采用小频移的窄带电报的传输。在电离层平静时期的夜间，不存在多普勒效应，而在其他时间，多普勒频移大约在 1～2 Hz 的范围内。

(5) 相位起伏。相位起伏是指相位随时间的不规则变化。在短波频段的信息传输过程中，引起信号相位起伏的主要原因是多径传播。此外，电离层折射率的随机变化及电离层不均匀体的快速运动，都会使信号的传输路径长度不断变化而出现相位的随机起伏。相位起伏所表现的客观事实也反映在频率起伏上。

2. UHF 信道

Link 4A 和 Link 11 的对空通信采用了 UHF 频段。

1) UHF 频段信息传输的特点

(1) 以视距传播方式为主。电离层对电波的反射频率存在理论上的限值，即天波通信中的最大可用频率。频率在 30 MHz 以上的超短波频段(包括微波频段)无线电波已超出电离层反射的最大可用频率。与短波、中波和长波相比，UHF 频段的频率较高，在大地中所感应的电流远大于短波、中波和长波的感应电流，信号能量由于被地表面大量吸收使沿地面传播路径迅速衰减，传播距离非常有限，不宜采用地波传播。因此，超短波频段的电波主要采用视距传播方式。Link 4A 和 Link 11 的对空通信频段均采用了 UHF 频段，视距传播是其主要的电波传播方式。

(2) 通信距离与平台高度密切相关。发送平台在地面/海面时，接收平台飞行高度越高，视线范围越大，因而通信距离越远；地面天线高度越高，通信距离越远。将天线架高(在高山或高大建筑物上)将有效延长视距传播距离。相同条件下，发送平台在空中时，与接收平台的通信距离增加。

2) UHF 频段的信道特性

(1) 信道稳定、误码率低。UHF 频段主要是靠电磁波视距传播，与短波频段相比，其不受电离层变化的影响。如果没有进行有意的干扰，UHF 频段的信道基本上属于恒参信道，信号传输比较稳定，因而误码率低，传输速率高。另外，与短波信道相比，UHF 的工作频段和信道间隔宽，可选择的信道数目多，信道间隔大、干扰小，进一步提高了通信质量。

(2) 信号传输易受遮挡。根据电波传播理论可知，频率越高，传播路径上遇到障碍物时的绕射能力越弱。因此，UHF 频段的收发节点视距间如果存在障碍物阻挡，通信效果将显著变差，甚至无法通信。Link 4A、Link 11、Link 16 的通信平台多为空中飞行平台，要求通信过程中保证收发天线间无遮挡物。如果飞机进行机动，机身可能遮挡视距传播路径。因此，UHF 频段的天线多采用全向天线，并且通常在机背和机腹各安装一个天线。

(3) 存在多普勒频移。在 UHF 频段的信道中，多普勒频移是由于接收用户处于高速移动中，比如飞行平台在通信时传播频率的扩散而引起的，其扩散程度与接收用户的运动速度成正比。

(4) 存在多径效应。对于 UHF 频段的视距传播，不仅存在发送节点到接收节点的直射波，还有被地面反射的发射波，从而在接收节点形成多径，这种现象叫作多径效应。接收节点的场强是直射波与发射波场强的叠加。

3. 卫星信道

随着美军全球战略的推进，网络中心战的概念正在逐步实施，现有的数据链已经无法满足远距离、高动态、大容量、低延时的信息传输要求，为此，美军正在研究和发展各种新型数据链技术。针对数据链通信传输距离需求问题，目前正在研究或推广使用卫星数据链，期望通过卫星信道来扩展数据链的信息传输距离。典型的卫星战术数据链包括英国海军的卫星战术数据链(STDL)、美国海军的卫星战术数据信息链路 J(S-TADIL J)和美国空军的 JTIDS 延伸(JRE)。

卫星信道的频率使用微波频段(300 MHz～300 GHz)，这样做除获得较大频宽、提供大通信容量之外，主要是考虑到卫星处于外层空间(即在电离层之外)，地面上发射的电磁波必须能穿透电离层才能到达卫星；同样，从卫星到地面上的电磁波也必须穿透电离层，而微波频段恰好具备这一条件。

1) 卫星信道信息传输的特点

与其他通信方式相比，卫星通信主要具有以下优点。

(1) 通信距离远，通信覆盖面积大。

(2) 组网灵活，便于多址连接。只要在通信卫星的覆盖范围内，不论是空间、地面或海上，也不论是固定站还是移动站，都可以收到卫星转发的信号。

(3) 可用频带宽，通信容量大。这一特征主要是因为卫星通信工作在米波至毫米波范围内(即微波波段)，可用带宽在 575 MHz 以上，可以采用频率复用等措施，从而大大地提高通信容量。

(4) 通信线路稳定、通信质量可靠。从传播角度看，卫星通信利用微波传播，故能直接穿透大气层。与地面的微波中继通信相比，电磁波所经路径主要在大气层以外的宇宙空间，不受地球站所处位置的影响，可以看作是均匀介质，属于自由空间传播。因此，电波传播比较稳定，几乎不受天气、季节变化和地形、地物的影响，卫星通信线路的畅通率通常都在99.8%以上，传输通路稳定可靠。

(5) 机动性能好。卫星通信不仅能作为大型地球站之间的远距离通信，而且可以为车载、船载、地面小型终端、个人终端以及飞机提供通信，能够迅速组网，在短时间内将通信延伸至新的区域。

不过，卫星通信也存在一些缺点和不足，主要表现在以下几个方面。

(1) 使用寿命较短。一颗通信卫星都由几十台设备和几万个零部件组成，每个关键零部件的失灵，都会导致整个卫星的失效。由于静止轨道上的恶劣环境容易诱发故障，一旦发生故障，就难以修复。再加上卫星能够携带的推进剂有限，一旦用完，卫星就会成为“太空垃圾”，因此，通信卫星的使用寿命一般仅有几年。

(2) 技术比较复杂。

(3) 抗打击性能差。卫星的位置容易被发现，很容易被敌方摧毁。

(4) 抗干扰性能差。任何一个地面站，发射功率的强度和信息质量都可能造成对其他地球站的影响。人为因素可以使转发器功率达到饱和而中断通信。

(5) 保密性能差。由于卫星通信具有广播性，凡是在通信卫星天线波束覆盖区内设站，均可能接收到卫星所转发的信号，因而不利于通信保密。

2) 卫星信道特性

基于卫星链路的信息传输系统是在空间技术和地面微波中继通信技术的基础上发展起来的，靠大气层外卫星的中继实现远程信息传输。基于卫星链路的信息传输系统载荷信息的无线电波要穿越大气层，经过很长的距离在平台和卫星之间传输，因此受到多种因素的影响。传播问题会影响到信号质量和系统性能，这也是造成系统运转中断的一个原因，因此电波传播特性是设计基于卫星链路的信息传输系统时必须考虑的基本问题。

卫星信道的空间环境与地面通信的环境完全不同。在地面通信中，无线电波只受贴近地面的低层大气和当地地形、地物的影响。对于空间站与地球站之间的基于卫星链路的信息传输系统而言，无线电波要同时穿越电离层、同温层和对流层，地面与整个大气层的影响同时存在。对于基于卫星链路的信息传输系统，除了要为通信提供卫星通信信道，还要按照约定的规程和应用协议来封装并安全地传输规定格式的数据和控制信息。

(1) 传输损耗。基于卫星链路的信息传输系统的电波在传输过程中要受到损耗，其中最主要的是自由空间传播损耗，它占总损耗的大部分。其他损耗还有大气、雨、云、雪、雾等造成的吸收和散射损耗等。基于卫星链路的信息传输系统还会因为受到阴影遮蔽(如树林、建筑物的遮挡等)而增加额外的损耗。

(2) 传播噪声。数据链终端接收机输入端的噪声功率分别由内部(接收机)和外部(天线引入)噪声源引入。外部噪声源可分为两类：地面噪声和太空噪声。地面噪声来源于大气、降雨、地面、工业活动(人为噪声)等对天线总噪声影响最大；太空噪声来源于宇宙、太阳系等。

(3) 大气折射与闪烁。大气折射率随着高度增加而增加，并随大气密度减小而减小。电磁波射线因传播路径上的折射率随高度变化而产生弯曲，波束上翘一个角度增量。而且这一偏移角还因传播途中大气折射率的变化而随时变化。大气折射率的不规则变化，引起信号电磁波的强度变化，称为大气闪烁。这种闪烁的衰落周期为数十秒。2～10 GHz 的大气闪烁是由于大气折射率的不规则性使电磁波聚焦与散焦，与频率无关。当系统低仰角工作时，应考虑大气折射和大气闪烁引起的信号强度的起伏。

(4) 多径、阴影。电磁波在移动环境中传播时，会遇到各种物体，经反射、散射、绕射到达接收天线时，已成为通过各个路径到达的合成波，即多径传播模式。各传播路径分量的幅度和相位各不相同，因此合成信号起伏很大，称为多径衰落。电磁波途经建筑物、树木等时受到阻挡而衰减，这种阴影遮蔽对陆地卫星信息传输系统的电磁波传播影响很大。

(5) 多普勒频移。多普勒频移对采用相关解调的数字通信危害较大。对于地面移动通信，当载波频率为 900 MHz 时，移动台速度为 50 km/h，最大多普勒频移约为 41.7 Hz。非静止轨道卫星通信系统的最大多普勒频移远大于地面移动通信情况，可达几十千赫兹，因此系统必须考虑对其进行补偿。

(6) 电波传播延迟。固定卫星业务系统的总传播延迟，在很大程度上取决于卫星的高度以及采用单跳还是多跳构成的卫星链路。当卫星处在用户正上方时，延迟最小；当卫星处在地球站可看见的地平线上时，延迟最大。在非地球静止卫星通信系统中，由于地球站和卫星间的距离随时间而变化，因此这种情况下的传输延迟也随时间而变化。

2.2　调制解调技术

调制的实质是进行频谱搬移，把携带信息的基带信号的频谱搬移到较高的频率范围。同时选择适当的调制解调技术可以实现信道的频率分配、信道的多路复用、减少信道中各种噪声和干扰的影响。

2.2.1　模拟数据的模拟信号传输

模拟数据在模拟信道上一般使用基带传输或调制后用频带传输的方式，常见的调制方式主要有幅度调制和角度调制。

1. 幅度调制(线性调制)

正弦载波的幅度随调制信号做线性变化的过程称为幅度调制，幅度调制包括调幅(AM)、双边带调制(DSB)、单边带调制(SSB)和残留边带调制(VSB)等调制方式。如果载波信号是单频正弦波，调制器输出的已调信号的包络与输入调制信号为线性关系，则称这种调制为线性调制。所谓线性调制，在波形上，幅度随基带信号呈正比例变化；在频率上，进行简单搬移。

设正弦型载波为

$$c(t)=A\cos(\omega_c t+\varphi_0) \tag{2-1}$$

式中：A 为载波幅度；ω_c 为载波角频率；φ_0 为载波的初始相位。

根据调制定义，幅度调制信号(已调信号)一般可表示成

$$s_{\mathrm{m}}(t)=Am(t)\cos\omega_{\mathrm{c}}t \tag{2-2}$$

式中：$m(t)$为基带调制信号。

设调制信号$m(t)$的频谱为$M(\omega)$，则已调信号的频谱$S_{\mathrm{m}}(\omega)$为

$$S_{\mathrm{m}}(\omega)=\frac{A}{2}[M(\omega+\omega_{\mathrm{c}})+M(\omega-\omega_{\mathrm{c}})] \tag{2-3}$$

由以上表达式可见，在波形上，幅度已调信号的幅度随基带信号的规律而正比地变化；在频谱结构上，它的频谱完全是基带信号频谱在频域内的简单搬移。由于这种搬移是线性的，因此幅度调制通常又称为线性调制。

1）调幅(AM)

如果载波信号是单频正弦波，调制器输出的已调信号的包络与输入调制信号为线性关系，则称这种调制为常规调幅，或简称调幅(AM，amplitude modulation)。

调制器的模型如图 2－1 所示。

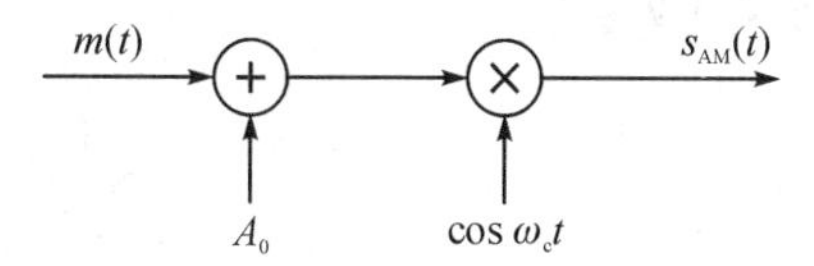

图 2－1　调制器的模型

时域表达式为

$$s_{\mathrm{AM}}(t)=[A_0+m(t)]\cos\omega_{\mathrm{c}}t=A_0\cos\omega_{\mathrm{c}}t+m(t)\cos\omega_{\mathrm{c}}t \tag{2-4}$$

式中：$m(t)$为调制信号，均值为 0；A_0 为常数，表示叠加的直流分量；ω_{c} 为载波角频率。

若$m(t)$为确知信号，且响应冲击$h(t)=\delta(t)$，则 AM 信号的频谱为

$$S_{\mathrm{AM}}(\omega)=\pi A_0[\delta(\omega+\omega_{\mathrm{c}})+\delta(\omega-\omega_{\mathrm{c}})]+\frac{1}{2}[M(\omega+\omega_{\mathrm{c}})+M(\omega-\omega_{\mathrm{c}})] \tag{2-5}$$

当满足条件$|m(t)|\leqslant A_0$时，波形图如图 2－2 所示。

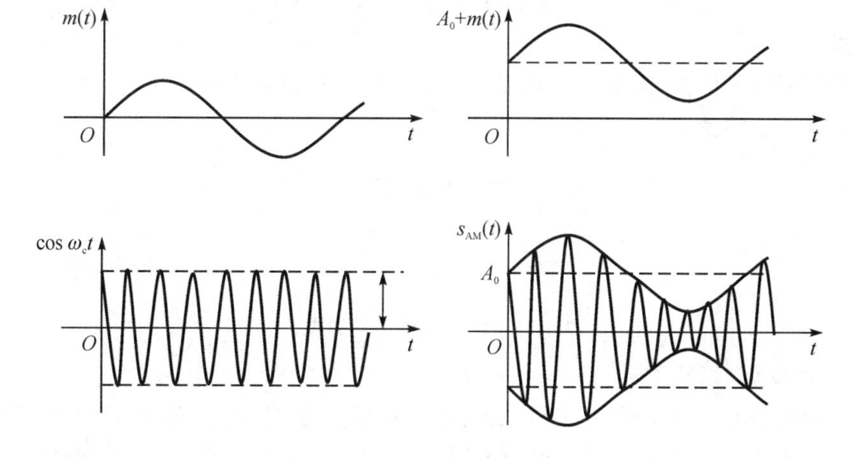

图 2－2　AM 信号的时域波形

从图中可以看出，包络与调制信号波形相同，因此用包络检波法很容易恢复出原始调制信号，否则，出现“过调幅”现象。这时用包络检波将发生失真。

2）双边带调制（DSB）

如果输入的基带信号没有直流分量（或将直流分量抑制），且是理想带通滤波器的冲激响应，则得到的输出信号是无载波分量的双边带调制信号，或称为双边带抑制载波（DSB－SC）信号，简称 DSB 信号。其时域表达式（无直流分量 A_0）为

$$s_{\text{DSB}}(t)=m(t)\cos\omega_c t \tag{2-6}$$

频谱（无载频分量）为

$$S_{\text{DSB}}(\omega)=\frac{1}{2}[M(\omega+\omega_c)+M(\omega-\omega_c)] \tag{2-7}$$

DSB 信号的波形和频谱图如图 2－3 所示（其中 ω_H 为上限截止频率）。

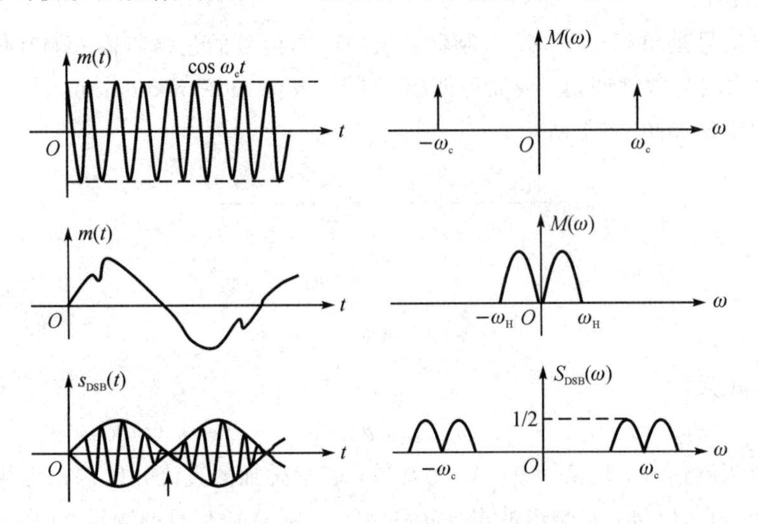

图 2－3　DSB 信号的波形和频谱图

3）单边带调制（SSB）

双边带信号两个边带中的任意一个都包含了调制信号频谱 $M(\omega)$ 的所有频谱成分，因此仅传输其中一个边带即可。这样既节省发送功率，还可节省一半传输频带，这种方式称为单边带调制。

滤波法的原理方框图如图 2－4 所示，用边带滤波器滤除不要的边带，滤波特性很难做到具有陡峭的截止特性。

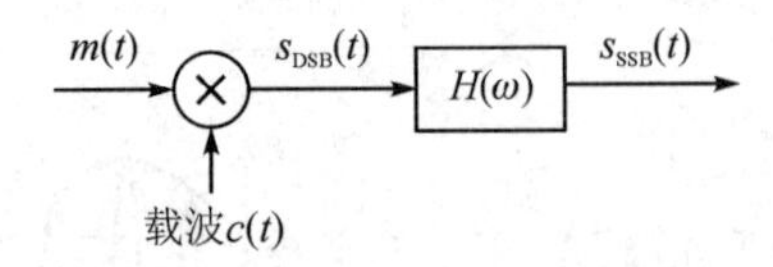

图 2－4　滤波法的原理方框图

4）残留边带调制（VSB）

残留边带调制是介于 SSB 与 DSB 之间的一种折中方式，它既克服了 DSB 信号占用频带宽的缺点，又解决了 SSB 信号实现中的困难。在这种调制方式中，不像 SSB 那样完全抑制 DSB 信号的一个边带，而是逐渐切割，使其残留一小部分，如图 2－5 所示。

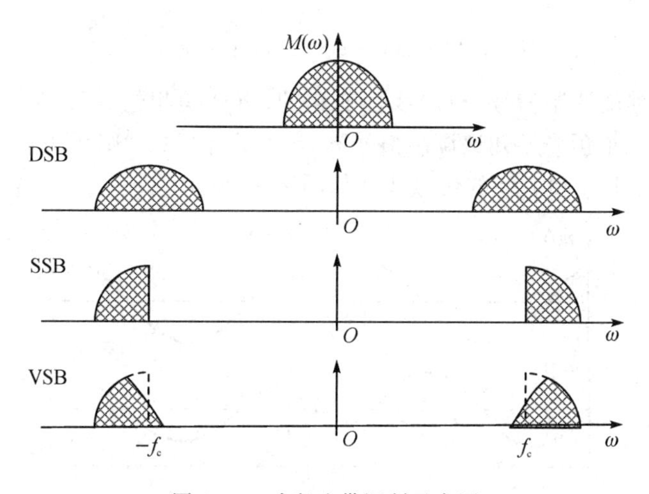

图 2-5　残留边带调制示意图

2. 角度调制

角度调制属于非线性调制。非线性调制也要完成频谱的搬移，但它所形成的信号频谱不再保持原来基带频谱的结构。非线性调制是通过改变载波的频率和相位来达到的，即载波振幅不变，载波的频率或相位随基带信号变化。角度调制包括频率调制(FM)和相位调制(PM)，频率调制(FM)就是指高频载波的瞬时频率偏移随调制信号 $m(t)$的幅度作线性变化，相位调制(PM)就是指高频载波的瞬时相位偏移随调制信号 $m(t)$的幅度作线性变化。

角度调制信号的一般表达式为

$$s_{\mathrm{m}}(t)=A\cos[\omega_{\mathrm{c}}t+\varphi(t)] \tag{2-8}$$

式中：A 为载波的恒定振幅；$[\omega_{\mathrm{c}}t+\varphi(t)]=\theta(t)$为信号的瞬时相位；$\varphi(t)$为瞬时相位偏移；$\mathrm{d}[\omega_{\mathrm{c}}t+\varphi(t)]/\mathrm{d}t=\omega(t)$为瞬时角频率；$\mathrm{d}\varphi(t)/\mathrm{d}t$ 为瞬时角频率偏移。

1) 相位调制(PM)

瞬时相位偏移随调制信号作线性变化，即

$$\varphi(t)=K_{\mathrm{p}}m(t)$$

式中：K_p 为调相灵敏度，含义是单位调制信号幅度引起 PM 信号的相位偏移量，单位是 rad/V。

将上式代入式(2-8)，得到 PM 信号表达式为

$$s_{\mathrm{PM}}(t)=A\cos[\omega_{\mathrm{c}}t+K_{\mathrm{p}}m(t)] \tag{2-9}$$

2) 频率调制(FM)

瞬时频率偏移随调制信号成比例变化，即

$$\frac{\mathrm{d}\varphi(t)}{\mathrm{d}t}=K_{\mathrm{f}}m(t)$$

式中：K_{f} 为调频灵敏度，单位是 rad/(s · V)。

这时相位偏移为

$$\varphi(t)=K_{\mathrm{f}}\int m(\tau)\mathrm{d}\tau$$

将其代入式(2-8)得到 FM 信号表达式为

$$S_{FM}(t)=A\cos\left[\omega_c t+K_f\int m(\tau)d\tau\right] \tag{2-10}$$

PM 是相位偏移随调制信号 $m(t)$线性变化的，FM 是相位偏移随调制信号 $m(t)$的积分呈线性变化的。如果预先不知道调制信号 $m(t)$的具体形式，则无法判断已调信号是调相信号还是调频信号。PM 和 FM 的信号波形如图 2-6 所示。

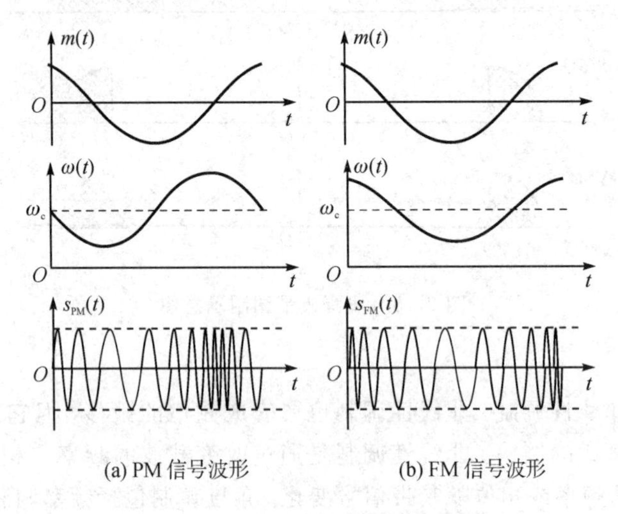

图 2-6　PM 和 FM 的信号波形

2.2.2　数字数据的模拟信号传输

在模拟信道上传输数字数据时，要将数字数据调制成模拟信号才能进行传送。将数字数据转换成模拟信号的方法一般有幅移键控、频移键控和相移键控三种，如图 2-7 所示。

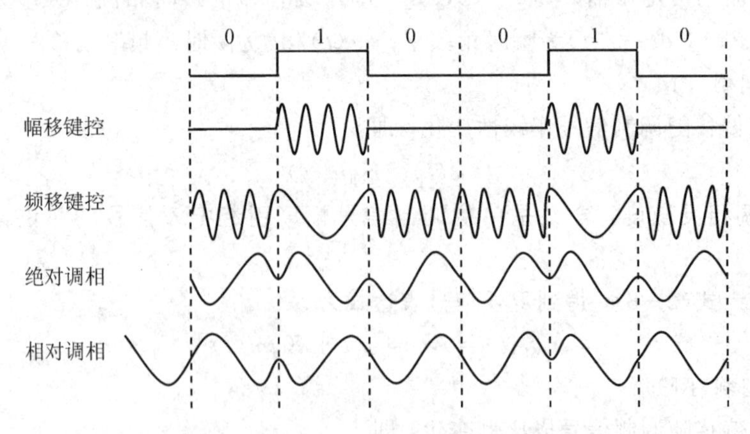

图 2-7　数字数据的模拟信号传输方式

1. 幅移键控(ASK)

幅移键控是通过改变载波信号的振幅来表示数字信号“0”和“1”的，即用一种幅度的载波信号来表示数字信号“0”，用另一种幅度的载波信号来表示数字信号“1”。其特点是容易实现，设备简单，但是抗干扰能力差，故在数字通信中使用不多。

2. 频移键控(FSK)

频移键控是通过改变载波信号的频率来表示数字信号中的“0”和“1”的，即用一种频率的载波信号来表示数字信号“0”，用另一种频率的载波信号来表示数字信号“1”。其特点是实现简单，抗干扰能力优于幅移键控方式，但占用的带宽较宽。

3. 相移键控(PSK)

相移键控是用载波信号的不同相位来表示数字信号中的“0”和“1”的。相移键控又分为绝对调相和相对调相。

绝对调相：用相位的绝对值来表示所对应的数字信号“0”和“1”。以未调载波相位为参考，相位相同为“1”，相位不同为“0”(或相位不同为“1”，相位相同为“0”)。

相对调相：以已调载波的前一码元末相位为参考点，相位相同为“1”，相位不同“0”(或相位不同为“1”，相位相同为“0”)。

在数据通信中，为了提高数据传输效率，常采用多相调制的方法。例如，可以采用四个不同的相位值来表示 00，01，11 和 10 四组比特码元，如图 2-8 所示，这种调相方法称为四相调制。同理，可得到八相调制、十六相调制。

比特值	00	01	10	11
相对相位编码值	0	$3\pi/2$	π	$\pi/2$

图 2-8 四相调制的相位值

以四相调相为例，如果传送的数字信号是 00101101，那么波形图如图 2-9 所示。

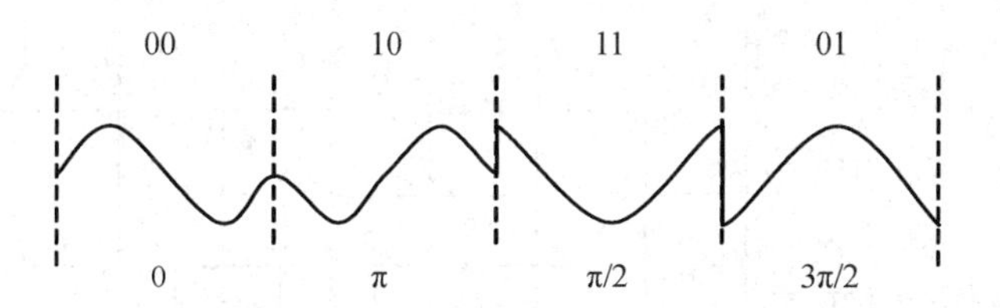

图 2-9 四相调制的波形图

2.2.3 数字数据的数字信号传输

为使数字信号适合于数字信道传输，要对数字信号进行编码，数字信号编码是指用两个电平分别表示两个二进制数“0”和“1”的过程，常见的数字信号编码有单极性编码、双极性编码和曼彻斯特编码。

1. 单极性编码

单极性编码是指用“0”表示低电平，用“1”表示高电平。单极性编码又分为单极性不归零编码(如图 2-10 所示)和单极性归零编码(如图 2-11 所示)。不归零编码又称全占空码，不归零编码的特点是每一位码元占据全部码元宽度。单极性归零编码每一位码元未占据全部码元宽度。

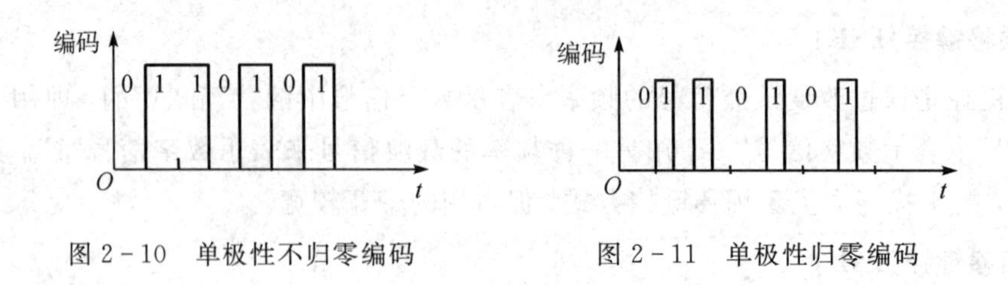

图 2-10　单极性不归零编码　　　　图 2-11　单极性归零编码

2. 双极性编码

双极性编码是用正由平和负电平表示二进制数“0”和“1”的，同样双极性编码也分为不归零编码(如图 2-12 所示)与归零编码(如图 2-13 所示)。

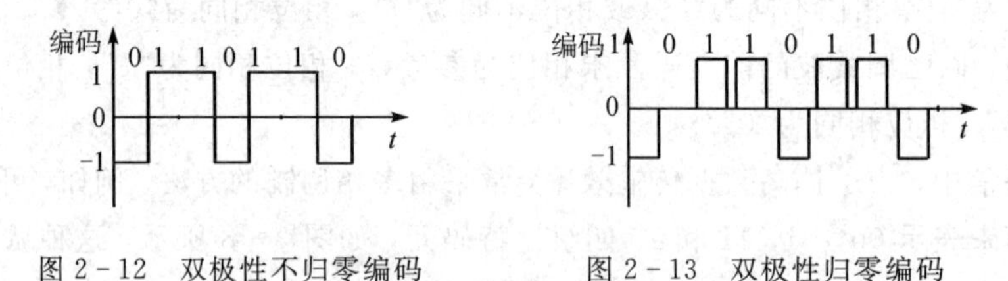

图 2-12　双极性不归零编码　　　　图 2-13　双极性归零编码

3. 曼彻斯特编码与差分曼彻斯特编码

曼彻斯特编码：以跳变方向来判断是“0”还是“1”。从高电平跳到低电平为“0”，从低电平跳到高电平为“1”。

差分曼彻斯特编码：以是否跳变来判断是“0”还是“1”。当前数据的前半周期与前一数据位的后半周期的电平进行比较，相同为“1”，不同则为“0”。

曼彻斯特编码和差分曼彻斯特编码波形图如图 2-14 所示。

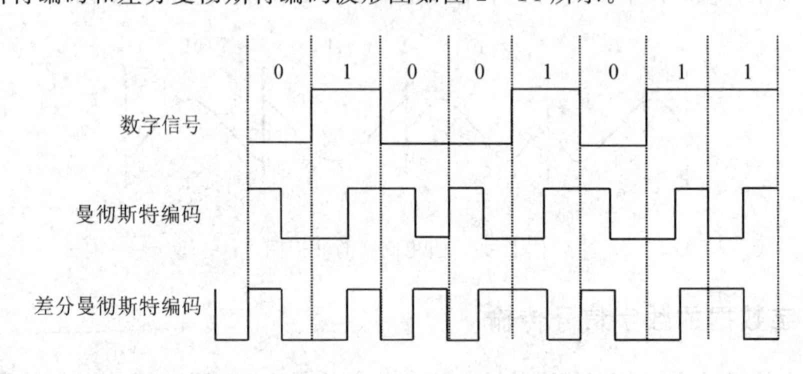

图 2-14　曼彻斯特编码和差分曼彻斯特编码波形图

2.2.4 模拟数据的数字信号传输

有时候需要将模拟数据调制成数字信号后再进行传输，常用的调制方式是脉冲编码调制(PCM)。模拟数据数字化的过程包括采样、量化和编码三个过程，如图 2-15 所示。接收端的还原过程包括译码和恢复两步。

(1) 采样：用抽样值代替连续变化的模拟信号。

采样定理：一个最高频率为 f Hz 的连续信号，如果以高于 $2f$ Hz 的频率对它进行等间隔抽样，则该信号将被抽样值完全确定。例如，话音信号最高频率为 3.4 kHz，则采样频

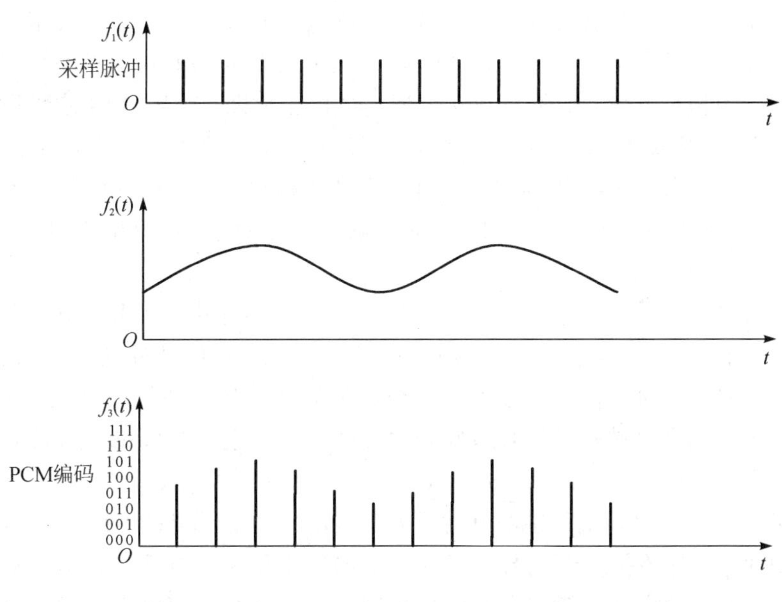

图 2-15　PCM 信号形成过程

率至少为 6.8 kHz，一般取 8 kHz。采样速率必须满足采样定理的要求。

(2) 量化：将采样值按照量化级取值的过程。PCM30/32 系统中，话音信号的量化级为 256 级，即将所有的采样值用 256 个量化值代替。

(3) 编码：用二进制码组表示量化值的过程。PCM30/32 系统中，话音信号的量化值编为 8 位码。

(4) 译码：在接收端将收到的二进制码组还原为量化值。

(5) 恢复：译码器输出的量化值通过低通滤波器就可恢复出原模拟信号。

2.2.5　调制解调技术在典型战术数据链系统中的具体应用

1. Link 4A 链路

4A 号链路(即 Link 4A 链路)的通信设备工作在特高频段，采用 2FSK 模式。在无线电设备端，来自数据终端设备的串行数字与载波叠加后被转换成预定值只有"0"和"1"的二进制值，无论载波的频率是多少，转换成二进制的标准均为：高于载波 20 kHz 设为二进制值"1"，低于载波 20 kHz 设为二进制值"0"。采用频移键控技术的优点是比调幅技术更具有抗干扰性。

4A 号链路无线电设备在发射期间提供全解调无线电频率侧音，无线电设备采用半双工模式，发射调制与接收解调二者具有相同的射频载波频率。

2. Link 11 链路

11 号链路(即 Link 11 链路)的通信设备工作在高频或特高频频段。11 号链的音频信号又分为常规 11 号链音频信号和单音 11 号链音频信号。常规 11 号链音频信号是 30 bit 对 15 个单音进行 QPSK 调制，再加上一个不移相 605 Hz 的多普勒单音组合成复合 16 多音音频信号一起加到高频或特高频无线电设备用于传输。而单音 11 号链音频信号是由数据比特转换成三重比特后对一个 1800 Hz 的单音进行 8PSK 调制形成的。当常规 11 号链音频信号在高频范围内发射时，无线电设备使用调幅调制技术中的抑制载频独立边带工作方式，把音频信号加到上边带和下边带去发送。当单音11号链音频信号在高频范围内发射时，无线电设备被调制到单边带方式，而不是独立边带，以上边带发送。当11号链路的通信设备工作在特高频段时(包括常规11号链路和单音11号链路)，特高频无线电设备都使用调频调制技术。11号链的音频信号用于调制或围绕中心频率移动射频，这种调制技术比调幅技术抗干扰能力强。在解调过程中，调频接收机限制幅度偏差数量。频率偏移用于提取信息，而特高频只被用于直视距离。

一个边带可以认为是一个信道。在常规高频11号链传输中，两个信道载有相同的音频信号。因为载频不传输信息，所以不发送载频。为了扩大有效信号距离，所有信号功率都进入载有信息的边带。相同的音频信号使用两个边带的好处是它提供了分级等级。因此，可以在接收机处抑制信号衰减和减少环境噪声。每次总是一个边带降低，同时另一个边带不降低。接收机能够自动从上边带、下边带或分集中选择最好的数据。

发射载频的单边带发射机是在对准时需要的。好的经验法则是不用调制加到其输入端的单边带发射机，而应该把天线上游大于0.8 V的输出作为均方根值计算。若均方根值大于这个值，那么射频功率将消耗在没有信息的频谱部分，这可能使信息部分发生变形。

3. Link 16 链路

16链路(即Link 16链路)采用循环码频移键控(CCSK)方式进行码元编码，并采用连续相移调制(CPSM)方式进行载波调制。

CCSK用32个比特序列来表示5 bit的码元。这32个比特序列是通过对一个初始序列进行移位而获得(循环码)的。由于5 bit码元可取值为0～31，因此有32种唯一的等效码序列。这些码序列与32 bit伪随机序列码进行"异或"运算，最后得出传输码元。

载波波形是通过对5 Mb/s载波频率进行连续相移调制而产生的。这种调制使用32一组位的发射码元(传输码元)作为调制信号，等效码速度为5 MHz，则每一位组的持续时间为200 ns，即0.000 000 200 s。调制过程使用了两种频率，它们的周期每200 ns相差半个波长，因此在200 ns周期末端由一个频率转换到另一个频率，相位是连续的。这两个频率用来表示组位的相对变化值而不是绝对值，当第n个组位与第$n-1$个组位相同时，以低频传送；当第n个组位与第$n-1$个组位不同时，以高频传送。由于在接收机中采用非相关检测方法，所以第一个组位传送频率是任意的。这种连续相位调制技术也可描述为相位相关二进制频移键控调制(MSK)。在较低频率处，每个200 ns周期中都有完整周期的一个准确值；在较高频率处，每个200 ns周期中有一个准确的附加半周期。用完整的32一组位序列对载波进行调制所需时间为$200\times32=6400$ ns(或6.4 μs)。

4. Link 22 链路

22号链路(即Link 22链路)传输的信号波形在每一时隙内使用了两种调制符号：数据符号(D)和检测符号(P)。数据符号(D)传输数据，检测符号(P)是接收调制解调器用来检测信道的多径结构，并据此调整其均衡器的抽头(接收调制解调器可预先知道它的值)。一般来说，检测符号始终采用4PSK调制，数据调制符号类型为8PSK(相移键控)或M元QAM(M可以为16、32或64)。

2.3 数据链编码技术

对于数据链系统来说，通常是采用无线电信道传输信息。由于空间信道的开放性，所传输的信息必然会受到各信道环境和干扰因素的影响，从而产生差错，降低信息传输的可靠性。由于乘性干扰引起的码间串扰，可以采用均衡的办法纠正；而加性干扰的影响则需要用其他办法解决。在设计数据链系统时，应该首先从合理选择调制方式、解调方法以及发送功率等方面来考虑，使加性干扰不足以影响误码率要求。若仍不能满足要求，则需要考虑采用差错控制编码技术。

2.3.1 差错控制技术原理

从差错控制角度看，按加性干扰引起的错码分布规律的不同，信道可以分为三类：随机信道、突发信道和混合信道。在随机信道中，错码的出现是随机的，而且错码之间是统计独立的。例如，由正态分布白噪声引起的错码就具有这种性质。在突发信道中，错码是成串集中出现的，即在一些短促的时间段内会出现大量错码，而在这短促的时间段之间却又存在较长的无错码区间。这种成串出现的错码称为突发错码。产生突发错码的主要原因之一是脉冲干扰，例如电火花产生的干扰。信道中的衰落现象也是产生突发错码的另一个主要原因。既存在随机错码又存在突发错码，而且哪一种都不能忽略不计的信道，称为混合信道。

对于不同信道类型，应采用不同的差错控制技术，差错控制技术主要有以下4种。

(1) 检错重发。在发送码元序列中加入差错控制码元，接收端利用这些码元检测到有错码时，利用反向信道通知发送端，要求发送端重发，直到正确接收为止。所谓检测到有错码，是指在一组接收码元中知道有一个或一些错码，但是不知道该错码应该如何纠正。采用检错重发技术时，数据链系统需要有双向信道传送重发指令。

(2) 前向纠错。前向纠错一般简称为FEC(forward error correction)。这时接收端利用发送端在发送码元序列中加入的差错控制码元，不但能够发现错码，还能纠正错码。在二进制码元的情况下，能够确定错码的位置，就相当于能够纠正错码。采用FEC时，不需要反向信道传递重发指令，也不会因反复重发而产生时延，故实时性好。但是为了能够纠正错误，而不是仅仅检测到有错码，与检错重发方法相比，前向纠错需要加入更多的差错控制码元，故前向纠错设备要比检错重发设备复杂。

(3) 反馈校验。反馈校验时不需要在发送序列中加入差错控制码元。接收端将接收到的码元原封不动地转发回发送端。在发送端将它和原发送码元逐一比较。若发现有不同，则认为接收端收到的序列中有错码，发送端立即重发。这种技术的原理和设备都很简单，但是需要双向信道，传输效率也很低，因为每个码元都需要占用两次传输时间。

(4) 检错删除。检错删除和检错重发的区别在于，在接收端发现错码后，立即将其删除，不要求重发。这种方法只适用在少数特定系统中，发送码元中有大量多余度，删除部分接收码元不影响应用。例如，当多次重发仍然存在错码时，这时为了提高传输效率不再重发，而采取删除方法。这样做在接收端虽然会有少许损失，但是却能够及时接收后续的信息。

上述4种技术中除第3种外，它们的共同点是在接收端识别有无错误。由于信息码元序列是一种随机序列，接收端无法预知码元的取值，也无法识别其中有无错误，所以在发送端需要在信息码元序列中增加一些差错控制码元，称为监督码元。这些监督码元和信息码元之间有确定的关系。比如某种函数关系，使接收端有可能利用这种关系发现或纠正存在的错码。

差错控制编码常称为纠错编码。不同的编码方法有不同的检错或纠错能力。有的编码方法只能检错，不能纠错。一般来说，付出的代价越大，检(纠)错能力越强。这里所说的代价，就是增加的监督码元多少，它通常用多余度来衡量。例如，若编码序列中平均每两个信息码元就添加一个监督码元，则这种编码的多余度为1/3。或者说，这种码的编码效率为2/3。设编码序列中信息码元数量为k，总码元数量为n，则比值k/n就是编码效率(简称码率)。监督码元数$(n-k)$和信息码元数k之比称为冗余度。理论上来讲，差错控制是以降低信息传输速率为代价换取高传输可靠性的。

2.3.2　几种典型的编码技术

战术数据链中常用的纠错编码有奇偶校验码、循环冗余码、汉明码和RS码。

1. 奇偶校验码

奇偶校验码是一种通过增加一位冗余位使得码字中“1”的个数恒为奇数或偶数的编码方法，它是一种检错码。在实际使用时又可分为垂直奇偶校验、水平奇偶校验和水平垂直奇偶校验等几种。

1) 垂直奇偶校验码

垂直奇偶校验又称为纵向奇偶校验，它是将要发送的整个信息块分为长为p位的若干段(比如说q段)，每段后面按“1”的个数为奇数或偶数的规律加上一位奇偶位，如图2-16所示。pq位信息(I_{11}, I_{2l}, …, I_{p1}, I_{12}, …, I_{pq})中，每p位构成一段(即图中的一列)，共有q段(即共有q列)。每段加上一位奇偶校验冗余位，即图中的r_i，编码规则为

偶校验：$r_i=I_{1i}+I_{2i}+\cdots+I_{pi}$　　$(i=1, 2, \cdots, q)$

奇校验：$r_i=I_{1i}+I_{2i}+\cdots+I_{pi}+1$　　$(i=1, 2, \cdots, q)$

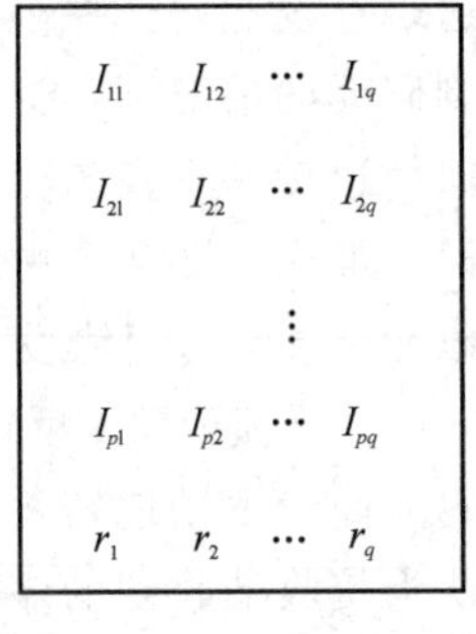

图2-16　垂直奇偶校验码

注意：这里的“+”指的是模2加，也即异或运算。发送顺序为按列串行发送，即逐位按先后次序为I_{11}, I_{21}, …, I_{p1}, r_1, I_{12}, …, I_{p2}, r_2, …, I_{1q}, …, I_{pq}, r_q。在接收端可边接收边进行校验后去掉校验位。

垂直奇偶校验的编码效率为$R=p/(p+1)$。通常，取一个字符的代码为一个信息段，这种垂直奇偶校验有时也称为字符奇偶校验。例如，在8位字符代码(即用8位二进制数位表示一个字符)中，$p=8$，编码效率为8/9。

垂直奇偶校验能检测出每列中的所有奇数位错，但检测不出偶数位错。对于突发错误来说，奇数位错与偶数位错的发生概率接近于相等，因而对差错的漏检率接近于1/2。

2) 水平奇偶校验码

为了降低对突发错误的漏检率，可以采用水平奇偶校验方法。水平奇偶校验又称为横

向奇偶校验，它是对各个信息段的相应位横向进行编码，产生一个奇偶校验冗余位，如图 2－17 所示，编码规则为

偶校验：$r_i = I_{i1} + I_{i2} + \cdots + I_{iq} \quad (i=1, 2, \cdots, p)$

奇校验：$r_i = I_{i1} + I_{i2} + \cdots + I_{iq} + 1 \quad (i=1, 2, \cdots, p)$

若每个信息段就是一个字符，则这里的 q 就是发送的信息块中的字符数。

水平奇偶校验的编码效率为 $R = q/(q+1)$。

水平奇偶校验不但可以检测出各段同一位上的奇数位错，而且还能检测出突发长度$\leqslant p$ 的所有突发错误。因为按发送顺序从图 2－17 可见，突发长度$\leqslant p$ 的突发错误必然分布在不同的行中，且每行一位，所以可以检出差错，它的漏检率要比垂直奇偶校验方法低。

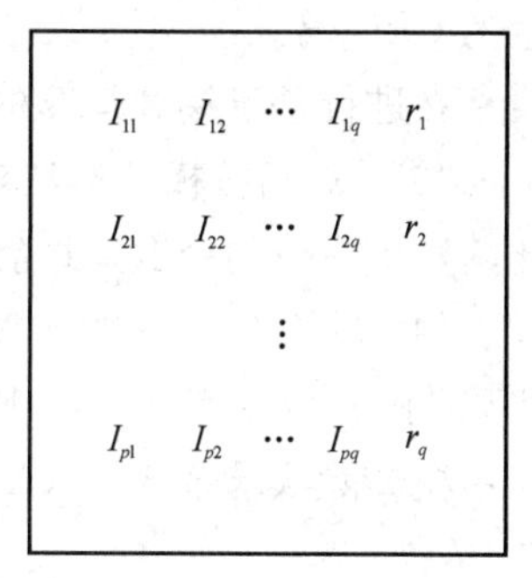

图 2－17　水平奇偶校验码

3）水平垂直奇偶校验

同时进行水平奇偶校验和垂直奇偶校验就构成水平垂直奇偶校验，如图 2－18 所示。若水平垂直都采用偶校验，则

$$r_{i,q+1} = I_{i1} + I_{i2} + \cdots + I_{iq} \quad (i=1, 2, \cdots, p)$$

$$r_{p+1,j} = I_{1j} + I_{2j} + \cdots + I_{pj} \quad (j=1, 2, \cdots, q)$$

$$r_{p+1,q+1} = r_{p+1,1} + r_{p+1,2} + \cdots + r_{p+1,q} = r_{1,q+1} + r_{2,q+1} + \cdots + r_{p,q+1}$$

水平垂直奇偶校验的编码效率为

$$R = \frac{pq}{(p+1)(q+1)}$$

水平垂直奇偶校验能检测出所有 3 位或 3 位以下的错误（因为此时至少在某一行或某一列上有一位错）、奇数位错、突发长度$\leqslant p+1$ 的突发错以及很大一部分偶数位错。测量表明，这种方式的编码可使误码率降至原误码率的百分之一到万分之一。

$$\begin{array}{ccccc} I_{11} & I_{12} & \cdots & I_{1q} & r_{1,q+1} \\ I_{21} & I_{22} & \cdots & I_{2q} & r_{2,q+1} \\ & & \vdots & & \\ I_{p1} & I_{p2} & \cdots & I_{pq} & r_{q,q+1} \\ r_{p+1,1} & r_{p+1,2} & \cdots & r_{p+1,q} & r_{p+1,q+1} \end{array}$$

图 2－18　水平垂直奇偶校验码

水平垂直奇偶校验不仅可检错，还可用来纠正部分差错。例如，数据块中仅存在 1 位错误时，便能确定错码的位置就在某行和某列的交叉处，从而可以纠正它。

2. 循环冗余码

奇偶校验码作为一种检错码，虽然简单，但是漏检率太高。在计算机网络和数据通信中用得最广泛的一种检错码是循环冗余码（CRC，cyclic redundancy code）。下面介绍 CRC 码的编码方法。

任何一个由二进制数组成的代码，都可以唯一地与一个只含有“0”和“1”两个系数的多项式建立一一对应的关系。例如，代码 1010111 对应的多项式为 $X^6+X^4+X^2+X+1$，同样多项式 X^3+X^2+1 对应的代码为 1101。

假设要对 k 位信息进行编码，编码时在 k 位信息后增加 r 位校验码。

CRC 码在发送端编码和接收端译码时，都要利用事先约定的生成多项式 $G(X)$来得

到，生成多项式 $G(X)$ 是一个特殊的 r 次幂的多项式。k 位信息用码多项式 $K(X)$ 来表示，用 $X^r \cdot K(X)$ 去除以 $G(X)$，得到的余式用 $R(X)$ 表示，则 $X^r \cdot K(X)+R(X)$ 就是所产生的 CRC 码。

在进行基于模 2 运算的多项式除法时，只要部分余数首位为“1”，便可上商“1”，否则上商“0”。然后按模 2 减法求得余数，该余数不计最高位。当被除数逐位除尽时，最后得到比除数少一位的余数。此余数即为冗余位，将其添加在信息位后便构成 CRC 码字。

例：设 $K(X)=X^6+X^4+X^3+1$（即信息位为 1011001），若 $G(X)=X^4+X^3+1$（对应代码 11001），显然 $r=4$，则 $X^4 \cdot K(X)=X^{10}+X^8+X^7+X^4$（对应代码为 10110010000），其由模 2 除法求余式 $R(X)$ 的过程所示如下：

```
            1101010
      11001/10110010000
            11001
            -----
             11110
             11001
             -----
              11110
              11001
              -----
               11100
               11001
               -----
                1010
```

得到的最后余数为 1010，这就是冗余位，对应 $R(X)=X^3+X$。

接收端的校验过程就是将接收到的码字多项式除以 $G(X)$ 的过程。若余式为“0”，则认为传输无差错；若余式不为“0”，则认为传输有差错。例如，前述例子中若码字 10110011010 经传输后由于受噪声的干扰，在接收端变成 10110011100，则求余式的模 2 除法如下：

```
            1101010
      11001/10110011100
            11001
            -----
             11110
             11001
             -----
              11111
              11001
              -----
                11010
                11001
                -----
                 0110
```

求得的余式不为“0”，相当于在码字上面半加上了差错模式 00000000110。差错模式对应的多项式记为 $E(X)$，上例中 $E(X)=X^2+X$。有差错时，接收端收到的不再是 $T(X)$，而是 $T(X)$ 与 $E(X)$ 之模 2 加，即

$$\frac{T(X)+E(X)}{G(X)}=\frac{T(X)}{G(X)}+\frac{E(X)}{G(X)}$$

若 $E(X)/G(X)\neq 0$，则这种差错就能检测出来；若 $E(X)/G(X)=0$，则由于接收到的码字多项式仍然可被 $G(X)$ 整除，错误就检测不出来，也就发生了漏检。

理论上可以证明循环冗余校验码的检错能力有以下特点：

(1) 可检测出所有奇数位错；

(2) 可检测出所有双比特的错；

(2) 可检测出所有小于、等于校验位长度的突发错。

CRC 码是由 $X^r \cdot K(X)$除以某个选定的多项式后产生的，所以称该多项式为生成多项式。一般来说，生成多项式位数越多，校验能力越强。但并不是任何一个 $r+1$ 位的二进制数都可以作生成多项式。目前广泛使用的生成多项式主要有以下四种：

(1) $CRC12=X^{12}+X^{11}+X^3+X^2+1$。

(2) $CRC16=X^{16}+X^{15}+X^2+1$(IBM 公司)。

(3) $CRC16=X^{16}+X^{12}+X^5+1$(CCITT)。

(4) $CRC32=X^{32}+X^{26}+X^{23}+X^{22}+X^{16}+X^{12}+X^{11}+X^{10}+X^8+X^7+X^5+X^4+X^2+X+1$。

3. 汉明码

汉明码是由 R · Hamming 在 1950 年首次提出的，它是一种能够自动检测并纠正一位差错的编码。可以借用简单奇偶校验码的生成原理来说明汉明码的构造方法。若 $k(=n-1)$ 位信息位 $a_{n-1}a_{n-2}\cdots a_1$ 加上一位偶校验位 a_0，构成一个 n 位的码字 $a_{n-1}a_{n-2}\cdots a_1a_0$，则在接收端校验时，可按关系式 $S=a_{n-1}+a_{n-2}+\cdots+a_1+a_0$ 来计算。若求得 $S=0$，则表示无错；若求得 $S=1$，则表示有错。上式可称为监督关系式，S 称为校正因子。

在奇偶校验情况下，只有一个监督关系式和一个校正因子，其取值只有“0”和“1”两种情况，分别代表无错和有错两种结果，还不能指出差错所在的位置。不难设想，若增加冗余位，也即相应地增加了监督关系式和校正因子，就能区分更多的情况。如果有两个校正因子 S_1 和 S_0，则 S_1S_0 的取值就有 00、01、10 和 11 四种可能的组合，也即能区分四种不同的情况。若其中一种取值用于表示无错(如 00)，则另外三种(01、10 及 11)便可以用来指出不同情况的差错，从而可以进一步区分出是哪一位错。

设信息位为 k 位，增加 r 位冗余位，构成一个 $n=k+r$ 位的码字。若希望用 r 个监督关系式产生的 r 个校正因子来区分无错和在码字中的 n 个不同位置的一位错，则要求满足以下关系式：

$$2^r \geqslant n+1 \text{ 或 } 2^r \geqslant k+r+1$$

以 $k=4$ 为例来说明，若要满足上述不等式，则必须 $r\geqslant 3$。假设取 $r=3$，则 $n=k+r=7$，即在 4 位信息位 $a_6a_5a_4a_3$ 后面加上 3 位冗余位 $a_2a_1a_0$，构成 7 位码字 $a_6a_5a_4a_3a_2a_1a_0$，其中 a_2、a_1 和 a_0 分别由 4 位信息位中某几位半加得到，在校验时，a_2、a_1 和 a_0 就分别和这些位半加构成三个不同的监督关系式。在无错时，这三个关系式的值 S_2、S_1 和 S_0 全为“0”。若 a_2 错，则 $S_2=1$，而 $S_1=S_0=0$；若 a_1 错，则 $S_1=1$，而 $S_2=S_0=0$；若 a_0 错，则 $S_0=1$，而 $S_2=S_1=0$。S_2、S_1 和 S_0 这三个校正因子的其他四种编码值可用来区分 a_3、a_4、a_5、a_6 中的一位错，其对应关系如表 2-4 所示。当然，也可以规定成另外的对应关系，这并不影响讨论的一般性。

表 2-4 $S_2S_1S_0$ 值与错码位置的对应关系

$S_2S_1S_0$	000	001	010	100	011	101	110	111
错码位置	无错	a_0	a_1	a_2	a_3	a_4	a_5	a_6

由表 2-4 可见，a_2、a_4、a_5 或 a_6 的一位错都应使 $S_2=1$，由此可以得到监督关系式：

$$S_2=a_2+a_4+a_5+a_6$$

同理可得

$$S_1=a_1+a_3+a_5+a_6$$

$$S_0=a_0+a_3+a_4+a_6$$

在发送端编码时，信息位 a_6、a_5、a_4 和 a_3 的值取决于输入信号，它们在具体的应用中有确定的值。冗余位 a_2、a_1 和 a_0 的值应根据信息位的取值按监督关系式来确定，使上述三式中的 S_2、S_1 和 S_0 的取值为“0”，即

$$a_2+a_4+a_5+a_6=0$$

$$a_1+a_3+a_5+a_6=0$$

$$a_0+a_3+a_4+a_6=0$$

由此可求得

$$a_2=a_4+a_5+a_6$$

$$a_1=a_3+a_5+a_6$$

$$a_0=a_3+a_4+a_6$$

已知信息位后，按上述三式可算出各冗余位。对于本例来说，各种信息所算出的冗余位如表 2-5 所示。

表 2-5 信息所对应的冗余位

信息位 $a_6a_5a_4a_3$	冗余位 $a_2a_1a_0$	信息位 $a_6a_5a_4a_3$	冗余位 $a_2a_1a_0$
0000	000	1000	111
0001	011	1001	100
0010	101	1010	010
0011	110	1011	001
0100	110	1100	001
0101	101	1101	010
0110	011	1110	100
0111	000	1111	111

在接收端收到每个码字后，按监督关系式算出 S_2、S_1 和 S_0，若它们全为“0”，则认为无错；若不全为“0”，在一位错的情况下，可查表 2-4 来判定是哪一位错，从而纠正之。例如，码字 0010101 传输中发生一位错，在接收端收到的为 0011101，代入监督关系式可算得 $S_2=0$、$S_1=1$ 和 $S_0=1$，由表 2-4 可查得 $S_2S_1S_0=011$ 对应于 a_3 错，因而可将 0011101 纠正为 0010101。

上述汉明码的编码效率为 4/7。若 $k=7$，则按 $2^r \geqslant k+r+1$ 可算得 r 至少为 4，此时编码效率为 7/11。可见，信息位数越多，编码效率越高。

4. RS 码

RS (reed-solomon)码是一类具有很强纠错能力的多进制 BCH 码。它首先由里德和索洛蒙提出，故称为 RS 码。RS 码对于纠正突发错误特别有效，因为它具有最大的汉明距离，与其他类型的纠错码相比，在冗余符号相同的情况下，RS 码的纠错能力最强。

若仍用 n 表示 RS 码的码长，则对于 m 进制的 RS 码，其码长需要满足：

$$n=m-1=2^q-1 \tag{2-11}$$

式中：$q \geqslant 2$ 且为整数。

对于能够纠正 t 个错误的 RS 码，其监督码元数目 $r=2t$，这时的最小码距 $d_0=2t+1$。RS 码的生成多项式为

$$g(x)=(x-a)(x-a^2)\cdots(x-a^{2t}) \tag{2-12}$$

式中：a 是伽罗华域 GF(2^q)中的本原元。

RS 码有时域编码和频域编码两种，其中信息多项式 $m(x)$和剩余多项式 $r(x)$分别表示为

$$m(x)=m_0+m_1x+m_2x^2+\cdots+m_{k-1}x^{k-1} \tag{2-13}$$

$$r(x)=Q_0+Q_1x+\cdots+Q_{n-k-1}x^{n-k-1} \tag{2-14}$$

RS 码的编码过程是首先由生成多项式 $g(x)$得到系统生成矩阵 $\boldsymbol{G}(x)$，然后时域编码可由基本的编码公式 $\boldsymbol{C}(x)=m(x)\boldsymbol{G}(x)$得到码字。图 2-19 为 RS 码时域编码原理框图。

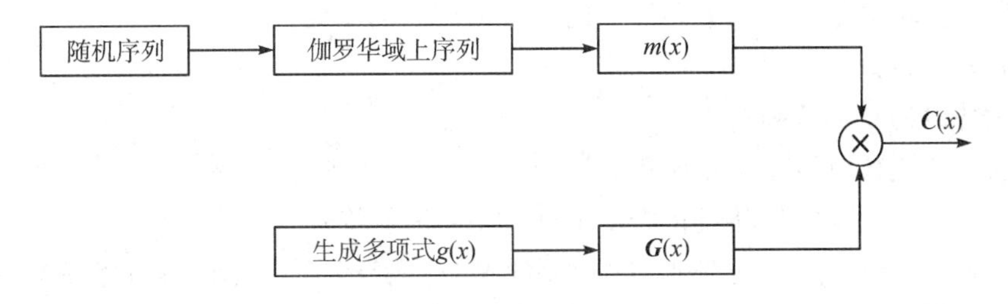

图 2-19　RS 码时域编码原理框图

而频域编码相对较复杂，码字多项式的 x^{n-1} 至 x^{n-k} 项的系数对应于序列的信息位，而其余位则代表校验位。

由于 RS 码能够纠正 t 个 m 进制错码，或者说，RS 码能够纠正码组中 t 个不超过 q 位连续的二进制错码，所以 RS 码特别适用于存在突发错误的信道，如无线衰落信道。

2.3.3　纠错码在典型战术数据链系统中的应用

1. Link 4A 链路

目前所使用的 Link 4A 链路没有采用纠错码，4A 号链路报文由终端设备产生，以串行数字形式传送到无线电设备，再通过频移键控发送。报文格式如图 2-20 所示。

同步脉冲串	保护性间隔	起始位	数据	发射非键控位

图 2-20　报文格式

接收机根据接收到的同步脉冲串来接收数据报文。一般说来，控制报文采用 V 序列编码，应答报文采用 R 序列编码。

2. Link 11 链路

如前面 2.2.5 节中所述，11 号链路的音频信号分为常规音频信号和单音音频信号，它们分别采用不同的信道编码，下面将对其分别进行讨论。

1）常规音频信号

Link 11 常规音频信号分为前置信号和数据信号，所有的信号都分为帧。Link 11 音频信号是由 16 个 55 Hz 的奇次谐波的单音频率建立的。前置码由 605 Hz 和 2915 Hz 两种单音组成。2915 Hz 单音在每个帧结束时，相位移动 180°，在 Link 11 音频信号中，报文数据帧采用了汉明码编码，编码后的信息采用差分正交相移键控调制。每 2 bit 组合对应一种相位，如 00、01、10 和 11，对应 45°、135°、225°和 315°。战术数据链系统的计算机为每个报文数据帧提供 24 bit 信息，在 24 bit 信息后加上冗余的 6 bit 构成(30，24)汉明码，该汉明码可以纠正一位错误，其接收编译码采用计算校正子来确定错误图样并加以纠正。

2）单音音频信号

单音 Link 11 波形信号以 1 个 1800 Hz 单音发射。单音 Link 11 波形发射装置由五种类型结构单元组成：一个同步化单元(前置码)、一个报文头单元、一个报文终止单元和插入探测器。其战术数据链装备将信息比特转变为发射符号，需要以下 6 个步骤：

(1) 误码检测的编码采用一个循环冗余码(CRC)，在这个过程中，循环码的 12 bit 被附加到数据上。这就允许只在接收的系统核实所接收数据是否有误差；

(2) 误码修正的编码采用编码算法的一个回旋状的单元；

(3) 插入比特值；

(4) 比特对的灰色编码；

(5) 乘 2 使比特对转成三重比特；

(6) 三重比特数据的伪随机化产生了 8 - PSK 发射符号。

单音 Link 11 波形使用的循环码用八进制的 12471 码符多项式表示，它的生成多项式为

$$g(x) = X^{12} + X^{10} + X^{8} + X^{5} + X^{4} + X^{3} + 1 \tag{2-15}$$

3）Link 16 链路

Link 16 链路报文有固定格式报文、可变格式报文、自由格式报文和往返计时报文 4 种形式。不同格式的报文采用不同的编码方法。

(1) 固定格式报文。固定格式报文由 1～8 个字组成，每个字包括 75 bit，其中数据位占 70 bit，奇偶校验位占 4 bit，备用位占 1 bit。固定格式报文通过 Link 16 链路交换战术与指挥信息，通常称为 J 序列报文。固定格式报文的密码包含奇偶校验，报头的第 4～18 位(包括源跟踪号码)连同三个数据字的 210 bit 数据一起计算 12 bit 奇偶值。这些奇偶值被分配在每个字的 71～74 位，每个字的第 70 位留作备用。固定格式报文采用 RS 编码。这种 RS 码采用(31 ，15)码，即每 15 bit 数据都会加上 16 bit 误码监测与校正。该(31，15)RS 码可检测和纠正 8 bit 误差，并将 75 bit 序列转换为 155 bit 序列，这些比特被分成 5 组，每组 31 个单元。

(2) 可变格式报文。可变格式报文只采用奇偶校验，没有采用 RS 纠错编码。奇偶校验

同固定格式报文。

(3) 自由格式报文。自由格式报文无奇偶校验，可采用也可不采用 RS 纠错编码。如采用 RS 纠错编码，则 225 bit 数据将设成 465 bit。若采用 RS 纠错编码，则所有的 465 bit 数据均可用于数据传送，但只使用 450 bit。

(4) 往返计时报文。往返计时报文的往返时间询问包含 35 bit 数据并采用 RS 纠错编码，往返计时应答和修正本系统时钟没有采用 RS 纠错编码。

本章小结

本章介绍了数据链信息传输的基础知识。首先介绍了电波传播与天线，包括电磁波的频段和传播方式、天线类型及天线的选型、典型数据链的传输信道及特点；然后介绍了调制解调技术，包括模拟信号的模拟调制和数字调制技术，数字信号的模拟调制技术和数字调制技术，以及调制解调技术在典型战术数据链系统中的具体应用；最后介绍了数据链编码技术，包括差错控制技术原理，奇偶校验码、循环冗余码、汉明码和 RS 码等几种数据链常用的编码技术，以及纠错码在典型战术数据链系统中的应用。

思考题

1. 电磁波的常见传播方式有哪些？

2. 简述数据链天线选型要考虑哪些因素？

3. 简述 Link 4A 数据链 2FSK 调制信号的特点。

4. 简述 Link 16 数据链 MSK 调制信号的特点。

5. 简述脉冲编码调制(PCM)的基本过程。

6. Link 16 链路有哪几种报文格式？各采用怎样的编码方式？

7. 取 $G(X)=X^4+X+1$，假设欲发送的一段信息为 10110011，试问在线路上传输的码字是怎样的？

8. 在 4 位信息位 $a_6a_5a_4a_3$ 后面加上 3 位冗余位 $a_2a_1a_0$，构成 7 位汉明码字 $a_6a_5a_4a_3a_2a_1a_0$，监督关系式为

$$a_2=a_6+a_5+a_4,\quad a_1=a_6+a_5+a_3,\quad a_0=a_5+a_4+a_3$$

求：

(1) 信息 1001 的传输码字是什么？

(2) 若收到的信息为 1000101，问有无错位？若有，请改正。

9. 简述 Link 16 系统中的抗干扰机制。

第3章　数据链组网技术

随着通信技术的进步，数据链由原来的点对点方式逐步向网络化发展，而随着网络规模的扩大和业务类型的多样化，网络行为的复杂性也日益增加。对于数据链来说，必须针对不同的任务和业务需求对网络进行规划和管理，而这种规划和管理同样需要高效的网络管理系统来完成。本章基于数据通信网基础知识，重点阐述了数据链信道共享、组网协议、网络同步相关技术，同时对战术数据链作战运用中的数据链网络规划与管理的部分内容进行了详细分析。

3.1　数据通信网的基础知识

数据通信网是计算机技术和通信技术相结合的产物。在数据通信网中，计算机是信息加工处理的节点，通信设备则提供信息和数据的传输通路。

3.1.1　基本概念

数据通信最简单的形式是在两个用户的通信终端之间直接用传输媒介连接起来进行通信。当多个用户之间进行数据通信时，由于建设成本、地理环境等因素的影响，不可能在每个用户之间都互相建立直达的线路，因此，必须建立数据通信网。

数据通信网是一个由分布在各地的数据终端、数据交换设备和通信线路所构成的通信网，如图3-1所示。数据通信网通常有硬件和软件两大组成部分。硬件包括数据传输设备、数据交换设备和通信线路；软件是为支持这些硬件而配置的网络协议等。通常把数据通信网中完成数据传输和交换功能的一个点称为节点。计算机或终端之间正是通过这些与其相连的节点进行数据通信的。

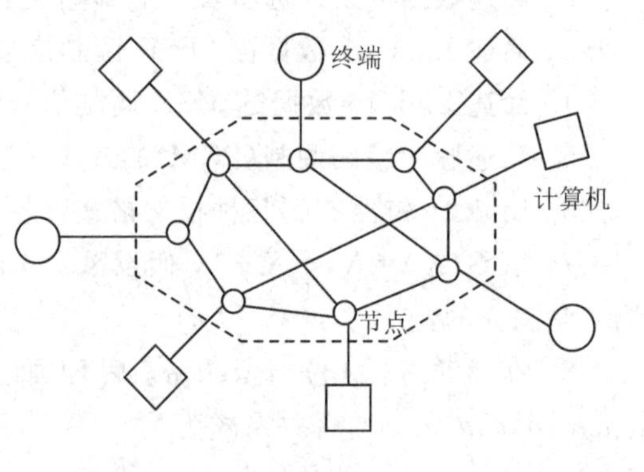

图3-1　数据通信网示意图

数据通信网按网络拓扑结构的不同，可分为树型网、星型网、总线型网、环型网和网状网；按传输数据技术的不同，可分为交换网和广播网。

3.1.2　网络拓扑结构

网络拓扑是指网络形状，或者是网络在物理上的连通性。建立网络拓扑，要达到三个具体目标：一是为终端设备间的信息流选择一条最经济的路由，即尽量减小两个终端设备之间信道的实际长度，选择中间节点最少的路由；二是为终端用户提供最短的响应时间和最大的信息通过量；三是网络应具有最大的可靠性，以保证信息流能准确地到达目的地。但这三个目标之间是有矛盾的，例如，增加节点数目，可以加大信息通过量、缩短用户线长度，但增加了传输时延，加大了投资成本。

因此，在网络建设中，需对网络的业务性质、网络的大小(覆盖面、节点数和业务量)、技术状况等各种因素进行综合考虑，选择最能满足要求的网络拓扑结构。

根据节点互联的不同方法，可构成多种类型的网络拓扑结构，较常见的网络拓扑结构有以下5种。

1. 树型拓扑结构

树型拓扑结构如图3-2(a)所示。树型拓扑结构像树一样逐层分支，越往下，分支越多。树型拓扑结构是一种具有顶点的分层或分级结构，由顶点执行全网的控制功能，控制较简单。但这种结构存在所谓的"瓶颈"效应，即一旦某一节点发生故障，将波及其下层节点，致使其下层节点不能正常工作，如若顶点发生故障，又无备用设备，就会使全网瘫痪。由于树型拓扑结构网增减节点方便，随着技术的不断提高，其可靠性增加，因此该结构成为大型通信网的常选结构。

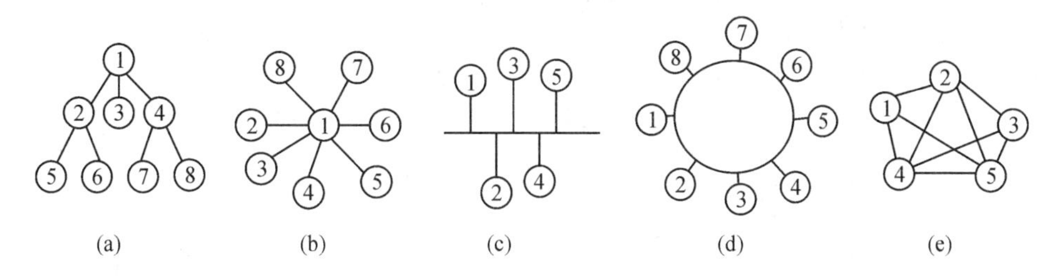

图3-2　常见网络拓扑结构

2. 星型拓扑结构

星型拓扑结构如图3-2(b)所示。在星型拓扑结构中，全网由中心节点执行交换和控制功能。其结构简单，需要的连接线路数少，网络建设投资和维护费用低，线路利用率高，故障容易定位和隔离。但这种结构也存在"瓶颈"效应，一旦中心节点出现故障，将导致全网失效。在星型拓扑结构中设立备用中心便可大大提高其可靠性。

3. 总线型拓扑结构

总线型拓扑结构如图3-2(c)所示。在总结型拓扑结构中，所有节点全部连接到一个公共线路上，这一公共线路用于节点间的信息传递，公共线路即是"总线"。由于总线上的所有节点皆可接收到总线上的信息，因而易于控制信息流动。但因采用单一信道提供所有服务，若信道失效，则将影响全网的工作。

4. 环型拓扑结构

环型拓扑结构如图3-2(d)所示。它的控制逻辑简单。在环型拓扑结构中，信息流沿环型信道流动，通常是单向的。一个节点接收到数据后，先判断该数据是否传给本节点。若不是，则将其传送到环上的下一节点。每个节点的任务就是接收数据，并将该数据或者传送到与其直接相连的终端设备，或者传送到环上的下一节点。一旦某一节点或某一段信道失效，将会影响全网的工作，所以，实际应用中常设置备份的第二环路，以旁路故障节点。

5. 网状拓扑结构

网状拓扑结构如图 3-2(e)所示。在网状拓扑结构中，各个节点之间都有连接线路，其结构较上述各种拓扑结构复杂，但该拓扑结构信息传递迅速，质量好。任意两个节点之间存在多条可能路径以供选择路由，大大提高了其可靠性。当任意两个节点之间的连接线路发生故障时，可以迂回沟通。网状拓扑结构可靠性高，不存在"瓶颈"效应和局部失效的影响，但它需要的连接线路多，电路利用率低，网络建设投资和维护费用比较高。另外，网络协议在逻辑上相当复杂。这种结构形式的通信网通常用于各地之间交换量较大的情况。

3.1.3　交换网

交换网由相互连接的节点集合构成。图 3-3 所示为一般交换网示意图。网络节点由传输路径连接，从一个网络站进入通信网络的数据通过节点到节点的传送转发到其目的节点。

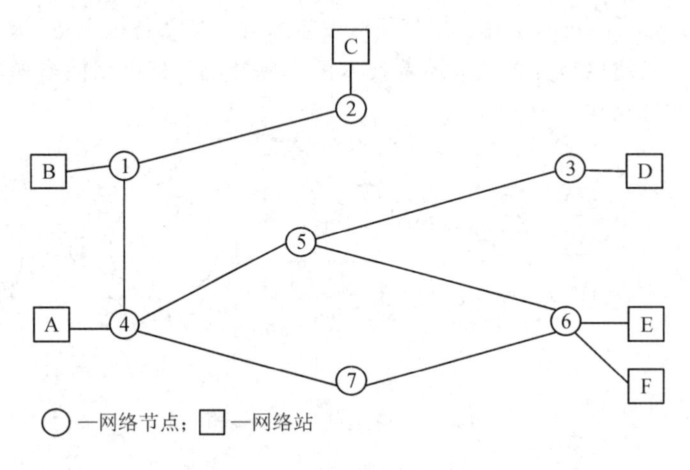

图 3-3　一般交换网的示意图

1. 交换网的特点

交换网具有如下三个特点。

(1) 网络中某些节点只与其他节点相连，其任务是完成网络内部数据的交换，例如图 3-3 中的节点 5 和 7。其他节点则连接一个或多个网络站(终端设备或计算机)，这些节点除具有交换数据的功能外，还具有从接入站接收数据及向网络站传送数据的功能。

(2) 网络节点至网络站的链路通常是专用的点到点链路。而节点至节点的链路经常是多路复用链路(FDM 或 TDM)，这对于远距离传输来说将大大降低传输成本。

(3) 节点的网络拓扑可以是全连通的或部分连通的(通常是后者)。有时为了提高网络的可靠性，人们希望各网络站间能有多条网络路径。

2. 交换网的分类

交换网根据交换数据方式的不同可分为电路交换网、报(电)文交换网和分组交换网。

1) 电路交换网

电路交换网由单个电路交换节点构成，经由电路交换的通信在两站之间有一条专用通信途径，该途径是节点间连接的链路序列。在每条物理链路上，有一条信道专用于这个连接。电路交换网的最简单的例子就是电话网。电路交换的通信过程可分为电路建立、数据传送和电路拆线三个阶段。

(1) 电路建立。在任何数据传送之前，必须建立一条站到站的电路。例如，图 3-3 中，A 站向 4 号节点发出一个请求，要求连接到 E 站。由于 A 站到 4 号节点的链路为专用线，因此 4 号节点只需要找出导向 6 号节点的路由，并分配一个空闲信道，送出请求连接到 E 站的信息即可。与此同时，还必须建立从多个站到多个节点的内部途径。在完成与 E 站的连接时，还应测试 E 站是否准备好接收这一连接。

(2) 数据传送。被传送的数据和信号可以是数字的，也可以是模拟的，其传送路径为：A-4 链路→4 号节点的内部交换→ 4-5 信道→5 号节点的内部交换→5-6 信道→6 号节点的内部交换→6-E 链路。一般连接是全双工的，数据可沿两个方向传输。

(3) 电路拆线。当数据通信要终止时，一般由两站中的一个站采取行动，其信令必须传送到 4、5 和 6 号节点，以便重新分配信道资源。

电路交换用在各站之间进行通信时，由于大部分时间内可能没有数据传输，但线路仍然保持连通状态，因而信道容量未加利用，线路利用率低。从性质上看，数据传送前，电路建立阶段存在延迟，一旦建立了电路，网络对用户是透明的，数据可以固定的速率进行传输，除传输延迟外，不再有其他网络延迟。电路交换适用于传送较为连续的数据流，例如话音、遥测与遥感输入数据等。

电路交换有两个限制因素：一是进行数据交换时，两站必须同时可用；二是网络必须有专用资源。

2) 报文交换网

报文交换以报文为数据交换单位。报文交换主要用于电报、电子邮件、计算机文件及非紧急的业务查询和应答等。当某站发送一份报文时，它在报文上附加一个目的地址，网络节点根据报文上的目的地址信息把报文传送到下一个节点，一直逐个地传送到目的节点。每个节点接收到整个报文并检查无误后，短暂存储该报文，然后将其传输到下一个节点。每个报文交换节点通常是一个通用小型计算机，有足够的存储空间缓存进入的报文。

报文交换不必在两站之间建立一条专用路径，但报文在每个节点需延迟一个用来接收其全部比特的时间与排队等待重发的时间。

报文交换系统也称作存储转发报文系统，其优点是：

① 一条节点到节点的信道可在时间上由许多报文共享，链路利用率高且不需要实时处理；

② 可以复制报文抄件，将其发送到多个目的节点；

③ 可建立报文优先等级；

④ 可执行速率和码制转换；

⑤ 可对报文进行差错控制和校正、编号、存档与重发等。

3) 分组交换网

分组交换综合了电路交换与报文交换的优点，同时又减少了两者的不足，是实现各站间大通信业务量交换的最好方法。

分组交换与报文交换非常像，其主要的差别是分组交换网中入网的数据单位长度受到限制，一般长度为 1 至几 kb，而报文交换网则能容纳大量信息。从站的角度看，在分散交换网中，对大于最大长度的报文，必须分成较小的单位逐次发送出去。为了区别报文交换网和分组交换网，把分组交换网的数据单位称为分组，分组报文只是为校正错误临时存储的，通常并不存档。分组报文网中除包括数据外，还包括目的地址。

在分组交换网中，网络处理报文分组流的方法有两种。

(1) 数据报方法。这种方法单独处理每个分组，就像报文交换网中每份报文是单独处理的一样。例如图3-3中，假定A站有三个分组的报文要送到E站。它首先将1、2、3号分组连串地发给4号节点，4号节点必须对每个分组作出路由选择；1号分组来到后，4号节点确知到5号节点的分组队列短于到7号节点的分组队列，所以它将1号分组排入5号节点的队列中；2号分组也是如此；但是对于3号分组，4号节点发现到7号节点的队列最短，因此将3号分组排入7号节点的队列中。这样，每个分组虽有同样的目的地址，但并不遵循同一路由。3号分组先于2号分组到达6号节点是有可能的，这些分组可能以一种不同于它们发出时的顺序投送到B站。这需要E站决定怎样重新排列它们。这种方法中，每一个单独处理的分组称为一个数据报。

(2) 虚拟电路方法。这种方法在送出任何分组之前需要先建立一条逻辑连接。例如图3-3中，假定A站有一个或多个分组要发送到E站。它首先发送一个“呼叫请求”分组到4号节点，要求建立一条到E站的连接；4号节点决定将该请求和所有后续的数据发送到5号节点，5号节点又决定将该请求及所有后续的数据发送到6号节点，6号节点最后将“呼叫请求”分组投送到E站；如果E站准备接收这个连接，则它将发出一个“呼叫接收”分组到6号节点，这一分组通过5号和4号节点发送回到A站。这样，A站和E站之间可以经由这条已建立的逻辑连接或虚拟电路来交换数据。现在每个分组包含一个虚拟电路标识符和数据。预先建立的路由上的每个节点都知道向什么地方发出这些分组，不再需要路由选择判定。因此，来自A站的每个数据分组穿过4、5和6号节点，而来自E站的每个数据分组穿过6、5和4号节点。最后，其中一个站用一个“清除请求”分组来终止这一连接。在任何时刻，每个站到任一其他站可同时存在多条虚拟电路。

虚拟电路技术的主要特征是站间的路由在数据传送前已经定好。但它并不是像电路交换中那样有一条专用路径。分组还是要在每个节点上缓冲存储，并排在一个链路的队列中等候输出。与数据报方法的区别是，虚拟电路方法中，节点不必为每一分组作路由选择决定，对于每个连接来说，只作一次路由选择决定即可。

数据报方法和虚拟电路方法都具有减少站的不必要的通信处理功能。如果两个站希望进行长时间的数据交换，则采用虚拟电路方法较好。虚拟电路设施还可以提供一些业务，如排序、差错控制及信息流控制。排序指的是，由于所有分组遵循同一路由，这些分组将以原有的顺序到达目的节点，终端不需要进行重新排序。差错控制用于保证分组以适当顺序正确到达目的节点。例如，图3-3中，如果一个序列里的一个分组未能到达6号节点，或者到了但有错误，6号节点可以要求4号节点重发该分组。信息流控制是一种用于接收方控制数据接收的技术。例如，图3-3中，如果E站在缓冲存储来自A站的数据的过程中，发觉它的缓冲存储空间快要用完时，它可以通过虚拟电路设施请求A站暂停传输直到再通知。

数据报方法的第一个优点是避免了呼叫建立阶段。因此，如果一个站希望只传送出一个或几个分组，则数据报的投送会较快些。数据报方法的第二个优点是它更简单、更灵活。例如，如果网络的一部分形成拥塞，那么进来的数据报可以绕开那个拥挤的地方。使用虚拟电路投送时，分组遵循预定路线，因此网络要适应拥塞是更为困难的。数据报方法的第三个优点是数据报的投送从本质上来说更为可靠。使用虚拟电路投送时，如果一个节点失效，通过该节点的所有虚拟电路都会失效。而使用数据报投送时，如果一个节点出现故障，分组可以通过其他路由来投送。

电路交换本质上是业务的透明化传输，一旦建立了连接，就为连接的站提供固定的数据率。报文交换和分组交换却并非如此，它们引入了可变延迟，以致数据的到达是不连贯的。实际上，对于报文交换和分组交换，数据到达接收点的顺序可能不同于发送的顺序。透明性带来的另一个影响是电路交换不需要“额外开销”。一旦建立了连接，模拟数据或数字数据都以自身的形式经过连接从源站点传送到目的站点。而对于报文交换和分组交换，在传输之前模拟数据必须先转换成数字数据。此外，每份报文或分组需包含“额外开销”，如目的地址等。

3.1.4　广播网

在广播网中，每个数据站的收发信机共享同一传输媒体，从任一数据站发出的信号可被所有其他数据站接收。广播网中没有中间交换节点，但在一些系统(如卫星网)中，需要中继支持。在卫星网中，数据不是直接从发信机传送到接收机的，而是经过卫星中继站传送和接收的。而局域网中地域范围较小的通信网(如单幢建筑物或一小群建筑物内的通信网)也可属于广播网的一种。

广播网之所以简单，是因为网中发出的所有信息均可被所有用户接收，因此不需要像交换网那样建立连接或按路由表寻路、寻址，而是直接寻址、选路，将信息传给特定用户。MAC 协议就是使多个用户(站点)共享同一传输媒体，而各能寻址所望接收用户的接入机制。事实上，多用户对通信资源或传输媒体的共享，基本方式有两种：第一种是静态而无碰撞的信道化机制(如各种复用/多址)；第二种是基于分组数据的媒体动态共享方式，以适应突发业务，这种方式也称为“媒体接入控制(MAC)”机制。

3.2　数据链信道共享技术

当多个用户进行数据链通信时，通信信道共享主要采用信道复用技术和媒体接入控制技术。

3.2.1　信道复用技术

1. 信道复用

充分利用信道，提高传输的有效性是传输技术要解决的重要问题。信道可以是有形的线路，也可以是无形的空间。充分利用信道就是要同时传送更多的用户信号。在两点之间的信道上同时传送互不干扰的、多个相互独立的用户信号是信道的“复用”问题；在多点之间实现互不干扰的多边通信称为多元连接或“多址通信”。

“复用”和“多址通信”有着共同的数学基础——信号正交分割原理，也就是信道分割理论，即：赋予各个信号不同的特征，然后根据各个信号特征之间的差异来区分，实现互不干扰的通信。它们在通信过程中都包括多个信号复合(或混合)，复合信号在信道传输机中分离(分割)。在多点之间实现的双边通信和点到点通信在技术上有所不同。随着社会的发展和技术的进步，通信已由点到点通信发展到任意点、任意时间与任意对象进行信息变换，由此进一步促进了多址通信技术的迅速发展。

信道分割有两方面的要求：一是在采用各种手段(如调制、编码、变换等)赋予各个信号不同的特征时，要能不失真地还原各个原始信号，即这些手段应当是可逆的；二是要能"分得清"各个信号。所谓"分得清"，就是在分割时，各个信号之间互不干扰，从本质上讲就是要求在分割域内的各个信号相互正交。

复用或多址技术的关键是设计具有正交性的信号集合，使各信号相互无关，即能"分得清"。在实际工作中，要做到完全正交或不相关是比较困难的，一般可采用准正交，即互相关很小。允许各信号间存在一定干扰，但设法将干扰控制在允许范围内。

常用的复用方式有频分复用(FDM)、时分复用(TDM)和码分复用(CDM)等。多址接入方式有频分多址(FDMA)、时分多址(TDMA)和码分多址(CDMA)等，还有利用不同地域区分用户的空分方式(SDM 及 SDMA)，利用正交极化区分的极化方式等。后两者往往不单独使用。在数据通信中还有其他多种多址接入方式，它们按通信协议操作，概念与上述几类不同。

这些多址方式各有特点，各有其适用场合，它们的优缺点与系统有关，也与它们运用时的条件有关。在实际中常常根据需要将不同多址方式组合使用。

需要指出的是，和多址接入方式密切相关的还有一个信道分配问题。常用的分配制度有固定预分配(PAMA 或 PA)和按需分配(DAMA 或 DA)两种方式。信道分配与基带复用方式、调制方式、多址连接方式相互结合，共同决定系统的通信体制。例如：FDM/FM/FDMA/PA 代表频分复用/频率调制/频分多址/预分配方式的通信体制。

2. 几种信道复用技术的原理及特点

1) 频分复用(FDM)技术

频分复用(FDM，frequency division multiplexing)就是将用于传输信道的总带宽划分成多个子频带(或称子信道)，每个子信道传输一路信号，几路信号中的每路信号都以不同的载波频率进行调制，从而使多路信号同时在一条物理信道上传输，如图 3-4 所示。频分复用要求总频率宽度大于各个子信道频率之和，同时为了保证各子信道中所传输的信号互不干扰，应在各子信道之间设立隔离带。频分复用技术的特点是所有子信道传输的信号以并行的方式工作，每一路信号传输时可不考虑传输时延。

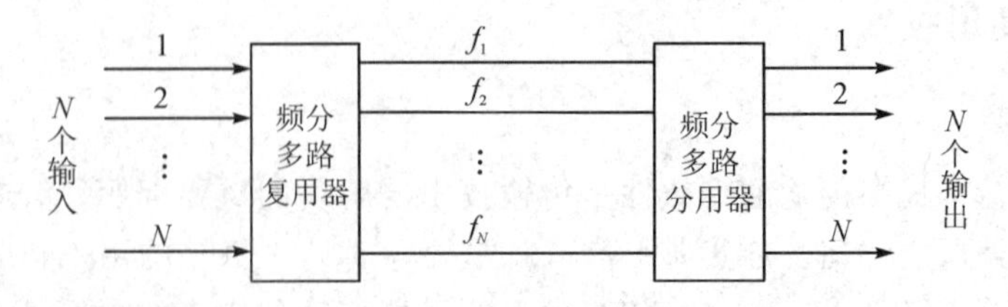

图 3-4　FDM 示意图

频分复用技术利用频率变换或调制的方法，将若干路信号搬移到频谱的不同位置，以充分利用信道提供的传输频带；在接收端利用接收滤波器把各路信号区分开来。例如，如图3-5所示，在三路话音信号的频分复用中，如果每路电话信号的频带都为300～3400 Hz，那么，根据频率变换的原理，可以把除第一个以外的电话信号搬到频谱的不同位置，使各路信号的频谱互不重叠，互不干扰。不难看出：

(1) 若相邻频带挨得很近，则频带利用越经济。

(2) 相邻频带又不能挨得很近，因为相邻频带挨得越近，要求分出各个信号的滤波器的衰减曲线越陡峭，相邻频带越难制作。

(3) 这种方法对于电话以外的信号也适用。

(4) 信道的频带越宽，可以容纳的信号数目就越多。

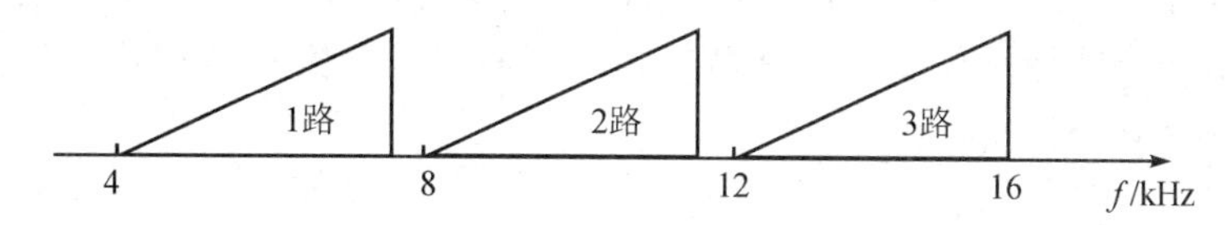

图3-5　三路话音信号的频分复用示意图

目前，我国大容量的长途电缆通信网已经全面形成。同样，频分多路复用的原理也适用于无线信道，如多路单边带移频电台就可以用同一个载频来传输多路电话和电报。微波通信一般也是利用频率划分来构成多路复用的。大容量的微波通信网与有线载波电话系统类似，在各国已有不同程度的发展。我国大容量的微波频分多工通信网正在逐步形成。

在国际通信网中，卫星通信已占相当大的比重，并在日益发展。现今已正式应用的卫星通信系统，绝大多数是大容量的频分多工系统。大容量的有线通信、微波通信、波导通信和卫星通信系统目前都是按频分多路复用的原理来组织的，它们可以达到的传输质量极为接近，性能指标基本上是统一的。由此看出，频分复用技术的最大特点是信道可以同时传送多路信号，提高了消息的传输速度。当然，这时需要占用较宽的信道带宽。

2) 时分复用(TDM)技术

时分复用(TDM，time division multiplexing)就是将提供给整个信道传输信息的时间划分成若干时间片(简称时隙)，并将这些时隙分配给每一个信号源使用，每路信号在自己的时隙内独占信道进行数据传输，如图3-6所示。

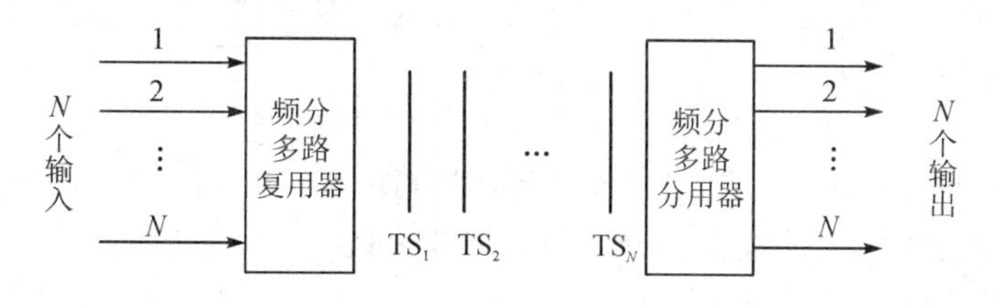

图3-6　TDM示意图

时分多路复用技术具体来说就是把时间分成均匀的时间间隔，将每路信号分配在不同的时间间隔内传输，以达到互相分开的目的。图3-7给出了三路信号的时分复用示意图，图中每路信号各占有的时间间隔用TS表示，各路信号传送一次所需的时间称为帧，用F表示。时分多路复用被广泛地应用于数字通信中。

利用TDM进行通信，完全是建立在抽样定理这一理论基础上的。因为抽样定理指出模拟信号可以被在时间上离散出现的抽样脉冲值所代替，这样，当抽样脉冲占据较短时间

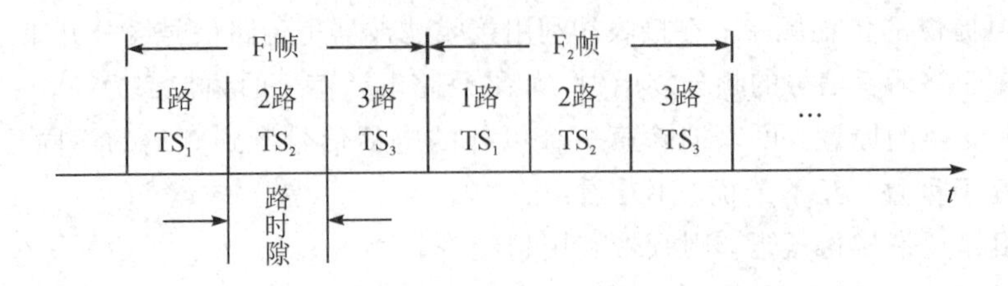

图 3－7　三路信号的时分复用示意图

时，在抽样脉冲之间就留出了时间空隙。利用这种时间空隙可以传输其他信号的抽样值，从而有可能沿一条信道同时传送若干个模拟信号。图 3－8 给出了三个模拟信号进行时分复用的示意图。图中 $m_1(t)$、$m_2(t)$ 和 $m_3(t)$ 具有相同的抽样频率，但它们的抽样脉冲在时间上交替出现。显然，这种时分复用信号在接收端只要对时间进行恰当地分离，各个信号就能分别得到恢复。

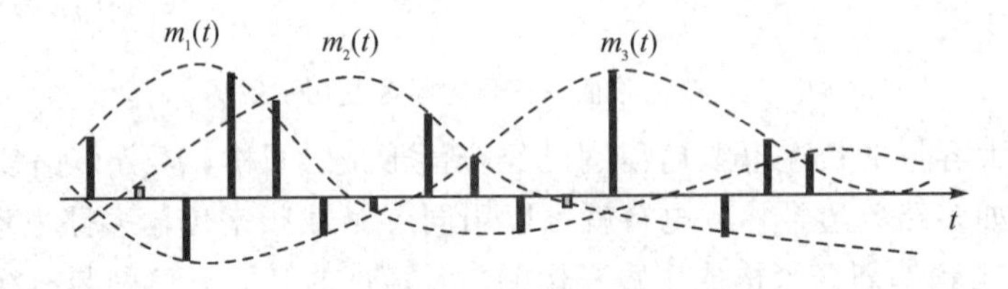

图 3－8　三个模拟信号的时分复用示意图

上述概念很容易推广到 n 个信号进行时分复用的情形中去。图 3－9 就是一个 n 路时分复用系统的示意图。图中，发送端的转换开关 S 以单路信号抽样周期为其旋转周期按时间次序进行转换，从而获得 n 个时分复用信号。这种信号通过信道后，在接收端经与发送端完全同步的转换开关 S 分别接向相应的信号通路。于是，n 个信号得到分离，各分离后的信号通过低通滤波器便恢复出该路的模拟信号。

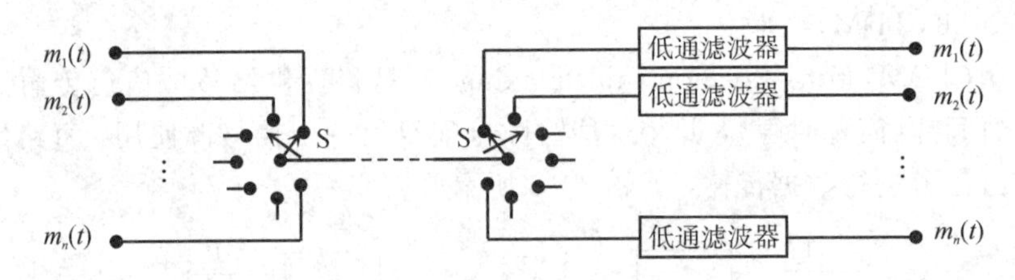

图 3－9　n 路时分复用系统的示意图

TDM 系统的明显特点是：复用设备内部各通路的部件通用性好，因为各路的部件大都是相同的；要求收发同步工作，故需有良好的同步系统。

3.2.2　媒体接入控制技术

媒体接入控制技术可划分为受控接入和随机接入两种。

受控接入的特点是各个用户不能任意接入信道而必须服从一定的控制——集中式控制和分散式控制。属于集中式控制的有多点线路轮询(polling)，即主机按一定顺序逐个询问各用户有无信息发送，若有，则被询问的用户立即将信息发给主机；若无，则再询问下一站。属于分散式控制的有令牌环形网。在环路中有一个特殊的帧，叫作令牌或权标

(token)。令牌沿环路逐站传递，只有获得令牌的站才有权发送信息。当信息发送完毕后，将令牌传递给下一站。在协议的控制下，连接到环路上的许多站就可以有条不紊地发送数据。环型网也叫作令牌传递环(token passing ring)，它是一种常用的局域网。

随机接入的特点是所有的用户都可以根据自己的意愿随机地发送信息。总线网就属这种类型。在总线网中，当两个或更多的用户同时发送信息时，会产生帧的冲突(collision)(冲突又称为碰撞)，从而导致冲突用户的发送都失败。现已出现了多种解决冲突的网络协议。随机接入实际上就是争用接入，争用胜利者才可获得总线(即信道)，从而获得信息的发送权。

20 世纪 70 年代初期，夏威夷大学首次试验成功随机接入。这是为了使地理上分散的用户通过无线电来使用中心计算机。由于无线电信道是一个公用信道，一个站发送的信息可以同时被多个站收到，而每个站又是随机发送的，因此这种系统是一个随机接入系统。夏威夷大学早期研制的系统称为 ALOHA，是 additive link on-line hawaii system 的缩写，而 ALOHA 恰好又是夏威夷方言的“你好”。

ALOHA 系统出现以后，很多性能更好的协议也相继问世。例如，有一种改进的随机接入协议 CSMA/CD(carrier sense multiple access with collision detection，载波侦听多址接入/冲突检测)，现已成为总线式局域网的标准协议。在无线局域网领域，CSMA/CD 进一步演进为 CSMA/CA(carrier sense multiple access with collision avoidance，载波侦听多址接入/冲突避免)。

1. 随机接入 ALOHA 技术

CSMA/CD 称为具有冲突检测的载波侦听多址访问方法，是一种常用的随机访问方法。这类访问方法是以 ALOHA 技术为基础发展起来的，所以先介绍 ALOHA 争用技术。

ALOHA 争用技术可分为纯 ALOHA(pure ALOHA)方式和时隙 ALOHA(slot ALOHA)方式。

在纯 ALOHA 方式中，当某一站有数据分组需要发送时，它被立即发出。如果收到 ACK 信号，则表示发送成功；如果在规定的时间内未收到 ACK 信号，则该站重发此分组。由于每站的分组的发送都是随机的，因此存在两个站同时发送而产生冲突的现象。即使是前一个分组的最后一位和后一个分组的最前一位发生重叠，也会造成这两个分组不能正确接收。冲突现象发生以后，数据站隔一段时间重发该分组。图 3-10(a)所示为纯 ALOHA 系统的原理。

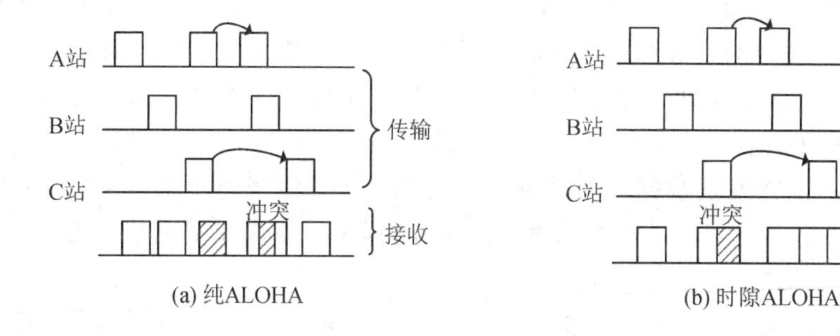

图 3-10　ALOHA 系统的原理

时隙 ALOHA 是纯 ALOHA 的改进形式。在这种方式中，把时间分成长度为 t 的时隙，各站只能在每个时隙的前沿发送数据分组。这时，如果两个站同时发送而发生冲突，则两个数据分组完全重叠(不可能出现两个分组局部重叠)，这时发生冲突的最大时间间隔为 t(一个分组的长度)。图 3-10(b)所示为时隙 ALOHA 系统的原理。

2. 载波侦听随机接入技术

1) CSMA 技术

CSMA(载波侦听多址访问)技术是在随机访问技术的基础上发展起来的。数据站在传输分组之前，首先对媒质进行监听，以确定媒质是否已被其他站占用。如果媒质是空闲的，则该站可以发送数据分组，否则，该站以某种算法延迟一段时间以后再重新传输。在分组传输以后，需要等待对方的肯定答复。

CSMA 系统根据数据分组传输所遵守的规则又可分为非坚持 CSMA、I-坚持 CSMA 和 P-坚持 CSMA。

(1) 采用非坚持 CSMA 进行分组传输时遵循如下步骤：

① 对媒质进行监听，如果媒质空闲，就传输。

② 如果媒质忙，则等待一定的时间间隔后，再重复步骤①。所等待的时间间隔是按一定的概率分布的。

发现媒质忙之后再随机地等待一段时间，一方面可以减小冲突，另一方面有可能使信道处于空闲状态。

(2) 采用 I-坚持 CSMA 进行分组传输时遵循如下步骤：

① 对媒质进行监听，如果媒质空闲，就传输。

② 如果媒质忙，则继续监听，直至检测到媒质空闲，便立即传输。

③ 如果未收到 ACK 信号，则等待一段随机时间后重复步骤①。

(3) P-坚持 CSMA 是上述两种方法的一种折中，所遵循的步骤如下：

① 对媒质进行监听，如果媒质空闲，则以概率 P 传送数据，以概率 $1-P$ 延迟一段时间间隔，该时间间隔通常等于最大传播延迟。

② 如果媒质忙，则重复步骤①。

③ 如果延迟一段时间间隔后，则重复步骤①。

由于 CSMA 采取了先听后送的技术，比起 ALOHA 技术，CSMA 的有效吞吐量有明显的提高。

2) CSMA/CD 技术

CSMA/CD 技术是在 CSMA 技术的基础上增加了冲突检测，从而进一步提高了信道的利用率。采用 CSMA 技术时，虽然在发送前进行载波侦听，但两个站发送的数据仍有可能发生冲突。一个简单的例子是两个站同时侦听，在都发现媒质空闲以后同时传输，则造成数据的冲突，而且发送方要一直等到不能收到 ACK 信号以后才知道数据发生了冲突。

CSMA/CD 技术是在发送数据后对冲突进行检测，如果检测到冲突，则该站立即停止发送数据分组，并发出一个短暂的阻塞信号。在发出阻塞信号以后，等待一段随机时间，然后采用 CSMA 进行传输。

检测冲突有不同的方法。基带接收机搜索高于预期的电压电平来检测冲突；宽带接收机则常使用把发送的数据和接收到的数据比特进行逐个比较的方法来检测冲突，如果不一致，则说明发生了冲突。当冲突发生后，该站延迟一段随机时间以后再重新传送。随机时间

的确定按照某种算法进行，常用的算法之一是截断的二进制指数退避算法，这时延迟时间 T 表示为

$$T = rt_1 \tag{3-1}$$

式中：r 是在 2^k-1 和 0 之间均匀分布的随机数，$k=\min(i, 10)$，i 是已发生冲突的次数；t_1 等于 2 倍传播时间。当冲突次数大于 16 时，则按照故障来处理。

CSMA/CD 技术流程图如图 3-11 所示。采用 CSMA/CD 技术并适当地选取延迟时间，可使信道的利用率达到 90%。

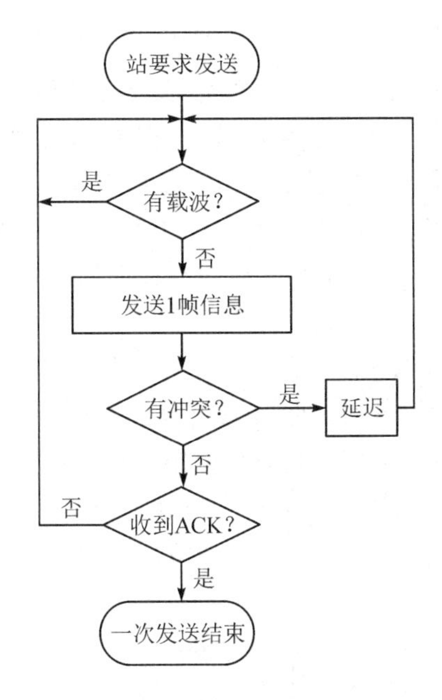

图 3-11　CSMA/CD 技术流程图

3.3　数据链网络同步技术

当通信是在点对点之间进行时，完成了载波同步、位同步和帧同步之后，就可以进行可靠的通信了。但现代通信往往需要在许多通信点之间实现相互连接，从而构成通信网。显然，为了保证通信网内各点之间可靠地通信，必须在网内建立一个统一的时间标准，即网同步。

网同步是指网络中各个节点的时钟信号的频率相等。也就是说，多个节点之间的时钟同步，从而在各个节点实现帧同步。随着通信网的发展，在网络中运行的设备的种类逐渐增加，除了原来的程控交换机，还增加了 SDH(数字同步体系)传输设备、数字交叉连接设备、DDN(数字数据网)设备和 No.7 信令网设备，数字信号以更高的速率交换和传输，时钟信号的相位偏移所造成的影响日益明显和严重，因此对各个节点之间的时钟信号的同步需求越加迫切。

实现网同步的方法主要有两种。一种是采用全网同步，即在通信网中使各站的时钟彼此同步，各站的时钟频率和相位都保持一致。建立这种网同步的主要方法有主从同步法和

互同步法。另一种是采用准同步，也称为独立时钟法，即在各站均采用高稳定性的时钟，彼此之间相互独立，允许其速率偏差在一定的范围之内，在转接设备中设法把各支路输入的数码流进行调整和处理，使之变成相互同步的数码流，在变换过程中要采取一定的措施使信息不致丢失。

3.3.1　全网同步

1. 主从同步

主从同步是目前得到广泛应用的一种同步方式。这种方式中，在一个交换局设立一个高精度的基准时钟，通过传输链路把此基准时钟信号传送到网中的各从节点，各从节点利用锁相环把本地时钟频率锁定在基准时钟频率上，从而实现网内各节点之间的时钟信号同步。主从同步网中时钟的传输可以呈现星型结构或树型结构。在星型结构中，基准时钟信号通过链路直接传送至从节点，但由于有些节点和拥有基准时钟的主节点之间无直达传输链路，这时必须采用逐级传送的方式，传输路线呈树型结构。

1）主从同步的工作原理

等级主从同步是为改善可靠性而采用的一种主从同步方式。这种方式中，交换局的时钟精度都有一个等级，当基准时钟失效时就采用次一等级的时钟作为主钟，传送至各个交换局的时钟信息都带有等级识别信息。这是以复杂性换取可靠性的一种同步方式。

从节点时钟系统的基本结构是一个带有变频振荡器的锁相环，如图 3 - 12 所示。从较高一级或者主节点来的定时信号输入到相位比较器，锁相环的压控振荡器（VCXO）根据比较器的输出产生新的时钟信号。

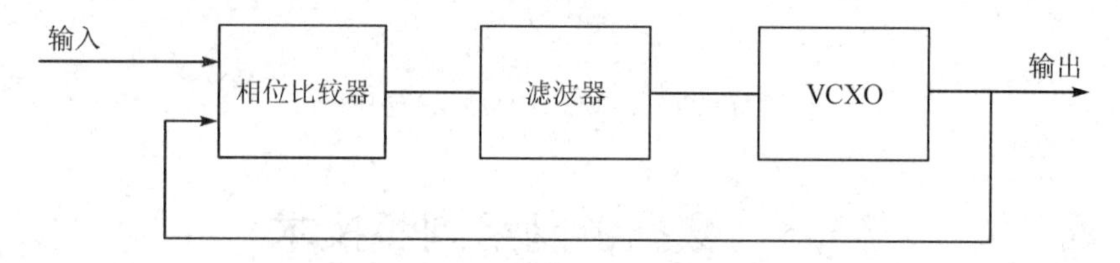

图 3 - 12　主从同步锁相环

从节点的时钟系统有 4 个作用：

(1) 产生时钟信号供给本节点的数字设备；

(2) 当输入的时钟信号失效时能继续输出稳定的时钟信号；

(3) 减少从高一级节点送来的时钟信号中所含的高频噪声分量；

(4) 避免由于时钟输出线路的改换而引起的相位跳跃。

2）主从同步的特点

主从同步是同步网中采用的主要方式，其主要特点可以归纳如下。

(1) 主要优点包括：

① 在主从同步的区域内形成一个全同步网，从而避免了准同步网中固有的周期性滑动；

② 在主从同步网中绝大多数的节点是从节点，从节点的时钟处于跟踪基准时钟状态，因此从节点的压控振荡器（VCXO）只要求较低的精度；

③ 从节点的控制过程较为简单，适用于树型或星型网络，这和当前电信网的结构是一致的。

(2) 主要缺点包括：

① 一旦与主节点的基准时钟或定时信号传输链路发生故障，将会导致全系统或局部系统丧失同步能力，必须设置多重备份设备；

② 系统采用单端控制，定时信号传输链路上的扰动会导致定时基准信号的扰动，这在一定程度上会影响时钟同步的质量。

3) 锁相环的耦合

在主从同步网中采用的锁相环有紧耦合和松耦合两种。

(1) 紧耦合锁相环。紧耦合锁相环是指普通的锁相环。当锁相环正常工作时，它的输出时钟信号频率紧紧跟随基准时钟信号频率，而当基准时钟信号不复存在时，锁相环的输出信号与原基准信号不再存在依赖关系，因而偏离了基准频率。这种输出信号频率紧紧地与基准信号频率耦合在一起的锁相环称为紧耦合锁相环。

(2) 松耦合锁相环。松耦合锁相环是指采用微机控制的具有频率记忆功能的锁相环。该锁相环依靠微处理器根据统计平均规律建立虚拟基准源，虚拟基准源存储输入基准信号频率信息。一旦基准时钟信号丢失，锁相环能按照存储的基准时钟信息继续工作相当长的时间。这种锁相环即使在基准信号丢失的情况下，环路振荡器的输出频率仍可保持为基准信号频率，环路的输出信号频率和输入基准信号频率耦合不紧，因此称为松耦合锁相环。采用松耦合锁相环时，即使时钟分配链路中断几天，仍可使节点时钟达到同步精度的要求。因此，这种松耦合锁相环在长途局这一级的时钟产生系统中得到了广泛的应用。

松耦合振荡器的工作原理。松耦合振荡器是松耦合压控晶体振荡器(LCVCXO)的简称，是网同步钟的核心部件。它的各项指标直接决定了同步钟的指标。正常运行时，松耦合振荡器的输出频率紧跟于输入的同步频率，当输入频率消失后，立即进入记忆状态，输出频率保持在输入消失前瞬间的频率及相位。此后由于晶体老化等影响，输出频率会慢慢地变化，性能良好的电路可保证在一天或几天后的变化很小。具备以上有记忆性能的同步振荡器就叫作松耦合振荡器。

图 3-13 所示为采用松耦合振荡器(LCVCXO)的锁相环，输入为 5 MHz 正弦波。+2 dB 电压电平经整形器后输出 5 MHz 方波，其与放大输出送来 5 MHz 方波在鉴相器中进行比相，输出直流鉴相电压 U_d，加于运算放大电路中。

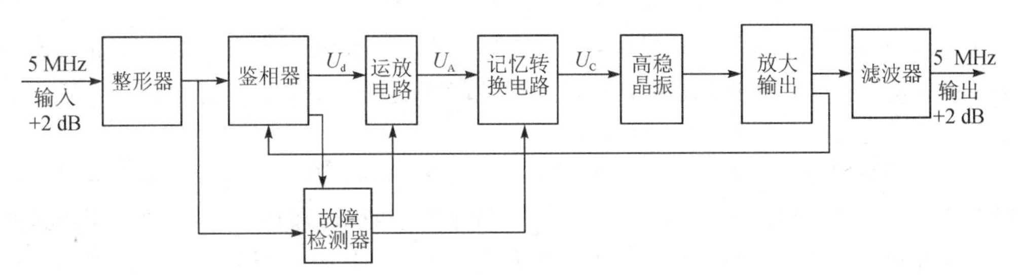

图 3-13　松耦合振荡器锁相环

运放电路：由运算放大器及其他 RC 组件组成，它对 U_d 小的变化放大，并加以时延校正，输出放大后的电压 U_A，加于记忆转换电路中。

记忆转换电路：在正常工作时，输出的控制电压 U_C 与输入的电压 U_A 大小基本上相同。当输入的 5 MHz 基准信号消失后，记忆转换电路输出的控制电压立即停于故障前瞬间的数值，即记住了故障前的情况。

高稳晶振也就是高稳定度压控晶体振荡器，它受恒温槽控制。它由高质量的 5 MHz 晶体及电路组成，其输出频率直接受控于输入的控制电压 U_C，当控制电压由低到高变化时，输出频率变化应大于外来同步频率最大偏差及自身老化引起的频率变化。

放大输出：由门电路组成，它将高稳晶振输出比较小的信号放大整形，再送到鉴相器及滤波器。

滤波器：由两节低滤波器组成，输出＋2 dB 电压电平的 5 MHz 正弦波。

故障检测器：对输入信号进行整流，对鉴相器情况进行监视，当输入信号消失后，对运放及记忆转换电路进行封锁，完成记忆功能，另外也发出各种告警信号。

2. 互同步

为了克服主从同步过分依赖主时钟源的缺点，可采用互同步，即让网内各站都有自己的时钟，并将数字网高度互连实现同步。各站的时钟频率都锁定在各站固有振荡频率的平均值上，这个平均值称为网频频率，从而实现网同步。

在互同步网中，交换节点无主节点和从节点之分。时钟传输路线呈网状结构。各节点的时钟信号由一多输入端的锁相环产生，一个节点的锁相环的输入信号是除了本节点以外的其他节点的时钟信号，经相位比较后取它们的加权平均值来控制压控振荡器。互同步的工作原理如图 3-14 所示。

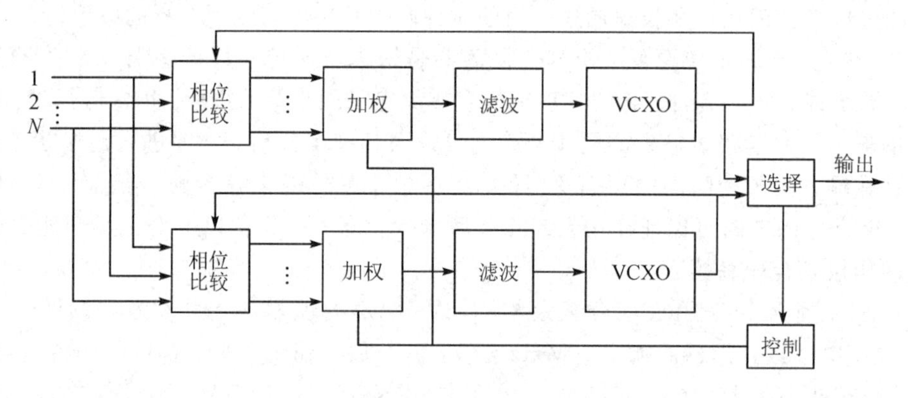

图 3-14　互同步的工作原理

互同步网是一个复杂的多路反馈系统。在网中各节点时钟的互相作用下，如果网络参数选择得合适，网中所有节点时钟在经过短暂的瞬态过程之后，最后将达到一个稳定的系统频率，从而实现网内各节点的时钟同步。

互同步的控制方式可以分为单端控制和双端控制两种，但两者都属于双向控制。单端控制中传输的是两个局的时钟频率，而双端控制除传输两个局的时钟频率外，还传送两个节点的时钟频率经相位比较器比较后的输出信号。因此，其中一个节点的振荡器除受本节点相位比较器的输出信号控制外，还受另一节点的相位比较器的输出信号所控制。采取这样的措施以后，可以防止同步系统的系统频率随节点之间的传输时延的变化而变化，使得系统的频率更稳定。

3.3.2　准同步

1. 码速调整法

准同步网中，各站各自使用高稳定时钟，不受其他站的控制，它们之间的时钟频率允许有一定的容差。这样各站送来的数码流首先进行码速调整，使之变成相互同步的数码流，即对本来是异步的各路数码流进行码速调整。码速调整分为正码速调整、负码速调整和正负码速调整三种。

码速调整的主要优点是各站可工作于准同步状态，而无需统一时钟，故使用起来灵活、方便，这对大型通信网有着重要的实用价值。由于该法的读出时钟是从不均匀的脉冲序列中提取出来的，因而有相位抖动，需采取措施来克服，否则会影响传输质量。

2. 水库法

水库法是通过在通信网络交换站设置极高稳定度的时钟源和容量足够大的缓冲存储器，使系统在很长的时间间隔内不发生"取空"或"溢出"现象。容量足够大的存储器就像水库一样，既很难将水抽干，也很难将水库灌满，"水库法"因此而得名。但是，在一段时间后，存储器的容量再大，也会发生"取空"或"溢出"现象，所以每隔一段时间要对存储器作一次校准。

准同步网中常用的时钟为铯钟，它的频率精度为 1×10^{-11}。同时，为了提高可靠性，每个节点一般设置 3 台原子钟，使其处于自动切换状态。准同步方式主要用于国际电话网中或幅员辽阔的国内网中。在国际电话网中采用准同步方式，可以避免国家之间的从属与牵制；在大国的国内网中采用准同步方式，可以使网络的结构灵活，并避免时钟信号或控制信号的长距离传输。

3.3.3　同步方法的比较

主从同步法实施容易，没有网络的稳定性问题。但是由于该方法依赖于单个主时钟，所以其可靠性低。因此，从局中的时钟应有相当高的稳定度，使得全部系统在主时钟故障期间能够维持工作。

互同步法中的单端控制适用于网状网，定时可靠性有很大改善，时钟稳定度原则上低于主从同步法所要求的时钟稳定度。其缺点是系统频率变化频繁，而系统频率又与传输时延的改变有关。双端控制由于系统频率和时延变化无关，故同步系统得到进一步改善，但是系统变得更为复杂。

准同步方法适用于各种规模和结构的网络，这种方法容易实施，而且没有稳定性问题，又使得各个国家之间处于平等地位。其主要缺点是为了满足正常滑码指标必须使用成本高的高稳定时钟。

3.4　数据链网络协议

网络的设计和研究采用多层的体系结构，如 OSI 和 TCP/IP 体系结构，不同层有不同的功能，采用不同的通信协议，彼此分工并相互协调，实现整个网络的功能并满足性能指标的要求。需要指出的是，由于现有的数据链系统是在分层原则(尤其是OSI)被广泛使用之前设计出来的，其一些重要功能打破了层的界线，而且OSI体系结构并不完全适合Link 16数据链网络。OSI体系结构主要面向连接的、有线的信息通信，它规定的各层之间的联系规则并不完全适合数据链广播特性为主的、无线的通信系统。

3.4.1　数据链网络协议体系结构

根据数据链的特点及其所需要的技术体制，在OSI和TCP/IP分层模型的基础上，这里给出一种数据链网络协议体系结构，如图3-15所示。其结构分为5层，从低到高依次为物理层、数据链路层、网络层、传输层和应用层。

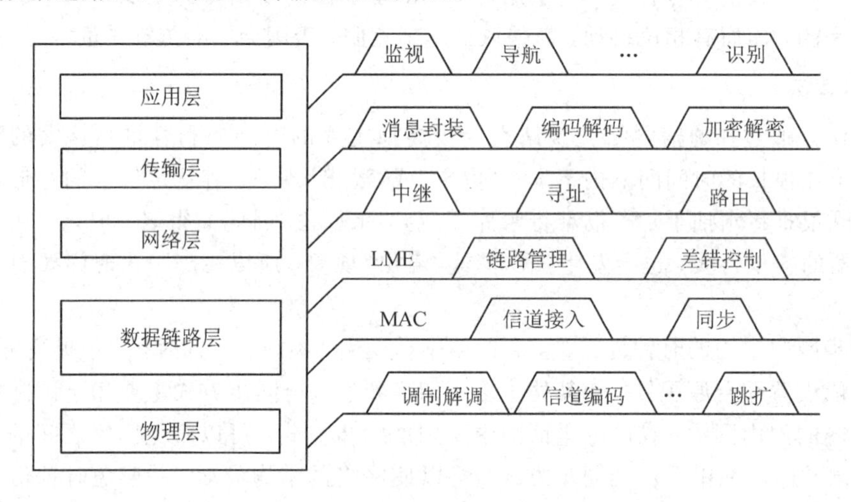

图3-15　数据链网络协议体系结构

对数据链来说，数据链网络协议体系结构的应用层支持各种战术任务需求，对信息的及时性、完整性和抗干扰提出一定的要求。信息标准位于传输层，它的功能是用统一标准和方法对数据编码，确保应用层所生成的报文可以被较低层接受，同时对报文进行加密和解密。网络层确定信息分组从源端到目的端的路由，保证报文到达正确的目的地。数据链路层完成数据链信息的汇编，根据优先方案来传输待发报文，并实现报文加密。数据链路层的媒体接入控制(MAC，medium access control)子层使得每个网络参与组的报文在特定的一个时间段里进行发送。传输信道位于物理层，信息在这里进行调制和变频后，被放大、滤波和传输，同时实现传输加密。

1. 应用层

应用层用于产生各种消息(如图像消息、控制指令等)。各种战术数据的应用(如监视、识别、任务管理、武器协同以及保密话音、参与者精确定位等)在应用层产生。指令消息在发布时已按照所使用的消息标准(如TADIL J消息格式)进行了定义。

2. 传输层

传输层将应用层传送来的消息封装或将来自下层的格式化消息解封装后送往应用层，对格式化消息添加/去除加密数据段，同时对消息进行CRC编/解码。

3. 网络层

网络层将传输层产生的报文进行分组或打包，或将接收到的数据重新组装成报文，以便进行网络间数据的传送。网络层确定信息分组从源端到目的端的路由，保证报文到达正确的目的地。当需要超视距传输时，网络层为中继节点实现路由选择功能。

4. 数据链路层

数据链路层是数据链网络协议体系结构中最重要的一层。该层负责信道访问控制协议以及数据链路层功能(如数据成帧、链路管理和差错控制等)的实现。在数据链网络中，一般采用时分多址(TDMA)或动态时分多址(DTDMA)网络协议，以提高网络传输效率和抗毁能力，减少网络附加操作。

数据链路层分为链路管理实体子层(LME，layer management entity)与媒体接入控制(MAC)子层。

1) 链路管理实体子层(LME)

LME的主要功能包括链路管理、差错控制等。链路管理包括在参与单元之间建立、维护和终止数据链通信所需要的各种活动。除了正常的出入网，系统运行期间还会造成终端中断，这就需要制定各种管理策略，以保证链路的正常运行。数据链路层差错控制一般采用交织以及CCSK编码等技术来实现，各种错误的恢复则靠反馈重发技术来完成。

2) 媒体接入控制(MAC)子层

MAC子层规定了不同的用户如何共享可用的信道资源，即控制移动节点对共享无线信道的访问。其包括两部分：一是信道划分，即如何把频谱划分为不同的信道；二是信道分配，即如何把信道分配给不同的用户。信道划分的方法包括频分、时分、码分或这些方法的组合。MAC子层同时还实现信道监测及网络同步功能。在时分多址协议中，通常指定一个用户终端为网络时间基准(NTR，network time reference)。NTR周期性地发送同步信号，其他终端利用这个同步信号校准自己的网络时间，以实现网络同步。MAC子层同时规定网络参与单元在特定的相应的时隙内发送报文。

5. 物理层

物理层是数据链网络协议体系结构中的最底层，主要实现调制解调、信道编码、自适应功率控制、自适应干扰抵消、自适应速率控制等功能。另外，物理层还负责扩频、跳频等抗干扰技术的实现，以保证通信的安全。同时，物理层将接收机接收到的报文解调后交给数据链路层处理。为了对接收信号进行解调，接收机须知道每个时隙中信号达到的准确时间，实现帧同步。因此，在数据的发送过程中，从数据链路层接收到的待发送报文需要加入同步和定时脉冲，然后变频到可用载波频率发送出去。

3.4.2 Link 16的网络协议

根据上述的5层数据链网络协议体系结构，下面分析Link 16的网络协议。

1. 应用层

在Link 16的应用层中，平台任务系统(包括指控系统、武器系统、传感器系统、显示系统等)产生各种雷达跟踪数据、往返计时消息、参与者精确定位与识别消息、数据话音以及自由文本信息等原始数据，发送给战术数据系统(TDS)，并按照规定的J消息格式进行处理。

2. 传输层

传输层主要用于格式化检错编码/解码、格式化封装/去封装、消息加密/解密等。下面只对检错编码、格式化封装和消息加密进行详细说明。

1) 检错编码

传输层将应用层传送来的格式化数据进行分组，分组包含 210 bit 信息。根据 Link 16 J 消息格式的规定，每个码字有 70 bit 信息，因此每组 210 bit 信息可包括 3 个码字。每组210 bit 的格式化数字信息，再加上发射平台的航迹号 15 bit 信息，共 225 bit 信息，采用(237，225)生成多项式 $g(x)=1+x^{12}$ 对其检错编码，生成 12 bit 检错编码。这 12 bit 监督位信息是对整个 225 bit 数字信息的差错监督，不管哪一种消息封装，都是每 3 个码字一组，再加上报头的 15 bit 航迹号而形成(237，225)检错编码的。然后，按照 J 消息格式中的报头字规定，为每次消息传输生成一个 35 bit 的报头字(传送 RTT 报文的时隙除外)。

2) 格式化封装

访问 Link 16 的基本单元是时隙。每个网络成员终端都分配一定的时隙用于发送或接收信息。对于每个时隙来说，都有发送消息的时机。从时隙开始至时隙结束，每个时隙由抖动、粗同步、精同步、报头和传输数据等多个成分组成。

在 Link 16 中，针对不同的传输需求(如信息传输速率、传输可靠性、传输距离等)共有 4 种封装格式，它们分别以 3 个码字、6 个码字和 12 个码字为一组的形式传输消息。如果组中没有足够的码字来填充，则终端用“无陈述”码字填充。以 3 个码字为一组的消息封装格式称为标准双脉冲封装格式(STDP)；以 6 个码字为一组的消息封装格式称为两倍压缩格式(P2)，其具体包括两倍压缩单脉冲封装格式(P2SP)和两倍压缩双脉冲封装格式(P2DP)；以 12 个码字为一组的消息封装格式称为四倍压缩单脉冲封装格式(P4SP)。

3) 消息加密

Link 16 端机采用两层加密机制来保证信息传输的安全性。加密是由 Link 16 端机来完成的，并用一个保密数据单元(SDU)来操作，以产生消息保密变量(MSEC)和传输保密变量(TSEC)。在传输层中，将格式化数据封装后，要对基带数据进行加密处理，随报头发送出去。另外，在加密过程中产生的保密数据单元，用于 Link 16 端机的保密处理。

3. 网络层

网络层确定信息分组从源端到目的端的路由，保证报文到达正确的目的地。网络层的功能主要是将传输层产生的数据信息进行编址打包，以便实现数据信息在网络中的传输，并提供中继和路由功能。对于 Link 16 来说，网络层的功能主要体现在以下几个方面。

1) 网络参与组

在 Link 16 中，网络容量并不直接分配到用户，而是首先分配到网络参与组(NPG)，然后分配到加入 NPG 的用户。每一个 NPG 都是由一组 J 系列消息所构成的，用于完成某类功能的消息。网络对 NPG 及网络参与单元进行唯一地址标识。在 Link 16 中增加 NPG 而不直接将系统容量分配到用户，其目的是使 Link 16 能够对网上传输的数据(发送数据和接收数据)进行管理。也就是说，只有需要这些数据的用户才能接入这个 NPG，从而接收相应的信息，并将信息传送到需要的地方。

2）多网

在 Link 16 中，不同的消息封装格式决定了不同的系统吞吐量。但是，Link 16 可以通过多网的方式来提高系统吞吐量。

3）中继

Link 16 的射频信号工作在 Lx 波段，电磁波信号采用视距传播方式。因此，当需要超过视距传播或有视距通信障碍的情况时，必须采用中继方式以扩展其传输距离。中继是在网络设计阶段建立的，必须在地面提前规划好，并由专门的时隙分配来完成中继功能。因此，未规划的作战单元不能担任中继单元，无法根据战场的动态需要适时调整，组网灵活性较差。Link 16 设计采用网络层的路由技术。

4. 数据链路层

数据链路层负责信道访问控制协议以及数据链路层功能(如数据成帧、链路管理和差错控制等)的实现。该层分为 MAC 与 LME 两个子层。其中，LME 子层的主要功能包括链路管理、差错控制等，其差错控制功能通常结合反馈重传技术来完成各种错误信息的纠正，其协议内容与常用的无线网络协议基本相同，这里不再赘述。MAC 子层的主要功能是规定不同用户如何共享可用的信道资源。

对于 Link 16 来说，MAC 子层协议采用时分多址(TDMA)接入方式，以实现作战平台无线信道的共享。在 Link 16 中，根据网络管理规定，每个成员轮流占用一定的时隙用来广播自身平台所产生的信息；在不广播时，则根据网络管理规定，每个成员接收其他成员广播的信息。时隙是访问 Link 16 网络的基本单元，每个时隙为 7.8125 ms，这些时隙被分配到参与 Link 16 网络的所有 JU 单元。在每个时隙时间内，JU 单元发送或者接收消息。

为了使 Link 16 网络内的消息有序地传送，Link 16 要求每个 JU 终端工作在同一个相对时间基准上，指定一个网络成员担任网络时间基准(NTR)，定义时隙的开始和结束。NTR 周期性地发送入网消息，采用主从同步方式进行同步，使其他成员的时钟与之同步，建立统一的系统时间。

5. 物理层

物理层是数据链网络协议体系结构中的最底层，主要用于与射频信号产生相关的信道编码、调制解调、功率控制等。另外，物理层还负责扩频、跳频等抗干扰技术的实现，以保证通信的安全。为了提高信息传输的抗干扰能力，Link 16 在物理层采用了纠错编码、交织、扩频、MSK 调制、跳频和跳时等技术。

1）纠错编码

为了提高战术信息传输的可靠性，Link 16 采用 RS 纠错编码技术。对战术数据进行 RS 纠错编码时，先将 75 bit 的消息字分为 15 组，每组 5 bit。每组的 5 bit 消息字作为一个码元，因此 75 bit 的消息字共分为 15 个码元。将这 15 个码元进行(31，15)RS 编码，得到 31 个码元。通过 RS 编码后在信道中传输时，即使出现了 8 个码元的错误，也可以得到纠正，恢复出原始发送的数据信息。

对于报头字来说，将 35 bit 的报头字分为 7 组，每组的 5 bit 报头字作为一个码元，因此，报头字共分为 7 个码元。对这 7 个码元进行(16，7)RS 编码，得到 16 个码元，这 16 个码元(80 bit)当中包含 7 个码元的信息(35 bit 报头)数据和 9 个码元的监督字节(45 bit)。

通过 RS 编码后在信道中传输时，即使出现了 4 个码元的错误，也可以恢复出原始的发送信息。

2）交织

在数据链系统中，一类常见的有效干扰手段为突发干扰，这种干扰方式能够使信号在传输过程中产生连续的错误，因此给译码带来了很大的困难。为了提高系统的抗突发干扰能力，Link 16 采用交织/解交织编码技术。交织编码用于改变输入信号序列的原有编码次序，通过打乱比特次序来减小突发错误发生的概率，也就是使突发错误随机化。解交织编码用于恢复输入信号序列的原来次序。交织深度越大，抗突发干扰的能力越强，但是相应的时间延迟也会越大。

在 Link 16 中，对于不同的消息封装，交织方法也略有不同。消息数据封装格式中的码字数量决定了交织符号的数量，STDP 包含 93 个码元，P2SP 与 P2DP 都包含 186 个码元，P4SP 包含 372 个码元。采用交织编码技术后大大提高了消息的保密性，增强了 Link 16 数据链系统的抗突发干扰能力。

3）扩频

Link 16 数据链系统采用了扩频技术来进一步提高战术信息传输的可靠性，该扩频技术又称为 CCSK(cyclic code shift keying)调制。CCSK 调制本质上是一种（N，K）编码，即将长为 N 的伪随机序列码与 K bit 数据编码信息一一对应起来。由于 K bit 信息共有 2^K 个不同的状态，因此需要 2^K 条长为 N 的伪随机序列码来对应 K bit 信息的状态。CCSK 调制的扩频增益为 $G_p = N/K$。与一般直接序列扩频系统相比，G_p 通常不为整数，且比较小。

在 Link 16 中，待传输的消息经纠错编码和交织后，以 5 位二进制信息，即 5 bit 为一组作为一个字符，通过对长度为 32 位的 CCSK 码字序列进行 n 次循环左移位得到第 n 个码元的 CCSK 码字(其中 n 为被编码码元的值，取值范围为 0～31)，从而完成 CCSK 调制。

4）MSK 调制

在 Link 16 中，发射脉冲信号是将 32 bit 序列作为调制信号、以 5Mb/s 的速率对载波进行 MSK 调制形成的。MSK 调制是根据数据信息序列的相对变换序列来进行的，即当待传输的 CCSK 码字序列中相邻两个比特数据相同时，就用较低频率的载频进行发射；如果不相同，则用较高频率的载频进行发射。采用 MSK 调制的主要原因是其调制后的信号具有功率谱密度高、频谱利用率高、旁瓣较小和误码率较低等优点，非常适合频带受限的战场环境。

Link 16 的脉冲信号有两种形式：单脉冲字符和双脉冲字符。采用双脉冲传输信息时，尽管所包含的两个单脉冲携带相同的信息，但是两者的频率是不同的，从而可进一步提高抗干扰能力，同时也有利于提高抗多径干扰能力。

5）跳频

跳频通信系统是载波频率按照一定的跳频图案在很宽的频率范围内随机跳变的通信收发系统。伪随机跳频序列通过控制可变频率发生器，使它输出分布在很宽的频带范围内的跳变频率，这种伪随机的频率分配称为跳频图案。与直接序列扩频系统相比较，跳频通信系统中的伪随机码序列是用来选择信道的，而不是用来直接传输的。在跳频通信系统的发射端，伪随机码序列通过控制可变频率合成器来产生不同的载波频率，然后对经过波形变换的信息数据进行载波调制来产生不同的射频信号。

Link 16在跳频通信模式下，传输信息的载频是在960～1215 MHz频段内一共51个频点上伪随机选取的，且要求相邻脉冲载频频率之间的间隔大于30 MHz。其跳频图案由网络编号、指定的传输保密加密变量(TSEC)和网络参与组共同决定。如果网络编号、网络参与组或指定的传输保密加密变量中的任意一个参数不相同，则跳频图案不相同。因此，即使在视距范围内多个发射设备同时发射，相互之间也不会造成干扰。与目前其他军事跳频通信系统不同，Link 16不仅在发射数据脉冲时进行跳频，而且在发射同步脉冲时也进行跳频，因此具有很强的抗干扰能力。

6）跳时

与采用伪随机码序列控制频率跳变的跳频通信系统不同，跳时通信系统采用伪随机码序列来控制信号的发送时刻以及发送时间的长短，使发射信号在时间轴上随机跳变。在跳时通信系统中，通常将一个信号划分为若干个时隙，在一帧内哪个时隙发射信号、时隙中发射信号的开始时刻、发射信号的时间长短等时间参数由扩频序列码进行控制。因此，可以把跳时理解为用一定的码序列进行选择的多时隙时移键控。

在Link 16中，当固定格式消息采用标准双脉冲封装格式(STDP)和两倍压缩单脉冲封装格式(P2SP)时，时隙的开始一段时间不发送任何脉冲信号，这段时延称为抖动。抖动的大小是由传输保密加密变量(TSEC)控制的。设置信号发射抖动是为了提高系统的抗干扰能力。

3.5　数据链网络规划与管理

数据链作战运用主要分为4个阶段：网络设计阶段、通信规划阶段、初始化阶段和运行阶段。网络设计阶段负责生成数据链需求，根据数据链需求设计网络，将验证后的网络描述文件入库保存并分发到各个参与者。其中分发到各个参与者的网络描述文件包括网络时间线、兵力布局、网络小结、连接矩阵和设计选项文件等。通信规划阶段负责选择适合的网络设计或提出设计新网络的请求，在各参与成员之间进行容量分配和网络责任指派，形成各平台唯一的初始化参数。初始化阶段保证用平台唯一的初始化参数初始化各参与设备。运行阶段负责动态监视数据链的运行，及时发现并处理数据链故障。

3.5.1　网络规划

网络规划具体包括网络设计和通信规划两个阶段。网络规划时，信息搜集和需求分析是网络规划人员把握战场战术需求，并得到对应链路需求的基本方法或途径。网络规划的主要任务就是网络规划人员通过分析战场战术需求，得到对应的链路需求，然后根据得到的链路需求进行系统配置，确定数据元素、通信协议和特殊点参数，拟定应急处理、系统管理和信息管理等方案，最终形成网络规划的总体方案以及与每个数据链装备对应的设备配置方案。设备配置方案是一种标准的格式化报文，适于在数据链系统中分发，并且能够被所有数据链装备识别和使用。

1. 信息搜集和需求分析

网络规划时，网络规划人员首先需要充分了解与战术目标和任务对应的各类战术需求。这些战术需求包括兵力协同和控制、武器协调和控制、战场态势形成和分发等需求。这些战术需求由作战指挥人员来确定。作战指挥人员通过分析战术单元的布局、需要达到的战术目标和需要支持的战术任务归纳出这些战术需求。

根据战术单元的布局和每个战术单元的行动计划，以及数据链系统需要满足的战术需求和需要支持的战术环境，网络规划人员分析并确定数据链系统的网络容量、战场覆盖范围、系统管理、通信管理、数据转发、中继和网关等需求，同时确定每个战术单元需要对外发生的链接关系和每个链接关系对应的通信距离、通信内容、通信容量和通信模式，以及实时性、安全性、可靠性和抗干扰能力等要求。这些需求和要求是数据链系统的链路需求的核心内容。

对于以数据链作战运用研究、数据链通信功能验证和数据链通信协议测试等为目标的军事演练活动来说，数据链系统的链路需求可以由军事演练筹备组或导演部的指挥人员直接提出。

2. 系统配置

系统配置的过程就是根据已经得到的链路需求，为战术单元选择数据链类型，确定数据链装备，在所选的数据链装备之间进行通信容量、装备地址、航迹号块、密钥材料分配和责任指派，并形成各数据链装备唯一的设备配置方案的过程。系统配置过程中的责任指派包括指定用于网络集中控制的网络控制单元、用于支持多数据链系统的数据转发设备，以及用于控制信息分发和传输的数据过滤器。数据转发设备要求具备能够支持多种类型数据链的多数据链工作能力。目前已经定型的 1 型综合数据链和海军的 905 数据链都在不同程度上具备多数据链工作能力。

在数据链系统中，每个数据链装备都应该具有一个独一无二的数据链装备地址。数据链装备地址是数据链装备在数据链系统中相互区分、呼叫连接和信息分发的重要标识。

航迹号提供标准的索引用于系统中交换目标信息，以及与目标信息对应的情报和命令。航迹号可以用于数字和语音两种通信，唯一地标识系统中所交互的点、线和面等信息。航迹号块通常是一组连续的航迹号。在系统配置过程中，网络规划人员需要为可能产生战术数据信息的数据链装备预先分配互不重叠的航迹号块。在随后的作战运用过程中，每个数据链装备都在自己占有的航迹号块中，为自己启动的航迹报告选择互不重叠的航迹号。

3. 数据元素和通信协议

数据元素是数据链系统实现战术链接关系的基础。大多数数据元素都有与其可能取值关联的“固定”含义。这些含义被编进数据链系统的软件、显示和输入装置，而且在整个数据元素词典和格式化信息标准的稳定期是不能改变的。但是，也有少量数据元素兼有固定的和自适应的值，或者只有自适应值。

在数据元素词典中，数据元素的自适应值没有固定的含义。在网络规划时，网络规划人员必须标出每个有自适应值的数据元素应申报的固定值，以及这些固定值在随后的作战运用过程中所临时附加的含义。以美军数据链的国籍/同盟数据元素为例，其固定值 1～28 就是自适应值。网络规划人员可以在网络规划时申报其中的固定值 7 和 9，并且分别给它们临时附加“伊拉克”和“阿拉伯联合酋长国”的含义。数据元素自适应值的采用极大地增强了数据链系统中报告内容的灵活性，有利于满足特殊战术任务和战术环境对应的战术需求。

通信协议的选择与网络结构和通信内容有着直接的关系。对于点对点结构来说，可以选择点对点通信协议；对于点对多点的星型结构来说，可以选择集中控制式的点名呼叫、寻址呼叫和广播通信协议；对于多点对多点结构来说，可以选择时分多址或码分多址的通信协议。

通信内容对通信协议的选择也有很大的影响。对于目标信息来说，需要强调的是信息传输的实时性。数据链系统力求提高数据传输的速率，缩短目标信息的更新周期，以便及时地显示出目标的轨迹。利用数字融合技术对目标进行相关平滑处理，作战指挥单元可以自动剔除目标轨迹中的奇异点。因此，不一定要求数据传输得绝对无误。对于报文和传真这类要求无误传输的信息来说，所选用的通信协议需要在纠错编码的基础上进一步采用 CRC 校验技术和 ARQ 自动反馈重发技术，以确保这类信息的无误接收。

4. 特殊点参数

数据链系统的一个基本任务就是为参与系统的战术单元提供一张清晰一致的战术图像。在这张战术图像中，各类目标的位置和航迹是构成图像的核心要素，是系统中各战术单元实施战场管理、作战协同、无线电静默攻击、超视距目标瞄准、远程拦截控制等任务的重要依据。在一个系统中，任何位置信息和运动信息只有放在统一的坐标环境中才会变得有意义。为此，网络规划人员必须在网络规划时随机选择用于确定坐标环境的特殊点参数。随机选择特殊点参数的目的在于提高信息传输的安全性。

在随后的作战运用阶段，作战指挥人员或者系统管理人员可以通过保密的数据链路发布新的特殊点参数，以动态调整位置信息和运动信息的坐标环境，进一步增强这些信息的安全性。

5. 应急处理方案

数据链系统的一部分或全部功能损失在实际的战斗中是可能发生的。因此，在网络规划时，网络规划人员应该拟订相应的应急处理方案。在应急处理方案中，网络规划人员应该按重要性对预定传输的战术和非战术数据信息划分保障等级。数据信息越重要，对应的保障等级就越高。在发生系统功能损失的背景下，系统总是通过链路替代、信道转换或传输速率调整等措施来尽可能地满足保障等级高的数据信息的通信要求。

在应急处理方案中，还应该考虑非数字形式的数据交换应急方法。这些方法应该为保障等级高的数据信息提供语音报告的能力。在利用语音线路报告重要数据时，应该注意避免语音报告的数据量超过接听语音报告的操作人员的处理能力，防止相关操作人员出现注意力饱和的情况。另外，利用语音线路报告目标位置、航迹等重要数据时，相关操作人员必须十分小心，防止出现两个或两个以上战术单元报告相同航迹的双重指定错误。

在数据链系统中，实现短波远程数据链和超短波、微波视距数据链的合理搭配组合是提高数据链系统战场生存和应急处理能力的另一重要途径。虽然短波通信使用变参信道，同超短波和微波通信相比，具有带宽低和抗干扰能力差的特点，但短波通信也是唯一一种不依赖于转发或中继设备的远程通信手段，在恶劣的战场通信环境中有着不可替代的作用。

6. 系统管理方案

系统管理包括在数据链系统作战运用过程中的链路质量和系统运行状态的监控，数据转发设备和数据过滤器的管理，武器控制冲突的解决等问题。网络规划人员必须为这些问题提供相应的解决方案，并为这些问题的解决安排好必要的前提条件，以确保这些问题在数据链系统作战运用过程中得到及时有效的解决。

1）链路质量和系统运行状态的监控

在系统管理方案中，应该为不同类型的数据链选择与之相适应的链路质量监控手段和方法，并确定系统运行状态监控和维护的系统管理人员。不同链路的质量监控报告将通过平台状态信息报文报告给这些系统管理人员，并由他们形成关于整个系统运行状态的结论。依据这个结论，系统管理人员可以对系统配置做出相应的调整，并决定是否启动相应的应急处理方案。

2）数据转发设备和数据过滤器的管理

数据转发设备的连续工作是确保多数据链系统连通性的关键。因此，在网络规划时，网络规划人员要根据数据链装备的类型和战场布局，以及系统对应的战术环境，确定应该负责数据转发的战术数据单元，以及每个数据转发设备对应的数据转发备份设备。同时，网络规划人员指定系统管理人员或者备份设备操作人员，实时监控当前数据转发设备的工作状态。一旦发现故障，就尽快与当前转发设备的操作人员通过语音线路进行协调，实现设备的顺利切换，尽量减少数据转发功能中断的时间。在成功完成设备切换后，系统管理人员需要通过语音线路向系统内的战术单元通报新的数据转发设备。

数据过滤器是作战指挥人员和网络规划人员控制系统内信息流向和流量的重要手段。根据数据过滤器所过滤数据信息的类型，可以将数据过滤器划分为地理、环境、身份、基准点、电子战、演习和仿真等过滤器。根据数据过滤器所过滤数据信息的流向，又可以将数据过滤器划分为发送、接收和数据转发过滤器。在网络规划时，网络规划人员应该决定在哪些战术单元上布置恰当类型的数据过滤器，以满足战场信息分类、分片管理的需求。

3）武器控制冲突的解决

在作战运用过程中，当两个或两个以上指挥控制单元试图控制同一个武器平台时，就会发生“控制冲突”问题。一个指挥控制单元在遇到“控制冲突”问题时，首先要做的就是证实自己是否仍然控制着相应的武器平台。如果仍然控制着相应的武器平台，那么该指挥控制单元必须和冲突对应的指挥控制单元通过语音线路或数据链进行协调来解决冲突。通常情况下，通过数据链来解决控制冲突比语音方式更有效率。但在很多战术环境下，仍然需要语音协调来增加解决控制冲突的可靠性。

武器控制冲突问题并非总是系统错误。在战场管理过程中，武器控制冲突是一个经常会遇到的问题。比如当指挥控制单元没有足够的资源来迎击正在逼近的威胁时，它就可能主动争夺其他指挥控制单元所控制的武器平台，从而造成武器控制冲突。

7. 信息管理方案

在信息管理方案中需要考虑的典型信息包括航迹、情报、反潜战和电子战等信息。这些信息是否完备、正确，是否满足战术任务的实时性要求，直接影响到参与数据链系统的战术单元是否能够获得清晰、正确、一致的战场态势，影响到作战指挥人员指挥控制决策的时效性和正确性。

1）航迹信息管理

在系统运行过程中存在接收不良、数据定位误差、通信业务繁忙、数据过滤器误用、航迹自然合并和分离等情况，系统的航迹报告中可能出现双重标志和重复标志问题。这些问题破坏了目标和航迹号之间的一一对应关系，造成了系统中战术图像的混淆。

航迹信息可能面临的另两类问题就是环境冲突和身份差异问题。每条航迹都有其存在的航迹环境。航迹环境可分为空中、水面、水下、陆地和太空五大类。在系统中，任何一个具有相应航迹报告责任的战术单元都可以根据自己的传感器数据来判定一条航迹的航迹环境和身份。只要有两个或更多个战术单元相信同一条航迹处在不同的环境中，就会出现环境冲突；而只要有两个或更多个战术单元对同一条航迹的航迹身份有不同的认识，就会出现身份差异问题。环境冲突和身份差异问题主要是由于错误的传感器数据或操作员操作错误产生的。

在系统作战运用过程中，战术单元可以通过数据链或语音网络来协商解决这些航迹问题。但是在协商无法达成一致的情况下，就需要具有强制权利的作战指挥人员、系统管理人员或者某个战术单元的操作人员来强制统一。这些具有强制权利的人员需要网络规划人员在信息管理方案中预先确定。

在随后的作战运用中，航迹报告应该受到航迹报告责任规则的约束。航迹报告责任规则用于确保每个目标只有一个战术单元来启动对它的航迹报告。这种航迹报告责任规则和前面介绍的航迹号块分配方式结合起来，可以在管理层面上避免出现一个以上的目标共用同一个航迹号的重复标志错误。

2）情报信息管理

情报是关于某条航迹的加强信息，情报信息没有报告责任的约束。在一个数据链系统中，任何战术单元都可以发布它所搜集到的情报信息。在网络规划时，网络规划人员需要在信息管理方案中确定情报源可靠性的评估方法，以及解决情报环境和航迹环境可能出现的不一致的方法。

3）反潜战信息管理

反潜战就是对敌方的潜艇进行探测、跟踪和定位。声呐监视是实施反潜战唯一有效的技术手段。声呐探测到的潜艇位置和运动信息可用“水下航迹”来描述。同陆上和空中航迹不同，为了提高水下目标探测结果的可靠度，“水下航迹”也没有报告责任的约束，而且不排斥“双重标志”。由于大多数时间只有一个或很少几个战术单元能够同时探测到相同的潜艇目标，因此同一目标的多重航迹报告不太可能使系统内的战术图像出现不可接受的混乱局面。

在信息管理方案中，网络规划人员需要确定反潜战信息的管理人员。通常情况下，由反潜战指挥官来承担管理反潜战信息的责任。反潜战信息管理人员在遇到战术图像过于混乱的状况时，应该采取以下措施：

（1）通过“数据互联”减少可显示的航迹；

（2）通过话音指示一个或多个设备丢弃相应的航迹报告；

（3）禁止将某些目标的航迹初始化。

4）电子战信息管理

电子战是现代战争中的关键因素，可被分为电子支援、电子攻击和电子防护三种基本类型。其中，电子支援是一种侦听敌方通信，从而获得相应的通信情报和电子情报的行动。在信息管理方案中，作战指挥人员或网络规划人员根据电子战的战术任务确定承担电子战的战术单元及其战场布局。每个具有电子支援能力的战术单元都可以利用电子战报告向数据链系统发布所侦听到的原始数据。具有电子战数据融合能力的战术单元负责将这些原始数据变换为电子战战术数据。这些战术数据包括概率区、定位点、被动航迹，甚至方位线。同样，电子战报告没有报告责任的约束。

在信息管理方案中，作战指挥人员或网络规划人员也需要确定电子战信息的管理人员。通常情况下，由电子战指挥官来承担管理电子战信息的责任。电子战信息管理员既可以通过某些电子战命令来限制电子战报告，也可以使用数据过滤器和电子战数据转发器来限制电子战报告在战场中的传播区域。另外，当电子战战术数据出现环境和身份等方面的差异时，通常需要电子战信息管理员来作出最终的评估结论。

在作战运用时，电子战原始数据和战术数据应该分开报告。这样“分开”的好处在于：可以使指挥、武器协调和监视人员只查看战术数据，而使电子战操作人员重点关注大量的原始数据。

3.5.2 运行管理

运行管理具体包括初始化和运行两个阶段。

1. 初始化阶段

初始化阶段应该以系统设计总体方案为蓝本，按先分后总的原则来分步实施。具体步骤如下：

第一步：首先完成系统设计总体方案中所选数据链装备的检查和安装；然后启动每个装备对应的初始化进程，并将指派责任、特殊点参数、密钥材料、应急处理方案、系统管理方案、信息管理方案等系统信息输入对应的数据链装备。

第二步：完成不同类型数据链的独立组网工作。

第三步：启动数据转发设备和数据过滤器，实现多个数据链的互联，从而最终完成数据链系统的构建。

2. 运行阶段

一个数据链系统在理想状态下的战斗力是由数据链系统的总体设计方案决定的。但在实际的战术环境中，这份战斗力能够发挥到多大程度，则是由作战运用过程中采取的系统管理、信息管理和保障措施来决定的。

作战运用过程中的系统管理和信息管理要以数据链系统总体设计方案包含的系统管理和信息管理方案为依据，采用事件驱动的方法来调整系统配置、启动应急处理，或者解决各类冲突，以实现系统动态优化配置，确保在恶劣的战场环境下，最大限度地完成战术任务，达到战术目标。

虽然数据通信是数据链系统进行信息交换的主要手段，但是人工的语音通信(语音保障网)对数据通信仍然起着必要的补充和协调作用，是数据链系统作战运用的重要保障措施。人工的语音通信虽然存在反应慢，信息量、控制规模和控制范围小等弱点，但由于人工的语音通信能够在通话各方之间更可信地传递小数据量的关键信息，因此非常适合在数据链系统的组织运用过程中传递一些系统管理、信息管理和武器控制协调信息，以提高系统管理、信息管理和武器控制协调的可靠性。语音通信还有一个重要的作用，即在数据链系统的构建过程中，协调不同类型数据链的初始化建立进程。

本章小结

本章介绍了数据链组网技术。首先介绍了数据通信网的基础知识，包括通信网基本概念、网络拓扑结构、交换网和广播网；接下来介绍了数据链信道共享技术，包括信道复用技术和媒体接入控制技术；然后介绍了数据链网络同步技术和数据链网络协议；最后介绍了数据链网络规划与管理。

思　考　题

1. 简述数据通信网的基本构成。
2. 简述三种报文交换网的基本特点。
3. 简述信道复用技术的基本原理。
4. 简述 CSMA/CD 技术的基本流程。
5. 实现网同步主要有哪两种方法?
6. 简述数据链网络协议体系结构。
7. 简述 Link 16 的网络协议体系结构中传输层的主要功能。
8. 简述 Link 16 的网络协议体系结构中网络层的主要功能。
9. 简述数据链作战运用的主要阶段。
10. 简述数据链网络规划的主要任务。

第4章 数据链多址接入技术

数据链的协议模型可分为物理层、建链层和处理层。其中，数据链建链层对应经典OSI参考模型的数据链路层和网络层，并且对于战术数据链的全连通网络结构，数据链建链层的组网技术以多址接入技术为主，从而实现多个通信节点间公平、高效地共享相同的无线信道资源。本章围绕数据建链层技术，介绍了构建数据链网络的组网技术——多址接入技术。

4.1 多址接入技术概述

对于全连通网络，频率、时间和伪随机码都是网络节点的公共信道资源，一个以上的节点使用相同信道资源发送数据，必然会造成数据帧冲突，影响接收节点对数据帧的正确接收，造成通信性能的下降。因此，为了保证通信质量，网络中多个节点的数据发送需要相互协调，合理安排频率、时间和伪随机码等信道资源。

那么对于全连通网络中的多个节点如何实现按需使用信道而无冲突地发送数据呢？通信网络的研究通常采用五层协议的网络体系结构。其中，数据链路层主要是IP分组数据和控制信息组帧，确保逻辑链路控制(LLC，logical link control)子层和媒体接入控制(MAC)子层的可靠性。LLC子层提供节点传输的差错和流量控制机制，实现节点数据帧按顺序、正确无误地被接收；MAC子层提供节点传输的信道使用机制，实现节点按需使用信道和无冲突地发送数据。计算机网络中通常将实现MAC子层机制的技术称为信道接入技术，在无线通信网络中称之为多址接入技术。

多址接入技术对无线网络的信道利用率、网络吞吐量和网络规模等有决定性的影响，是数据链的关键技术。研究多址接入技术的目的在于确保多个通信节点间公平、高效地共享相同的无线信道资源。

4.2 轮询接入技术

4.2.1 轮询技术基本原理

在数据链发展的初期，通过数据链将以前独立的指挥控制中心、探测雷达和作战飞机链接为网络，地面指挥控制中心与探测雷达、作战飞机共享态势信息，获得全面的战场态势，进而对战机实施指挥引导，达到“先敌发现，先敌摧毁”的目的。基于这种作战场景，Link 4A、Link 11等早期数据链的MAC协议以集中控制为主，网络规模小(网络成员在十几个以下)，通信时延在秒级以上。

Link 11采用一种集中预约MAC协议——轮询协议，由中心节点统一调度，其他节点按照轮询顺序无竞争地使用信道。

按照最初的设计，Link 11 的作战应用场景为航母、舰艇以及航母上起飞的多架战机，航母对舰艇和战机实施指挥控制。随着 Link 11 在美国空军的装备，Link 11 的作战应用场景不断扩大，如陆基/空基指挥中心与空军机场起飞的多批战机，指挥中心对战机实施指挥引导，长机对编队僚机实施任务分配。

在 Link 11 中，有一个数据网控站(DNCS，data network control station，简称网控站)设在航母、预警飞机或地面指挥中心，其他网络成员(如舰艇、飞机、车辆等)称为前哨站(PS，picket station)。网控站统一负责轮询协议的启动、运行、结束及管理控制，前哨站的信道接入时机由网控站决定。整个网络全部站使用相同的频率，在网控站的集中管理控制下，按照询问/应答方式，以半双工模式交互信息；不使用信道发送信息的站接收其他站发送的信息。

网控站向前哨站发送上行信息，启动每次传输。该上行信息起到点名询问的作用，以态势信息和指挥控制信息为主要内容。所有前哨站均接收并存储该上行信息。通过比较接收的地址码与自己的地址码，被询问的前哨站发送下行信息(有战术数据时)或应答信息(无战术数据时)，该下行信息或应答信息以空中平台参数和目标参数为主要内容。网中每一个前哨站都接收并存储该下行信息。前哨站 A 信息传输结束后，网控站就转向询问下一前哨站 B，向前哨站 B 发送上行信息。这一过程不断重复，直到询问完所有前哨站，这就完成了一个网络循环。网络循环自动重复，直到结束。

网控站询问所有前哨站所需的时间(轮询协议中称为轮询周期)不定，它取决于网内前哨站的数目、每次发送的数据量和轮询原则。

较简单的轮询原则是顺序轮询，网控站按照预先设定的顺序(如前哨站 1，2，…，$n-1$)，首先点名前哨站 1，前哨站 1 在其用户时间窗口内应答，然后网控站点名前哨站 2，前哨站 2 在其用户时间窗口内应答，直到前哨站 $n-1$ 在其用户时间窗口内应答为止，按此顺序，重新开始循环，直到结束。

如果考虑战术信息的优先级，则轮询原则较复杂，网控站每个轮询周期的轮询顺序是可变的，且前哨站可能被询问多次。

4.2.2　MAC 协议

由于多个网络用户共享媒质，当多个用户同时传输，即同时尝试接入信道时，将造成数据帧冲突(在物理信道上相互重叠)并影响接收，造成通信性能的下降。因此，信道带宽是无线通信网中的宝贵资源，需要通信协议——MAC 协议提供信道共享的调度机制，安排大量用户以相互协调和有效的方式接入信道，高效、合理地共享有限的无线带宽资源，实现用户之间的有效通信。

MAC 协议的主要目的是提高网络的吞吐量，降低分组传输延迟。另外，MAC 协议的设计还考虑公平性、服务质量(QoS，quality of service)以及物理层 MIMO 等新技术相结合的跨层设计等。MAC 协议的好坏直接影响网络的吞吐量、时延以及网络规模等性能指标的优劣，其一直是无线网络的关键技术和研究热点。

4.2.3　无线网络的 MAC 协议

虽然无线网络 MAC 协议多种多样，但按照节点获取信道的方式不同，通常分为三大类，即固定分配MAC协议、随机竞争MAC协议、预约MAC协议。近年来出现了其他分类方式，按照网络节点的时间同步关系有同步和异步MAC协议；按照MAC协议使用无线信道的数量有基于单信道、基于双信道和基于多信道MAC协议；结合天线特性有基于全向天线、基于定向天线和基于多入多出(MIMO，multiple input multiple output)天线MAC协议。

下面从接入策略、多址方式、协议特点以及协议机制/算法等几个方面，介绍三大类无线网络MAC协议。

1. 固定分配MAC协议

固定分配MAC协议是静态分配协议，为网络节点固定分配专用的信道资源，在整个通信过程中，节点独享所分配的频率、时间、码字、空间资源，从而使网络节点无冲突地使用信道。

1）接入策略

在网络运行前，固定分配MAC协议按照一定的分配算法，预先将信道资源分配给网络中的各节点；在网络运行中，各节点固定接入信道。

2）多址方式

按照所分配的信道资源，固定分配MAC协议可分为时分多址(TDMA，time division multiple access)协议、频分多址(FDMA，frequency division multiple access)协议、码分多址(CDMA，code division multiple access)协议、空分多址(SDMA，space division multiple access)协议以及这些多址方式的混合协议。

TDMA协议将时间分割为周期性的时帧，每一个时帧再分割为若干个时隙，并根据一定的时间分配原则，给每个用户分配一个或多个时隙。用户在指定时隙内发送数据，如果用户在指定的时隙没有数据传输，则相应时隙被浪费。

FDMA协议将通信系统的总频段划分为若干个等时隙、互不重叠的频带，并将这些频带分配给不同用户使用。FDMA协议使得用户之间的干扰很小。但是，当网络中用户数较多且数量经常变化，或者通信业务量具有突发性特点时，FDMA协议存在如下问题：

(1) 当网络中实际用户数少于已划分信道数时，大量信道资源被浪费。

(2) 信道被分配后，未分配到信道的用户无法再获得信道资源，即使已分配信道的用户没有通信需求。

CDMA协议将正交或准正交的码字分配给不同用户，允许用户在同一频带和同一时间段内同时发送数据，通过不同码字区分接收。正交码字的选择对CDMA协议性能有很大影响。此外，CDMA协议存在多址接入干扰(MAI，multiple access interference)和远近效应问题，且CDMA协议的用户数量受限。

SDMA协议的主要思想是通过利用数字信号处理技术、先进的波束转换技术和自适应空间信号处理技术，产生空间定向波束，使阵列天线形成的主波束对准信号的到达方向，从空域上对不同的信号进行分离。

3）协议特点

由于每个节点均分配有固定的资源，固定分配MAC协议具有如下特点：

(1) 保证节点数据发送的“公平性”。

(2) 保证数据分组的平均传输时延，且时延固定，时延抖动小。

(3) 在高节点密度和高业务负载的情况下，信道利用率高。例如，在TDMA协议中，当网络全连通而且流量饱和(即所有节点都有分组要发送)时，TDMA方式下将获得最优的信道利用率。

(4) 此类协议具有“稳定性”，因为此类协议对资源的确定性分配避免了竞争协议的不稳定性。

(5) 此类协议灵活性较低，对网络拓扑结构的变化缺乏适应性。

(6) 资源的空闲将导致信道利用率降低。

(7) 此类协议适用于节点业务量恒定的情况，而当节点业务量变化较大时，此类协议性能下降。

4) 协议机制/算法

固定分配MAC协议的核心机制/算法是资源分配机制/算法，如Link 16 TDMA协议的时隙分配算法。

2. 随机竞争MAC协议

1) 接入策略

随机竞争MAC协议使用随机接入策略，网络节点功能对等。各节点以竞争方式获取信道使用权。当节点有数据需要传输时，以竞争方式获取信道，立即或侦听信道空闲后以一定传输概率随机地接入信道。如果发生信号碰撞，则传输失败，节点按照退避算法退避并修改传输概率，进行下一次传输。传输失败次数越多，分组传输概率越小。如果发送成功，则接着发送下一个分组。

2) 多址方式

按照争用信道的竞争机制不同，随机竞争MAC协议可分为ALOHA协议、载波侦听(CSMA，carrier sense multiple access)协议，CSMA/CA协议。

ALOHA协议采用最简单的随机竞争机制，任意用户只要有数据就立即访问信道。ALOHA协议分为纯ALOHA协议和时隙ALOHA协议。其中，纯ALOHA协议“想发就发”的机制使得报文在传输过程中碰撞严重，协议的信道利用率低(18.4%～36.8%)。

CSMA协议利用载波侦听技术，先侦听信道载波，判断信道忙闲，再决定是否发送。CSMA协议“先听后发”的机制减少了碰撞发生机会，大大提高了协议的信道利用率(可达60%)。

由于传播时延的存在，有时会错误感知信道状态，冲突仍有发生可能。CSMA/CA协议采用冲突避免技术减少这种可能冲突。它使用请求发送(RTS，request to send)和允许发送(CTS，clear to send)控制报文来预约信道、避免数据冲突，提高随后的数据传输成功率，协议的信道利用率最高可达82%。

3) 协议特点

(1) 协议机制简单，管理开销少，易于实现。不需要根据节点数和业务量等参数预先进行复杂的网络规划，也不需要复杂的时隙动态预约。

(2) 数据发送异步，发送节点不需要与其他节点协调，对网络同步要求低。整个网络操作和维护很简便，使网络构建过程、网络节点加入/退出过程简单且快速。

(3) 数据分组的平均传输时延不固定，时延抖动大。

(4) 灵活性高，适合拓扑结构变化快、业务突发性强的分布式网络。

(5) 不需要中心节点，也不需要对每个节点集中控制，任何节点在协议中的地位相同，节点的增加或减少非常容易。

(6) 具有不稳定性。

(7) 不能确保数据发送得完全无冲突。

(8) 缺少一定的 QoS 保障机制，未对不同类型业务加以区分。

(9) 在高节点密度和高业务负载情况下，信道利用率低。

4) 协议机制/算法

在采用随机竞争接入技术的网络中，如果只有一个节点传输分组，就可以被成功地传输；如果有多个节点同时传输分组，就会发生碰撞。因此，对于随机竞争媒体接入控制，解决冲突或减小冲突概率，使发生碰撞的网络节点都可以成功地传输分组，是一个非常重要的问题。退避机制/算法和冲突分解机制/算法(如树形分裂算法、先到先服务分类算法等)是随机竞争 MAC 协议的核心机制/算法。

3. 预约 MAC 协议

1) 接入策略

固定分配 MAC 协议对网络拓扑结构的变化缺乏适应性，带来资源的空闲，导致信道的利用率降低。随机竞争 MAC 协议不支持公平性和 QoS，在重负载情况下网络性能急剧下降。因此，根据节点业务需求和网络拓扑变化，灵活、合理地分配信道资源，是预约 MAC 协议的主要目的，预约 MAC 协议属于动态分配的 MAC 协议。

2) 多址方式

按照预约机制的不同，即预约过程有无竞争和冲突，预约 MAC 协议分为集中预约 MAC 协议和分布预约 MAC 协议。

集中预约 MAC 协议由中心控制节点依据轮询序列集中控制各节点，使各节点无竞争地接入信道，某一时刻仅一个节点使用信道，其典型的协议是 IEEE 802.11 的 PCF 协议及 Link 11 的轮询协议。

分布预约 MAC 协议通常需要一个专用的控制信道，供所有用户以固定分配方式或竞争方式交互预约申请信息。该类协议的代表包括 PRMA、DPRMA、C-PRMA、DQRUMA DSA++、CATA、DTDMA、RBRP、HRMA 和 RSV-MAC 等。

预约 MAC 协议根据网络节点业务量的大小，用一些短的预约分组提前预约信道。一旦预约成功，则后续分组将无冲突地发送，预约方式要求在网络节点之间进行带内或带外预约控制信息的交换，基于这些信息节点运行预约控制算法来预约资源。预约信息属于 MAC 协议的管理信息，其传输必然占用信道资源。网络负载较轻时有效载荷的有限，以及节点数变化时预约控制信息的增多，均会造成大的开销，因此预约信息对信道利用率的影响是此类协议需要考虑的问题之一。

3) 协议特点

(1) 对业务量的变化具有良好的适应性，能够灵活、合理地按需分配信道资源。

(2) 由于存在专用控制信道，因此信道利用率有所降低，并有可能出现与固定分配 MAC 协议和随机竞争 MAC 协议相同的问题。

(3) 能够很容易地支持有不同 QoS 要求的各种业务类型，并且能够有效地工作在网络重负载情况下。

(4) 机制复杂，同时控制开销较大。

4) 协议机制/算法

预约 MAC 协议的核心机制/算法是预约控制算法，该算法包括集中预约控制算法和分布预约控制算法。集中预约控制算法通过中心站/基站接入点的集中控制实现各节点的资源预约，常用于集中式网络；分布预约控制算法通过预约控制信息的交互，各节点共享相同的控制信息，执行相同的控制算法，获得相同的预约结果，实现无冲突的资源预约，常用于分布式网络。预约控制算法的复杂性、收敛性是此类协议需要考虑的问题之一。

5) 三类 MAC 协议的比较

固定分配 MAC 协议适用于业务流量规律、平稳和时延敏感、拓扑稳定的网络，如以恒定比特率(CBR)话音业务为主的网络；随机竞争 MAC 协议适用于业务流量随机、突发和时延要求低、拓扑变化的网络；而预约 MAC 协议适用于业务流量无规律、业务量变化较大(低速数据到多媒体)、业务有 QoS 要求以及拓扑变化的网络。目前大量的 MAC 协议在设计时通常综合这三类 MAC 协议，在充分适应网络变化与业务特点的基础上，设计更有效、鲁棒性更强的 MAC 协议，实现在多种业务及业务量情况下，所设计的 MAC 协议具有较高的吞吐量、较低的时延和较少的控制开销，既要保证最大限度地传输 Best-effort 业务，又要尽力保证多媒体业务的 QoS。三类无线网络 MAC 协议的性能比较如表 4－1 所示。

表 4－1　三类无线网络 MAC 协议的性能比较

性能	固定分配 MAC 协议	随机竞争 MAC 协议	预约 MAC 协议
冲突	无竞争冲突	存在竞争冲突，需冲突分解	预约信道可能存在竞争冲突
吞吐量	重负载时，吞吐量稳定	重负载时，吞吐量较低	吞吐量稳定
时延	轻负载时，时延较大	重负载时，时延较大	拓扑变化大时，时延较大
时延抖动	时延抖动小	时延抖动大	时延抖动小
适合业务类型	实时性业务	突发性业务	流量变化范围大的业务
公平性	较好	较差	好
鲁棒性	较差	较好	好
稳定性	稳定	不稳定	稳定
QoS	一般	无	较高

4.2.4　Ad Hoc 网络的 MAC 协议

Ad Hoc 网络的 MAC 协议是以上述 MAC 协议为基础，针对 Ad Hoc 网络无中心、分布式控制、多跳等特点而提出的适应性 MAC 协议。目前，相关研究已提出大量针对 Ad Hoc 网络的 MAC 协议。

根据节点获取信道的方式不同，Ad Hoc 网络的 MAC 协议有固定分配、随机接入和轮替接入。固定分配是利用 TDMA、FDMA 和 CDMA 等多址方式将信道分为若干子信道，预先为每个用户指配一定量的子信道。如前所述，它是一种低效率的方式，对具体环境和业务变换无适应性。随机接入是当前 Ad Hoc 网络的主流信道接入技术，它起源于经典的

ALOHA 协议和 CSMA 协议。节点根据业务的需要为自己抢占信道资源、发送数据分组，并通知其他节点暂停使用该资源。随机接入采用各节点独立的随机发送机制解决冲突。轮替接入分为轮询方式和令牌传递方式。例如，IEEE 802.11 的 PCF 机制属于轮询方式，由主节点或接入节点 AP(access point)依次轮询其他节点，以控制信道的使用。令牌传递方式的本质是一种分布式的轮询方式，即首先把网络中的多个节点临时组成环状拓扑，然后依次传递令牌，控制各节点的信道接入。

按照网络同步特性，Ad Hoc 网络的 MAC 协议有同步 MAC 协议和异步 MAC 协议。这里的同步指的是网络中的所有节点遵循相同的时隙划分标准，时隙长度相同，时隙起点也相同。同步 MAC 协议将不同的时隙分给不同的节点使用。异步指的是每个节点有各自的时间标准，一般不再划分时隙，即使划分为等长的时隙，其时间节点也不对准。异步 MAC 协议可以灵活地根据数据分组的大小为节点申请资源，而不受时隙大小的限制。通常，同步 MAC 协议的性能优于异步 MAC 协议，更易于支持资源预留，但需要实现节点间的同步。

4.2.5 战术数据链的 MAC 协议

数据链强调在一定应用场景下，将多个作战平台组成一定拓扑结构的网络，确保网络节点按需使用信道资源，实时可靠地传输作战消息，最终完成作战任务。拓扑的结构、信道资源的分配和使用等与作战任务密切关联。本书介绍的 Link 系列战术数据链是 20 世纪研发并使用的，其网络拓扑均为全连通网络结构，其 MAC 协议是基于全连通网络设计的。因此，MAC 协议对战术数据链的性能有重要影响。

战术数据链应用于战场数字化空-地/空-空通信，虽然它们都要求通信可靠、及时和准确，但侦查、突袭、拦截、格斗、精确打击等不同的作战任务，对消息类型、信息精度的要求以及传输速率、通信时延、网络规模等性能指标的要求是不同的，与战术应用场景密切相关。以信息精度、通信时延、网络规模为例，按照美国 BAE SYSTEM 公司开发的“网络中心战”的三级网络体系结构描述，网络中心战的体系一般分为三级，第一级为武器控制级；第二级为指挥控制级；第三级为情报侦查级。

第一级使用 WDL、CEC、TTNT、WNW 等数据链，网络用户不超过 24 个，从传感器到用户的消息传输时间为零点几秒，信息精度达到武器控制级。

第二级运用 Link 11(Link 12)、Link 16、IBS 等数据链，网络用户不超过 500 个，主要用于传输和显示目标位置、航向、航速、目标识别数据和指挥命令等战术数据，消息传输时间为秒级，信息精度达到指挥控制级。

第三级运用全球指挥控制系统(GCCS)和 VRC - 99、JTRS2C/CL1/WIN - T 等数据链，网络用户数量不超过 1000 个，主要提供连续的音频、视频、文本、图形和图像数据，消息传输时间为几分钟，信息精度达到决策制定和部队协同要求。

数据链的实时性要求高，因此在设计其 MAC 协议时应着重考虑实时性。通信时延一般包括队列中信息等待时间、节点信息处理时间、信息发送时间以及信息传输时间。队列中信息等待时间主要由 MAC 协议决定，对不同优先级、不同类型的信息规划发送顺序；节点信息处理时间主要由平台硬件的处理速度和软件的优化设计程度决定；信息发送时间主要由平台物理层的发送速度决定；信息传输时间主要由通信距离和传输方式(广播、点对点)决定。

每种时间的减小均能降低通信时延，提高通信效率。在节点信息处理时间、信息发送时间以及信息传输时间一定的情况下，MAC 协议对信息的通信时延影响较大。

典型战术数据链的 MAC 协议如表 4－2 所示。可以看出，轮询和 TDMA 是战术数据链采用的主要 MAC 协议。实际应用证明，协议性能能够很好地满足网络中心站指挥控制级的要求。

表 4－2　典型战术数据链的 MAC 协议

链路名称	MAC 协议	特　点
Link 4A	轮询	固定时长呼叫/应答； 中心节点集中控制； 协议的吞吐量、容量等性能指标低
Link 11	轮询	按需预约分配，中心节点集中控制，性能稳定； 异步 MAC 协议，对时间同步精度要求不高； 协议的吞吐量、容量等性能指标不高
Link 16	TDMA	固定分配，无冲突，性能稳定，但对网络拓扑、流量变化的适应性差； 对时间同步精度要求高； 协议的吞吐量、容量等性能指标高
Link 16	DTDMA	预约分配，性能稳定，对网络拓扑、流量变化的适应性强； 对时间同步要求高； 协议的吞吐量、容量等性能指标高
Link 22	TDMA/DTDMA	固定和预约分配相结合

4.3　时分多址技术

4.3.1　固定分配 TDMA 技术

联合作战的思想在数据链中的直接体现是 Link 16。Link 16 采用固定分配 TDMA 接入技术，通过给网络节点合理分配时间资源(以时隙为基本单位)实现上百个节点的无冲突、可靠通信。TDMA 协议在时延、吞吐量和稳定性等方面的良好性能，使 Link 16 在战场中占据重要地位。

1. 时分多址基本概念

按照最初的设计，Link 16 的作战应用场景为海上海军、空军联合作战，参战单元包括航母、海军预警机、舰艇、航母上起飞的多架战机以及空军预警机、陆基指挥中心、空军战机。各参战单元实现联合战场的信息共享和保密以及抗干扰的空中指挥控制等。随着 Link 16 在美国空军的大量装备，其作战应用场景不断扩展，如联合防空作战、以预警机为中心的作战和战斗机编队作战等。

Link 16 网络采用 TDMA 接入方式，接入控制的信道资源是时间资源。即将时间资源划分为固定长度的时隙，若干个时隙组成一个帧/时元。每个帧/时元中的时隙根据时隙分配算法分配给网内节点。网络正常运行后，每个节点在分配的发送时隙内发送本节点的战术情报信息，在非发送时隙内接收其他节点发送的战术情报信息。TDMA 协议避免了网络节点间发送信息的碰撞，传输效率高，并且具有分布式特点，即任何节点的故障不影响 MAC 协议间的运行，协议的鲁棒性强。与轮询协议相比，该协议使用时分多址方式可增加网络规模，使网络通信用户数量不少于 100 个。

为确保各用户发射时隙的一致性，避免发送信息产生碰撞，全网需要统一时间基准，Link 16 指定一个节点作为网络时间基准(NTR)节点，将 NTR 时间定义为 Link 16 的系统时间。以该系统时间为基准，校准全网时间，计算和确定网内各节点时隙的起始和终止，确保 TDMA 网络时间同步和节点时隙对准。NTR 节点周期性地发送入网报文，协助其他节点获得系统时间从而入网；其他网络节点与 NTR 节点交换往返计时信息，达到并维持网络时间精确同步和时隙精确对准。在 Link 16 中，任何节点均可被指定为 NTR 节点。

已装备使用的 Link 16 数据链系统采用固定分配 TDMA 协议，在任务执行前通过网络规划预先完成各网络节点的时隙分配，在作战过程中不再变化。当节点无信息发送或退出时，则该节点所对应的时隙空闲。随着 Link 16 系统的发展，目前许多研究人员都在研究动态分配 TDMA 协议，以增加其灵活性和适应性。

2. 时隙分配

1) 时隙分配算法

TDMA 协议需要对时间资源进行合理分配，其核心算法是时隙分配算法。对于业务规律、拓扑结构固定和节点功能相同的 Link 16，其时隙分配应使每个节点分配的时隙尽可能分布均匀，以确保各节点发送信息的公平性，同时提高时隙利用率。

Link 16 的时隙任务划分与网络功能、业务类型、时隙接入模式以及网络节点数等参数有关。时隙分配算法基本的步骤如下：

(1) 根据作战任务划分网络功能，确定网络功能数以及每个网络功能在实现过程中所包含的网络节点数。

(2) 计算各网络功能所对应的时隙需求以及各节点对应的时隙需求。

(3) 根据各网络功能确定业务类型和时隙接入模式。

(4) 根据业务类型和时隙接入模式，采用二叉树方法划分网络功能需求所对应的时隙块。

(5) 采用二叉树方法在网络功能时隙块内部将时隙块资源平均分配给每个节点。

Link 16 的时隙分配在网络设计阶段预先完成，并通过配置文件在网络初始化过程中装入终端系统。在网络运行中，各节点按照预定的时隙分配方案周期性地自动发送和接收数据，共同完成所承担的作战任务。

2) 网络功能

Link 16 将其网络功能划分为多个网络参与组(NPG，network participation group)，一个网络参与组对应一种功能，即作战任务或网络管理任务，如 RTT、监视、话音等。每个网络参与组由一定数量的作战平台(Link 16 将其称为网络参与单元)组成。作战平台根据该参与组的作战功能担任预警、指挥、作战等角色，共同实现该参与组的作战功能。一个 Link 16 系统支持多个网络参与组同时工作，也支持同一个网络参与单元加入不同的网络参与组。

3）业务类型

Link 16 的业务类型主要分为话音业务和数据业务，其中，数据业务又分为战术数据和网络管理数据。这些业务将在不同的 NPG 中传输，而且不同业务对发送时机和发送频率的需求不同。Link 16 在分配时隙时，需要明确每个网络参与组及其每个网络参与单元所传输的具体业务类型，确定业务传输的时隙需求，以优化时隙利用率。网络参与组对时隙资源的需求是其每个网络参与单元信息传输需求的综合。Link 16 系统首先根据网络功能将其时隙资源按需分配给各网络参与组，然后再分配到各网络参与组的不同参与单元。

4）时隙块

Link 16 以时元/时顿为时隙分配周期，以时隙块（TSB，time slot block）的形式将时隙分配给各网络参与组。时隙块用“时隙组（set）-起始时隙号（index）-重复率（RRN）”来表示。

时隙组为 A 组、B 组和 C 组，每组时隙分为一个或多个时隙块，3 组时隙交错排列、各自独立。起始时隙号为某时隙组中的时隙索引号，其取值范围为 0～32 767，它表明时隙块的第一个时隙号。重复率计算公式为 RRN＝lb$N$，其中 N 表示 1 个时元中某时隙块的时隙总数。由于各组时隙交替排列，每个时隙块均不连续，时隙块中的时隙等间隔地重复出现，间隔大小 ΔT 可用重复率表示为

$$\Delta T = 7.8125 \times 3 \times 2^{15-\mathrm{RRN}} \tag{4-1}$$

根据式（4-1）计算得出时隙组中的时隙间隔，如表 4-3 所示。由表可以看出，时隙块中时隙最小间隔是 3 个时隙，此时 RRN＝15，时隙块包含 32 768 个时隙，即某个时隙组的全部时隙；时隙块中时隙间最大间隔是 98 304 个时隙，此时 RRN＝0，时隙块仅包含 1 个时隙。

“时隙组-起始时隙号-重复率”确定了时隙的位置和分布。例如，A-2-11 表示时隙块从时隙组 A 中第 2 个时隙开始，每个时隙块包含 2^{11} 个时隙，每 $3\times 2^{15-11}=48$ 个时隙间隔出现一次，即每隔 375 ms 为 1 个时隙。又如，虽然时隙块 A-0-14 和 B-1-14 位于不同的时隙组，但相邻时隙的间隔均为 6 个时隙，即每隔 187.5 ms 为 1 个时隙。

表 4-3　时隙组中的时隙间隔

重复率	分配时隙数/时元	间隔时隙数	间隔时间
15	32 768	3	23.4375 ms
14	16 384	6	46.8750 ms
13	8192	12	93.7500 ms
12	4096	24	187.5000 ms
11	2048	48	375.0000 ms
10	1024	96	750.0000 ms
9	512	192	1.50 s
8	256	384	3.00 s
7	128	768	6.00 s
6	64	1536	12.00 s

续表

重复率	分配时隙数/时元	间隔时隙数	间隔时间
5	32	3072	24.00 s
4	16	6144	48.00 s
3	8	12 288	1.6 min
2	4	24 576	3.3 min
1	2	49 152	6.4 min
0	1	98 304	12.8 min

(1) 时隙块与信息时间间隔。时隙块分配给相应节点报告信息，因此重复率表明报告间隔时间。Link 16 中应用最多的重复率数是 6、7 和 8，它们对应的报告间隔时间分别为 12 s、6 s 和 3 s。在重复率为 6 的时隙块中，每帧只有 1 个时隙。

(2) 时隙块与信息容量。时隙块不同，一个时元中时隙数量和时隙间隔就不同，单位时间内时隙块可传输的信息容量也不同。

对于时隙块 A-0-14 和 B-1-14，一个时元中时隙块有 16 384 个时隙。当采用 RS 编码时，每个时隙可以传送 225 bit，一个时元可以传送 225×16 384=3 686 400 bit，即每秒可以传送 4800 bit；当不采用 RS 编码时，每个时隙可传送 450 bit，一个时元可以传送 450×16 384 =7 372 800 bit，即每秒可以传送 9600 bit。

对于时隙块 C-0-12，一个时元中时隙块有 4096 个时隙。当采用 RS 编码时，一个时元可以传送 225×4096=921 600 bit，即每秒可以传送 1200 bit；当不采用 RS 编码时，一个时元可以传送 450×4096=1 843 200 bit，即每秒可以传送 2400 bit。

对子时隙块 C-4-11，当采用 RS 编码时，每个时元可以传送 225×2048=460 800 bit，即每秒可传送 600 bit；当不采用 RS 编码时，每个时元可以传送 450×2048=921 600 bit，即每秒可以传送 1200 bit。

Link 16 在采用 RS 编码时包括 2 个 4800 b/s 通道、1 个 1200 b/s 通道和 1 个 600 b/s 通道。Link 16 中的时隙分配就是将这些信道按照需求进行合理分配。

(3) 时隙块的互斥性。在对时隙进行时隙组划分并分配给 NPG 时，必须保证所划分的时隙组是互斥的，它们必须没有共同的时隙。

要确定同一时隙组中以 S_0 和 S_1 表示起始时隙、以 R_0 和 R_1 表示重复率的两个时隙块是否互斥的通用方法是将 S_0 标为索引数较大的时隙块，并进行如下计算：

$$\frac{S_0 - S_1}{2^{15-R_1}} \tag{4-2}$$

如果结果是一个整数，则说明两个时隙块存在一个交点，不是互斥的。

根据式(4-2)，可得到时隙块互斥情况如下：

① 不同时隙组中的时隙块是互斥的。

② 重复率相同但索引号不同的时隙块是互斥的。

③ 不论重复率是否相同，时隙索引数为奇数与时隙索引数为偶数的时隙块互斥。

④ 时隙组和索引数相同，但重复率不同的时隙块是不互斥的，其中重复率小的时隙块

是重复率大的时隙块的子集。

【例 4-1】 对于时隙块 A-7-12 与 A-3-13，取 $S_0=7$，$S_1=3$，$R_0=12$，$R_1=13$，代入式(4-2)得 $(7-3)/2^{15-13}=4/4=1$，结果为整数，则这两个时隙块不互斥。

【例 4-2】 对于时隙块 C-2-13 与 C-3-13，取 $S_0=3$，$S_1=2$，$R_0=13$，$R_1=13$，代入式(4-2)得 $(3-2)/2^{15-13}=1/4$，结果为非整数，则这两个时隙块互斥。

(4) 可用时隙块。为了尽量避免对航空无线电导航服务产生干扰，对于工作在 960～1215 MHz 频段的 Link 16 数据链系统，其工作时的时隙占空因数(TSDF)不能大于 40/20，即使用的时隙不能超过一个时元中总时隙的 40%，每个参与单元占用的时隙不能超过总时隙的 20%。

参照已有的资料，时隙块 A-0-14(包括 16 384 个时隙)、B-1-14(包括 1634 个时隙)、C-0-12(包括 4096 个时隙)和 C-4-11(包括 2048 个时隙)为可用时隙，其他时隙为不可用时隙，不参与时隙分配。

5) 二叉树原理

Link 16 采用二叉树方法，以时元为基本单位，将时元中的全部时隙每次二等分，逐次等分为多个时隙块，时隙块的时隙数为 2^n($n=0$，1，…，15)。采用二叉树方法可以保证时隙分配的公平性。

时隙组相同、时隙索引号相同、重复率不同的时隙块以树形结构相互关联，重复率大的时隙块包含重复率小的时隙块。例如，时隙块 A-0-14 的重复率为 14，每组中的时隙间隔为 1 个时隙，该时隙块包含时隙 A-0，A-2，A-4，A-6，…，A-32767。如果将这些时隙块平均分为两个，即时隙块 A-0-13 和 A-2-13，则重复率为 13，每组中的时隙间隔为 3 个时隙，两个时隙块分别包含时隙 A-0，A-4，…，A32764 和 A-2，A-6，…，A-32767。

记时隙块 A-0-15、B-0-15、C-0-15 的编码分别为 00、01、10。将时隙块按照二叉树的方法进行分解，每次分解将上一级时隙块按照奇偶分为以 0 和 1 标识路径的子时隙块。例如子时隙块 A-0-14 和 A-1-14 的路径标识分别为 000 和 001。再对子时隙块 A-0-14 中所包含的时隙块按照奇偶分为以 0 和 1 标识路径的子时隙块 A-0-13 和 A-2-13，这两个时隙块的路径标识分别为 0000 和 0001，同理，子时隙块 A-0-12 和 A-4-12 的路径标识分别为 00000 和 00001，子时隙块 A-64-8 和 A-256-6 的路径标识分别为 000000001 和 00000000001。类似地，子时隙块 B-0-14 和 B-1-14 的路径标识分别为 010 和 011，子时隙块 B-0-13 和 B-2-13 的路径标识分别为 0100 和 0101，子时隙块 B-0-12 和 B-4-12 的路径标识分别为 01000 和 01001 等。

把时隙块用路径标识来表示，则重复率为 R 的时隙块，其路径长度为 $L=15-R$。路径长度为 L 的时隙块所表示的时隙块大小为 2^{15-R}。

对于同一节点块(时隙数相等的块)，由路径标识可以求出它们所包含时隙之间的间隔大小。重复率为 R 的时隙块内时隙之间的间隔数为 $3\times 2^{15-R}$，起始时隙为 S_0 和 S_1 的两个重复率均为 R 的时隙块所包含时隙的最小间隔(BI)为

$$\mathrm{BI}=\min\{(S_1-S_0),\ 3\times 2^{15-R}+S_0-S_1\} \tag{4-3}$$

例如，路径标识为 000000 的时隙块 A-0-11 和路径标识为 000011 的时隙块 A-12-11，由式(4-3)计算可得 BI=12。

将两个具有相同重复率的时隙组所包含的时隙之间的最小间隔定义为时隙块之间的间隔。对于重复率分别为 R_1 和 R_2(假设 $R_1>R_2$)的两个时隙块，将重复率为 R_1 的时隙块分解为 $2^{R_1-R_2}$ 个重复率为 R_2 的子时隙块，这些子时隙块中与重复率为 R_2 的时隙块之间的最小间隔就是两个时隙块之间的间隔。

为时隙资源分配建立一个索引表(如表 4-4 所示)，将已经分配的时隙块的路径标识记录在索引表中。平台编号用 SDU1、SDU2、SDU3 等表示，平台位置用 P1、P2、P3 等表示。平台分配的多个时隙块用多条索引来表示，每个时隙块用其路径标识来记录。

表 4-4　时隙资源分配索引表

索引号	平台编号	平台位置	时隙块路径标识
1	SDU1	P1	A-256-6 000000001
2	SDU2	P2	A-128-7 00000001
3	SDU2	P2	A-0-6 000000000
4	SDU3	P3	A-64-8 0000001
⋮	⋮	⋮	⋮

6）时隙接入模式

对于不同的网络功能，Link 16 采用专用、竞争和预约等接入模式使用时隙。

(1) 专用接入模式。在专用接入模式中，时隙被固定分配给某个节点单独占用，其他节点无法占用。该节点若有信息发送，则在所分配的时隙上发送；若无信息发送，则所分配的时隙空闲。所分配的时隙数根据节点的数据量和应答时间需求而定。此类时隙呈周期性特点。专用接入模式的优点是为网络参与组内的每部 Link 16 终端预置了网络容量的大小，并保证至少在单网环境下不会产生传送冲突；其缺点是不能互换终端，且在飞机交接时存在问题。

(2) 竞争接入模式。在竞争接入模式中，指定一些连续时隙为公共时隙，由多个节点共享，每个节点根据业务到达情况从这些连续时隙中随机选取时隙。终端传送的频率取决于分配给该终端的存取速率。在该接入模式下，两个或多个节点可能同时占用时隙并发送信息，产生数据冲突，此时接收机将只接收离它最近的发射机的信号。当超出一定范围后，不同区域网络使用的时隙可以重用。竞争接入模式的优点是在该时隙段内每个终端得到相同的初始化参数，简化了网络设计且减小了网络管理的负担，而且终端可以互换；其缺点是可能存在数据碰撞，不能保证发送的信息能被正确接收。

(3) 预约接入模式。预约接入模式是以节点变化的容量需要为基础，为节点动态分配时隙。该模式对网络功能、节点规模的变化具有适应性，目的是不断满足变化的用户群的动态需求。重新分配时隙后，初始化期间预置的时隙分配方案将被代替。

在 Link 16 中，专用接入模式是主用模式，大多数 NPG 的业务以专用接入模式使用时隙，将战术数据及网络管理数据等业务数据的时隙分配给每个节点，而话音 NPG 的话音业务以竞争接入模式使用公共时隙。常用的时配分配方式有三种，即固定时隙分配，预约时隙分配和争用时隙分配。

(1) 固定时隙分配。固定时隙分配根据网络参与组以及每个参与组中参与单元的数量来确定时隙分配。每个网络参与组的时隙分配主要是从该功能网所承担的任务来考虑的。有些网内成员是执行任务的战斗机的，这些成员数量多，但发射信息较少，每个成员要占用的时隙数就较少，每帧只占用几个或几十个时隙，如空中巡逻的战斗机只需32～64个时隙。有些成员是执行监视、指挥和控制任务的，这些成员数量少，但发射信息频繁，每个成员要占用的时隙数较多。例如，一架E-2C飞机要完成空中预警任务，需要占用的时隙多达上千个；指挥控制通信中心要占用的时隙占网内总时隙的7%，为6800多个时隙。还有一些成员是空中接力站，它们需要将所收到的信息在下一个时隙转发出去，这些成员占用的时隙也比较多。一个网络参与组所需的时隙的数量，是每个成员完成该网络功能所需的时隙数量与该网络参与组内参与成员数量的乘积。

如果需要分配 L 个时隙，当 L 不是2时，将 L 分解为若干个2的整数次幂的和，即

$$L = a_0 2^0 + a_1 2^1 + \cdots + a_{14} 2^{14} \tag{4-4}$$

其中 a_0，a_1，…，a_{14} 为0或1。当 $a_i = 1(i=0, 1, 2, \cdots, 14)$时，为用户分配一个 2^i 大小的时隙块，通过为用户分配多个大小不一的时隙块来满足用户的发送要求。为用户分配多个时隙块时有多种选择，但为用户分配的时隙应当尽量均匀地分布在整个时隙周期中。因此，在选择多个时隙块的组合时，应当尽量选择同一个“树杈”上的块，因为对于同一级节点，同一个“树杈”上块的时隙间隔距离最大。

为用户分配时隙时，根据时隙资源分配索引表，选取尚未分配的可用时隙。选择可用时隙即是选择可用路径标识，可用路径标识的确定方法是判别它所代表的时隙组是否与已分配的时隙组有公共时隙。

(2) 预约时隙分配。预约时隙分配用户在进行时隙预约前，先监听信道一个周期(如1帧)的时间。在该周期内，根据节点业务需求量的变化，每个用户广播其预约请求信息。预约请求信息包括预约时隙数和预约帧数(该值指出当前所用的时隙还要被继续预约使用的帧数)。同时，预约请求信息被其他用户接收，从而获得网内其他用户的时隙需求以及时隙空闲情况信息。各用户采用相同的算法，分布式地计算出时隙状态表，根据时隙状态表中的信息，选择可用的预约时隙。若有空闲时隙，则可以成功预约；若无空闲时隙，则利用用户位置信息计算该用户与其他用户之间的距离，将距离该用户超过300 n mile(1 n mile=1852 m)的用户所占用的时隙设为空闲时隙，并对其进行复用。预约时隙的预约帧数为 R，即在预约时隙后的 R 个帧中使用该时隙，且每帧数 R 递减1，当 $R=0$ 时释放时隙。为保证预约时隙分配的动态性，一个时隙被预约的帧数不能太多。如果在一帧中需要多次发送报文，网内成员可以在一帧中预约多个时隙。

(3) 争用时隙分配。除传输数据外，Link 16还可以同时传输话音。在每个时隙内用于话音通信的时隙数达900多个，占总时隙数的57%。话音通信所使用的时隙是公用的，时隙的分配采用竞争接入模式。

在争用时隙分配中，当参与单元有数据时，直接在争用时隙上发送。若无冲突，则数据发送成功；若有冲突，则采用p-坚持型CSMA算法随机延迟若干个时隙后重新发送，直到发送成功，或消息由于延迟时间失效而被丢弃。

4.3.2 动态分配 TDMA 技术

在目前的战术环境中，用户预先分配固定的带宽，如 Link 16。因此，如果只有部分用户使用分配给它们的带宽，这些资源就必然被浪费。如果其他用户可接入这些未使用的带宽，则能够以更高的速率发送信息，从而提高信道利用率，进而提高网络吞吐量。

借鉴商用以太网 IEEE 802.1p 中将 QoS 机制扩展到链路层的做法，国外相关研究机构采用 TTNT 单一攻击场景作为未来航空网络的模型，将 QoS 扩展到链路层，开发了一种联合 QoS 和 DAMA 的动态 TDMA 接入协议。该协议使网络用户在每一个时隙的开头发送预约请求，且该时隙由与网络用户数相同的多个部分组成，从而保证不同用户的预约报文不存在冲突。各网络用户根据自身预约的时隙按需发送数据，并且在时隙预约和数据发送的过程中兼顾了数据的优先级和时效性，能够较好地满足不同网络用户的信息传输需求。

1. 协议中使用的数据结构

由于动态 IDMA 协议为分布式 TDMA 协议，每个节点将独立运行时隙分配算法，因此每个节点需要维护一些数据结构。

(1) 优先级。该协议将数据分组分为不同的优先等级，在接入信道时按不同的优先级进行处理。较高优先级分组的等待时间较小，即低优先级请求需等待至少 2 个时隙，中优先级请求需等待至少 1 个时隙，高优先级请求不需要等待。

(2) 缓冲队列。根据协议确定的数据分组优先级数 p，每个节点对应有 p 个数据分组缓冲队列，用于存储等待发送的数据。队列中的等待分组长度，称为队列状态。

(3) 请求数组。每个节点维护一个请求数组，记录当前本节点的 p 个队列状态。请求数组信息称为节点请求信息。

(4) 请求列表。每个节点维护一个请求列表，记录当前网络中 n 个节点的 p 个队列状态。

(5) 节点时隙分配数组。每个节点将自身发送时隙所对应的目的地址填入节点时隙分配数组中。

(6) 时隙分配列表。每个节点维护一个数据时隙分配列表，记录每个数据时隙节点的发送和接收情况，即某时隙哪些节点发送，哪些节点接收。

2. 协议的帧结构

为了使节点的数据传输具有按帧进行动态时隙分配的能力，动态 TDMA 协议设计了如图 4-1 所示的帧结构。每帧由 3 类时隙构成：1 个请求时隙、1 个导言时隙和 $m+n$ 个数据时隙(根据实际需求选择 m 的大小，具有一定的灵活性)。

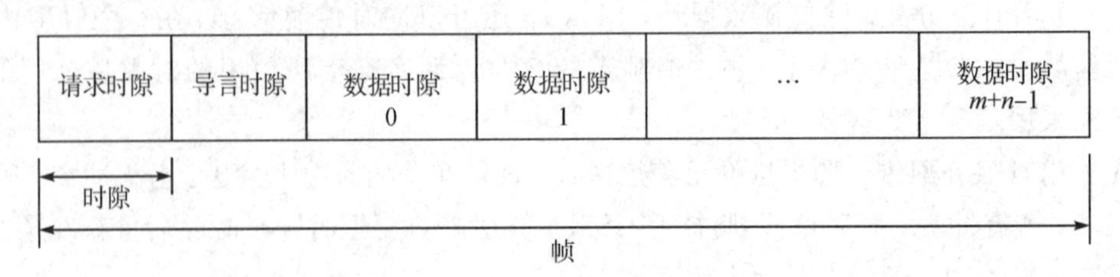

图 4-1 动态 TDMA 协议的帧结构

(1) 请求时隙(request time slot)由 n 个微时隙(mini-slot)组成，固定分配给 n 个节点。每个节点在其微时隙上发送自身的节点请求信息，广播队列状态反映该节点对时隙资源的需求。其他节点收到后更新请求列表。当请求时隙结束时，每个节点获得相同的请求列表。请求时隙为时隙的请求阶段。

(2) 导言时隙(preamble time slot)由 n 个微时隙组成，固定分配给 n 个节点。当请求时隙结束后，各节点基于最新的请求列表，运行时隙分配算法，得到本帧的时隙分配方案。然后，在相应的导言微时隙中广播节点的时隙分配算法。其他节点收到后更新时隙分配列表。当导言时隙结束时，网络中的每个节点均获得了向该节点传输分组的具体数据时隙信息。导言时隙为时隙的分配阶段。

(3) 数据时隙(data time slot)。按照时隙分配方案，在分配时隙相应节点发送相应优先级的数据分组。数据时隙的使用依据协议的优先级来处理：数据时隙 0 对应高优先级，数据时隙 1 对应中优先级，数据时隙 2 对应低优先级…以此类推。下一个同等优先级的数据时隙数等于当前时隙数加优先级数。因此，如果有 3 个优先级，那么从数据时隙 0 开始，每 3 个时隙包含 1 个高优先级；从数据时隙 1 开始，每 3 个时隙包含 1 个中优先级；从数据时隙 2 开始，每 3 个时隙包含 1 个低优先级。

TDMA 时隙的尺寸由分组尺寸和系统预期时延决定。

3. 时隙分配算法

时隙分配算法在各节点分布式地执行。

(1) 节点查询请求列表，各优先级请求队列总数为请求时隙数。

(2) 判断请求时隙数是否小于可用时隙数 $m+n$。如果请求时隙数大于可用时隙数，则基于队列中的等待分组长度，节点采用截短请求列表，即将请求列表中的请求时隙数截取为 $m+n$，超出的队列长度留待下次分配；如果请求时隙数小于可用时隙数，则将有一些为空闲时隙，请求列表就不会被截短。

请求列表的截短有两种策略：公平排队策略和严格优先排队策略。公平排队策略是基于优先级请求的比例顺序截取数据分组，而严格优先排队策略是按照全部高优先级请求→全部中优先级请求→全部低优先级请求的顺序截取数据分组。例如，假定一个 TDMA 帧由 10 个数据时隙组成，请求队列由 10 个高优先级请求和 10 个低优先级请求组成，则公平排队策略将依次选取两种优先级请求的前 5 个，而严格优先排队策略将选取全部 10 个高优先级请求。

截短列表确定后，也就确定了各级请求队列在可用数据时隙中的占用比例。

(3) 确定每个优先级请求分配多少个数据时隙后，将确定数据时隙如何分配给具有相同优先级的节点，从 0 号节点开始分配。除非各优先级请求均匀分配，否则不均匀的各优先级请求将导致时隙分配的不连续，大量空闲时隙使占用长度超出帧尺寸。这时，需要将后面的分配时隙向前搬移到空闲时隙。

基于公平排队和严格优先排队的时隙分配算法流程分别如图 4-2 和图 4-3 所示。

在基于公平排队的算法中，假设有高、中、低 3 种优先级请求，则高优先级请求的第一个分组被分配给数据时隙 0，第二个分组被分配给数据时隙 3，第三个分组被分配给数据时

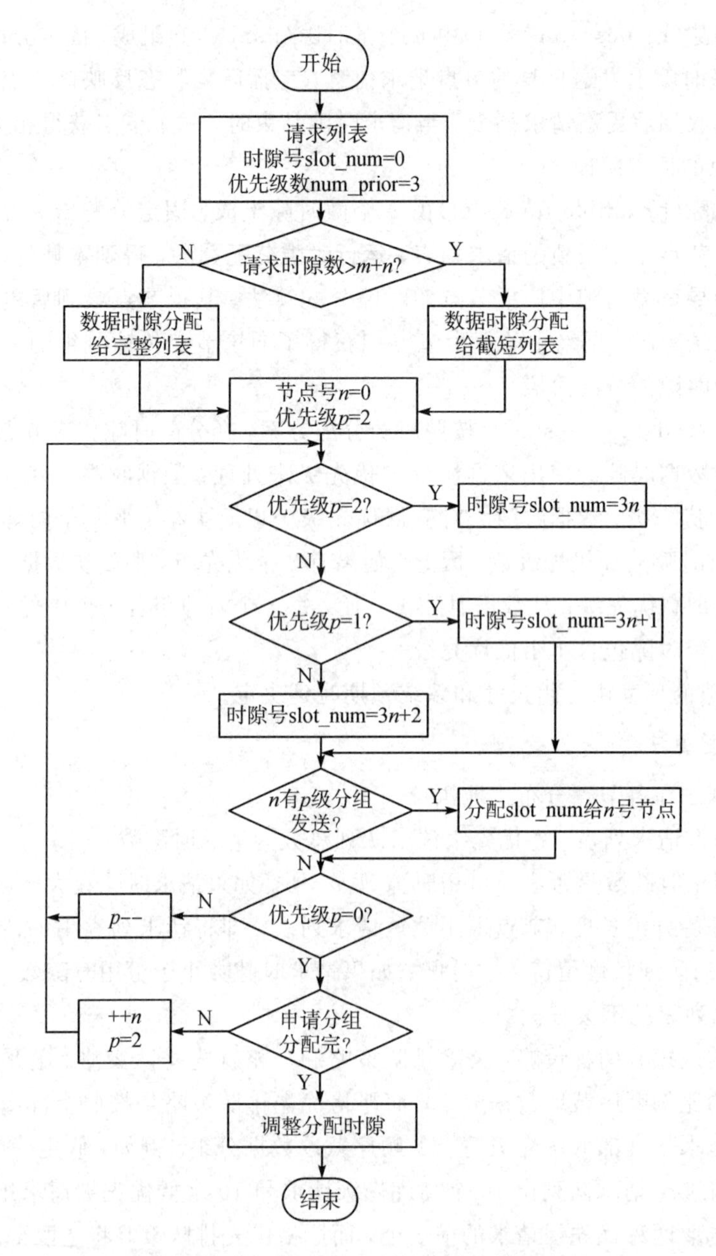

图 4-2　基于公平排队的时隙分配算法流程

隙 6…以此类推。由 0 号节点的高优先级请求开始，检测是否每个节点有高优先级分组要发送，依据算法确定分配级别。如果节点有高优先级分组要发送，则将其相应的数据时隙号和目的地址号填充在导言微时隙中发送。除导言微时隙外，每个节点记录有以前已分配的数据时隙以及节点对应的本地队列，除非请求在三种优先等级间均匀分配，否则时隙数将增加从而超出帧尺寸的大小。当此种情况发生时，时隙号将在时隙 0 附近变化，导言时隙用来确定第一个可用时隙号。由于导言时隙包括每个节点的传输信息，一旦分配给优先级的时隙号被指定，算法移向下一个较低优先级。这种分配数据时隙的方法，给较高优先级分组一定的优势来分配一帧中所有节点的不同优先等级请求。

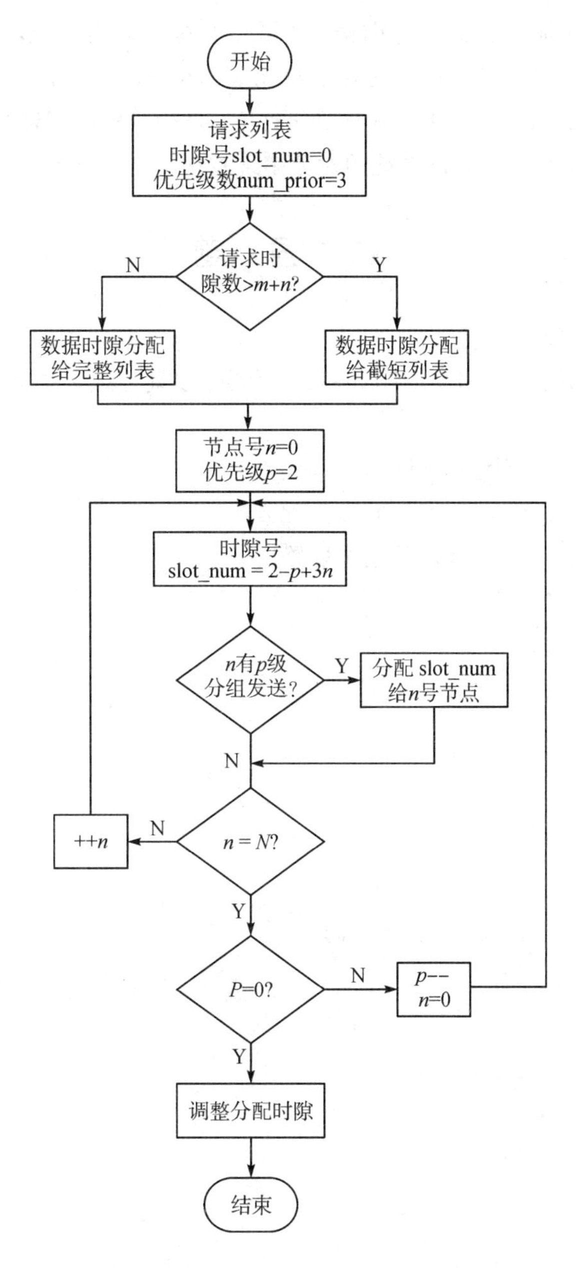

图 4－3　基于严格优先排队的时隙分配算法流程

与公平排队算法类似，严格优先排队算法只是在根据请求列表判断节点是否有数据发送时，首先从 0 号节点开始，检测每个节点中是否存在高优先级分组要发送，如果某节点有高优先级分组要发送，则将其相应的数据时隙号和目的地址号填充在导言微时隙中发送。然后再次从 0 号节点开始，检测每个节点中是否存在中优先级分组、低优先级分组要发送。

本章小结

本章介绍了构建数据链的组网技术——多址接入技术。首先，本章介绍了数据链多址接入技术的基本概念；随后介绍了轮询接入技术，在这部分内容中，首先介绍了轮询接入技术的基本原理和MAC协议，随后展开了对无线网络MAC协议、Ad Hoc网络的MAC协议、战术数据链的MAC协议的具体介绍和对比；最后分别就固定分配TDMA技术和动态分配TDMA技术介绍了数据链系统的时分多址技术。

思考题

1. 简述多址接入技术的定义。

2. 简述三大类无线网络MAC协议在接入策略、多址方式、协议特点和协议机制/算法等方面的联系与区别。

3. 简述时分多址技术的基本概念。

4. 简述固定分配TDMA技术的时隙分配方法。

5. 简述动态分配TDMA技术的基本思路。

第 5 章　数据链消息标准

经过几十年的发展，美军和北约各国开发了多种类型的数据链装备，相应的标准也不少。但随着军事需求的发展和技术的不断进步，有的数据链标准将被取代，有的数据链标准正在执行，有的数据链标准还在进一步制定中。本章将介绍国外典型数据链系统的消息标准，其中重点介绍国外 J 序列标准的格式和内容，它们属于通用标准。J 序列消息由固定消息格式（FMF）和可变消息格式（VMF）组成。

5.1　数据链消息标准概述

战术数据链消息标准是指为了实现与其他系统/设备的兼容和互通，该数据链系统/设备必须遵守的一套技术和程序参数。它包括数据通信协议和数据项实现规范，对数据链消息的结构、字格式、语义及数据处理方式等进行了规范化要求。

每一种战术数据链都有一套完整的报文规范。具有标准化的报文格式是战术数据链的一个重要特点。战术数据链采用的格式化报文类型有两种：面向比特的报文和面向字符的报文。

面向比特的报文就是指采用有序的比特序列来表示上下文信息。利用比特控制字段来构造信息并监督信息的相互交换。像 Link 4A，Link 11/11B，Link 16，Link 22 及 ATDL－1 等数据链就是采用面向比特的报文。

面向字符的报文则是指采用给定报文代码集合中所定义的字符结构来传送上下文信息，利用字符代码来构造数据并监督数据的相互交换。如美国报文文本格式（USMTF）、超视距目标导引等均采用面向字符的报文，而可变报文格式（VMF）虽然是面向比特的，但具有有限的面向字符的字段。

就面向比特的报文而言，主要有固定格式、可变格式和自由正文 3 种类型。固定格式报文中所含数据长度总是固定的，并且规定的标识符识别各种用途报文的格式和类型，它是数据链的主要报文形式，如 Link 11/Link 11B 采用的 M 序列报文、Link 4A 采用的 V 和 R 序列报文、Link 16 采用的 J 序列报文、Link－22 采用的 F 和 F/J 序列报文、ATDL－1 采用的 B 序列报文等都是固定格式报文。可变格式报文类似于固定格式报文，但其报文的内容和长度是可变的，如 VMF 采用的 K 序列报文。自由正文没有格式限制，报文中的所有比特都可作为数据，主要用于数字语音交换。由于不同的数据链采用不同的消息标准，因此，不同的数据链之间不能直接互通信息。

5.2　Link 16 消息标准

Link 16 与其他战术数据链一样，也是按照规定的报文格式传递信息的。这些报文格式由多组有序排列的字段组成，在每个字段内，被传递的具体信息按指定格式编写成规定的二进制值。TADIL J 参与设备彼此间利用 Link 16 交换的报文，称之为 J 序列报文。

5.2.1　消息类别

每个 J 序列报文格式都通过标识符和子标识符进行识别。标识符由 5 位组成，最多可以定义 32 种特殊格式；子标识符由 3 位组成，可以对每个已定义的格式再细分为最多 8 个子类。因此，所有标识符和子标识符一共可定义 256 种格式。在 J 序列报文中，有些反映友军状况、监视、电子战和武器部署，这点与 M 序列报文相似；有些与 V 序列中反映空中管制的报文相似。J 序列报文类目详见表 5－1。

表 5－1　J 序列报文类目

消息大类	消息编码	消息子类	消息大类	消息编码	消息子类
网络管理	J0.0	初始输入	监视	J3.0	基准点
	J0.1	测试		J3.1	应急点
	J0.2	网络时间校正		J3.2	水面跟踪
	J0.3	时隙分配		J3.3	水面跟踪
	J0.4	无线电中继控制		J3.4	水下跟踪
	J0.5	二次传播中继		J3.5	陆基点或跟踪
	J0.6	通信控制		J3.6	空间轨迹
	J0.7	时隙再分配		J3.7	电子战产品信息
	J1.0	连接询问	反潜战	J5.4	声方位与距离
	J1.1	连接状态	情报	J6.0	情报信息
	J1.2	建立路径	信息管理	J7.0	跟踪信息
	J1.3	确认		J7.1	数据修正请求
	J1.4	通信状态		J7.2	校正
	J1.5	初始化网络控制		J7.3	指示器
	J1.6	指定必要的参与群		J7.4	跟踪识别器
准确定位与识别(PPLI)	J2.0	间接接口设备PPLI		J7.5	敌我识别/选择性识别管理
	J2.2	空中PPLI		J7.6	筛选器管理
	J2.3	水下PPLI		J7.7	联系
	J2.4	水上PPLI		J8.0	单元指示器
	J2.5	陆基点PPLI		J8.1	任务相关改变
	J2.6	陆上PPLI			

续表

消息大类	消息编码	消息子类
武器协调与管理	J9.0	指挥
	J9.1	TMD 交战指挥
	J9.2	ECCM 协调
	J10.2	作战状况
	J10.3	交接
	J10.5	控制设备报告
	J10.6	组配
控制	J12.0	分配任务
	J12.1	航向
	J12.2	飞机的准确方位
	J12.3	飞行航迹
	J12.4	改变控制设备
	J12.5	目标/跟踪相关
	J12.6	目标分类
	J12.7	目标方位
平台与系统状态	J13.0	机场状态报文
	J13.2	空中平台与系统状态
	J13.3	水面平台与系统状态
	J13.4	水下平台与系统状态
	J13.5	地面平台与系统状态
电子战	J14.0	参数信息
	J14.2	电子战控制/协调
威胁警告	J15.0	威胁报警
气象	J17.0	目标上空的气象
国家使用	J28.0	美国 1(陆军)
	J28.1	美国 2(海军)
	J28.2	美国 3(空军)
	J28.3	美国 4(海军陆战队)
	J28.4	法国 1
	J28.5	法国 2
	J28.6	美国 5(国家安全局)
	J28.7	英国 1
	J29.0	(保留)
	J29.1	英国 2
	J29.3	西班牙 1
	J29.4	西班牙 2
	J29.5	加拿大
	J29.7	澳大利亚
	J30.0	德国 1
	J30.1	德国 2
	J30.2	意大利 1
	J30.3	意大利 2
	J30.4	意大利 3
	J30.5	法国 3(陆军)
	J30.6	法国 5(空军)
	J30.7	法国 6(海军)
其他	J31.0	高空二次进入管理
	J31.1	高空二次进入
	J31.7	未说明

在舰载系统中，指控处理器接到战术系统发出的 N 序列报文后，按照标准数据模式生成 J 序列报文；在机载系统中没有指控处理器，J 序列报文的处理工作直接由任务计算机承担。此外，指控处理器还具有另一种功能，即转发 Link 11 和 Link 16 的数据。

5.2.2 消息格式

J序列格式化消息的基本单元是消息字，每一条消息由不超过8个消息字组成，每个字由75 bit构成，其中包含5 bit的校验字段。字的类型分为3种：起始字、扩展字和继续字。起始字包含了基本的和重要的战术信息，扩展字包含了补充起始字的战术信息，继续字则包含了附加和特定需求的战术信息。每条J序列消息有且只能有一个起始字，可以没有或者有多个扩展字和继续字。三种字的排列顺序必须按照先起始字，再继续字，最后扩展字的顺序排列。当有多个扩展字时，扩展字的顺序不能改变。当有多个继续字时，继续字的顺序可以改变。J序列消息字格式如图5-1所示。

74…70	69…13	12 11 10	9 8 7	6…2	1 0
检错码	信息字段	消息长度指示符	消息类子标识字段	消息类标识字段	00

(a) 起始字

74…70	69…2	1 0
检错码	信息字段	10

(b) 扩展字

74…70	69…7	69…2	1 0
检错码	信息字段	继续字标识	01

(c) 继续字

图5-1 J序列消息字格式

(1) 起始字：起始字确定了消息的基本数据，并确定了起始字之后跟随的扩展字和继续字的总数。每个起始字包括2 bit字格式、5 bit消息类别标识字段、3 bit消息类别子标识字段、3 bit消息长度指示符、67 bit信息字段和5 bit检错码。其中，当字格式为00时表示起始字；当字格式为01时表示继续字；当字格式为10时表示扩展字；当字格式为11时表示可变消息格式。

(2) 扩展字：当消息长度超过起始字的有效长度时，就会为起始字配备扩展字用来补充起始字的战术信息，其中包括2 bit字格式、68 bit信息字段和5 bit检错码。

(3) 继续字：当有附加和特定需求的战术信息时，需要配备继续字，它根据交换协议和信息交换要求选择数据。继续字包括2 bit字格式、5 bit继续字标识、63 bit信息字段和5 bit检错码。其中，5 bit继续字标识可表示32种不同的继续字，也正是因为有继续字标识存在，所以当一条消息中有多个继续字时，继续字的顺序可以变动。

J序列消息中每一个字的组成元素称为数据元素，数据元素的组成及含义是消息标准对消息字内部的规范化要求。所有数据元素的集合称为数据元素字典，其中给出了所有数据元素的语义和表现形式。数据元素字典采用两级索引方式实现，主要由数据域标识符

(DFI)、数据使用标识符(DUI)和数据项(DI)组成。每个数据元素都由一组由 DFI 和 DUI 号码组成的数字唯一标识。DFI 是数据元素字典的一级分类索引，在它的下面有多个 DUI，一个 DUI 包含多个 DI(即数据元素的具体取值)。数据元素提供了消息内容的二进制编码。

例如，能见度数据元素的 DFI 编码为 767，DUI 编码为 003，其在数据元素中的语义和表现形式如图 5-2 所示。

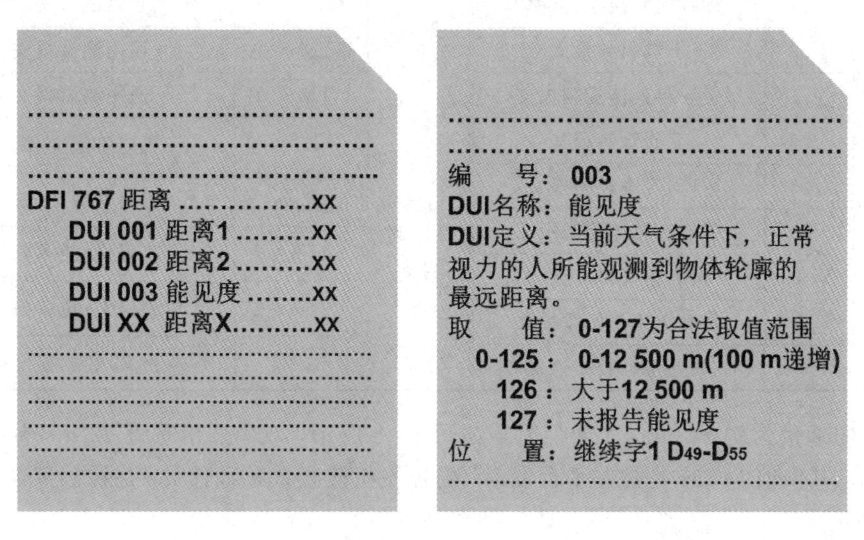

图 5-2　能见度数据元素的语义和表现形式

5.3　Link 4A/Link 11 消息标准

美军数据链体系经过 60 多年时间的发展，制造了 40 余种数据链装备。空间层面有卫星广域数据链、战区通用数据链和军兵种专用数据链；功能层面有信息分发链、指挥控制链和武器协同控制链；应用层面有美军专用、与北约各国联合研发与盟友共同使用的数据链。对于各系列的数据链，美军通常以 TADIL(战术数字信息链路)来描述，而北约各国通常用 Link 系列数据链路来表示。其中，应用比较广泛的数据链有 Link 4A、Link 11、Link 16 和 Link 22 等。

5.3.1　Link 4A 消息标准

Link 4A 的工作模式分为单向链路和双向链路。单向链路指的是控制站采用广播方式向受控飞机发送控制消息(如航向、速度、高度等指令和目标数据等)，受控飞机只接收、不发送信息；双向链路指的是控制站向受控飞机发送控制消息，而受控飞机则用应答消息(如飞机位置、燃料与武器状况以及自身传感器跟踪数据等)作为响应。

Link 4A 的控制报文为 V 序列报文，具有双向通信能力的飞机发出的应答报文为 R 序列报文。表 5-2 列出了 Link 4A 能够实现的 V 序列报文(控制报文)和 R 序列报文(应答报文)。

表 5-2　Link 4A 的控制报文和应答报文

报文编号		报文类型
V 序列报文	V.0A	有地址的样本报文
	V.0B	无地址的样本报文
	V.1	目标数据交换报文(海军)
	V.2	飞机引导报文
	V.3	引导与具体控制报文
	V.5	交通管制报文
	V.6	自动着舰控制报文
	V.9	引导与具体控制报文
	V.18	精确指挥最终报文
	V.19	精确指挥初始段报文
	V.31	惯导系统校准报文

报文编号		报文类型
V 序列报文	V.3121	突击控制报文
	MCM-1	测试报文
	MCM-2	测试报文
	UTM-3A	通用测试报文
	UTM-3B	通用测试报文
R 序列报文	R.0	飞机应答报文(海军)
	R.1	飞机应答报文(海军)
	R.3A	应答报文(战术数据)
	R.3B	应答报文(位置报告)
	R.3C	应答报文(目标速度报告)

以双向通信为例，Link 4A 通信时隙如图 5-3 所示，双向通信时每 32 ms 为一个消息传送周期，其中前 14 ms 是控制平台发射，受控飞机接收；而后 18 ms 是控制平台接收，受控飞机发射。

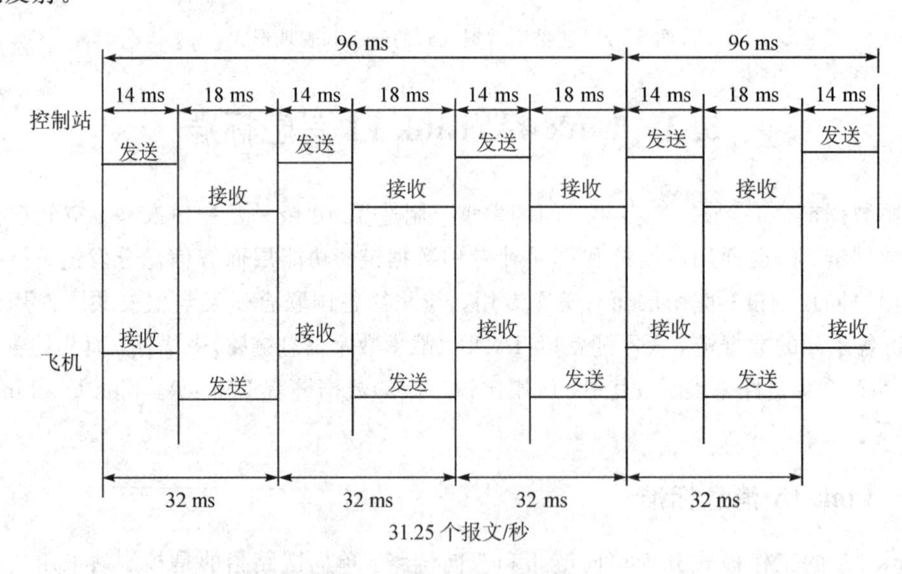

图 5-3　Link 4A 通信时隙

在接到控制报文后，编址的飞机不会立即发射应答报文，而是滞后片刻再发射。在发送期内，发送控制报文的时间间隔为 14 ms。发送应答报文的时间间隔仅为 11.2 ms，而分配给飞机的应答时间为 18 ms，这个 6.8 ms 的时差属于无线电信号从控制站传送到飞机和飞机发出的应答信号返回控制站的时间。该时差的电波传送距离为 550 n mile，换言之，飞机与控制站间的距离应在 550 n mile 内。如果超出这个距离，控制站在接收应答信号和发送下一个控制报文间就会出现干扰现象。

在发送期内，控制站数据终端设备发送 1 次带有飞机地址的控制报文。在接收期内，收信飞机为回答控制报文发送 1 次应答报文。飞机只有在接收到控制报文后才会发送应答报文；而在没有接收到控制报文的情况下，是不会发送应答报文的。

Link 4A 消息格式由同步脉冲串、保护间隔、起始位、数据信息、发射非键控位 5 个不同部分组成，如图 5-4 所示。

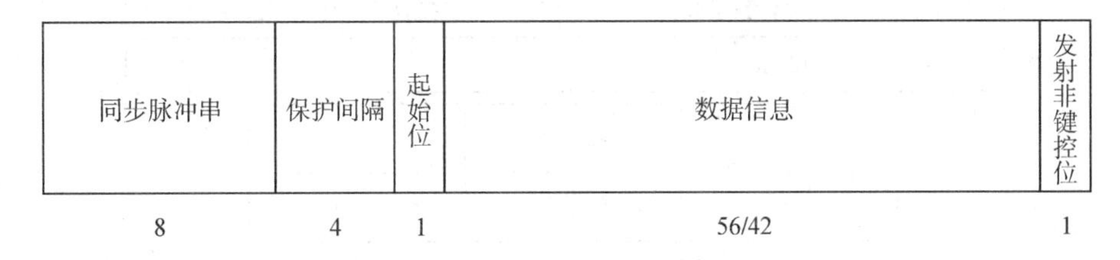

图 5-4　Link 4A 消息格式

同步脉冲串作为起始部分，兼有两项功能：一是提供了信号输出的恒定；二是使得数据终端接收设备与数据终端发射设备的位定时同步。

保护间隔和起始位合称前置码。前置码紧跟同步脉冲串，表示实际报文传输的开始。控制消息和应答消息的前置码均相同。

数据信息之后是发射非键控位，它占用消息的最后一个时隙。在最后一个时隙之后，发射机的射频关闭，系统转入接收状态。

尽管 4A 号数据链发送的报文没有经过加密处理，但报文定义及其执行程序是保密的。报文中的具体信息和控制报文顺序，可以在美国海军、美国参谋长联席会议和北约国家组织颁布的下列三个文件中找到出处：

4A 号链路操作规范第 OS-4041 号；

战术数据信息链(TADL)报文标准第 JCS PUB6-012 号；

北约组织(NATO)军用标准局(MAS)的标准化协议(STANAG)、类目：用于飞机控制的战术数据链—4A 号数据链，STANAG 5504。

5.3.2　Link 11 消息标准

Link 11 又被美军称为"战术数字信息链路 A"，主要用于实现舰艇和飞机之间实时地交换预警信息、指挥控制指令以及交换目标数据等功能，舰艇之间通信距离可达500 km，舰艇与飞机间通信距离可达 300 km。为适应陆地环境，在 Link 11 基础上又开发了 Link 11B，采用无线和有线线路传输，用于地面雷达和防空部队等单位传输和交换空中目标的相关信息。

Link 11 采用 M 序列报文，每个消息包含 48 bit 战术信息，被分为两帧数据帧进行发送，每帧数据包含 24 bit 信息字段和 6 bit 检错码，如图 5-5 和图 5-6 所示。信息发送时在信息数据帧前加上前置码、相位基准以及起始码，在信息数据帧后加上停止码和前哨站地址码。Link 11 采用轮询工作方式，发送信息中的前哨站地址码代表接下来要发送自身战术信息的前哨站的地址。

<table>
<tr><td>0</td><td>1</td><td>2</td><td>3</td><td>4</td><td>5</td><td>6</td><td>7</td><td>8</td><td>9</td><td>10</td><td>11</td><td>12</td><td>13</td><td>14</td><td>15</td><td>16</td><td>17</td><td>18</td><td>19</td><td>20</td><td>21</td><td>22</td><td>23</td></tr>
<tr><td colspan="4">报文编号字段</td><td colspan="7">接口单元字段</td><td colspan="13">有效编码字段</td></tr>
<tr><td colspan="4">4 bit</td><td colspan="7">7 bit</td><td colspan="13">13 bit</td></tr>
<tr><td>24</td><td>25</td><td>26</td><td>27</td><td>28</td><td>29</td><td>30</td><td>31</td><td>32</td><td>33</td><td>34</td><td>35</td><td>36</td><td>37</td><td>38</td><td>39</td><td>40</td><td>41</td><td>42</td><td>43</td><td>44</td><td>45</td><td>46</td><td>47</td></tr>
<tr><td colspan="12">发送消息计数字段</td><td colspan="12">接收消息计数字段</td></tr>
<tr><td colspan="12">12 bit</td><td colspan="12">12 bit</td></tr>
</table>

<table>
<tr><td rowspan="2">Link-11消息</td><td colspan="2">第一帧</td><td colspan="2">第二帧</td></tr>
<tr><td>信息位</td><td>检错码</td><td>信息位</td><td>检错码</td></tr>
<tr><td>占用比特位置</td><td>0～23</td><td>24～29</td><td>0～23</td><td>24～29</td></tr>
<tr><td>占用比特数</td><td>24</td><td>6</td><td>24</td><td>6</td></tr>
</table>

图 5－5　Link 11 消息结构

前置码 (5帧)	相位基准 (1帧)	起始码 (2帧)	数据 (可变)	停止码 (2帧)	前哨站 地址码 (2帧)

图 5－6　Link 11 的数据传输帧结构

表 5－3 中给出了 Link 11 所用 M 序列报文的详细描述。

表 5－3　Link 11 M 序列报文

M. 0	测试消息
M. 1	数据参考位置消息
M. 81	数据参考位置放大消息
M. 2	空中航迹位置消息
M. 82	空中航迹位置放大消息
M. 3	水面航迹位置消息
M. 83	水面航迹位置参考放大信息
M. 4A	反潜战初级消息
M. 84A	反潜战初级放大消息
M. 4B	反潜战二级消息
M. 4C	反潜战初级声呐消息
M. 84C	反潜战初级声呐放大消息
M. 4D	反潜战方位消息
M. 84D	反潜战方位放大消息
M. 5	特殊点位置消息

续表

M. 85	特殊点位置放大消息
M. 6A	电子对抗侦听数据消息
M. 6B	电子支援措施初级消息
M. 86B	电子支援措施初级放大消息
M. 6C	电子支援措施参数消息
M. 86C	电子支援措施参数放大消息
M. 6D	电子战协同控制消息
M. 86D	电子战协同控制放大消息
M. 9A	管理消息(信息)
M. 9B	管理消息(配对/联合/相关)
M. 9C	管理消息(点)
M. 9D	管理消息(11 号链路监视)
M. 9E	管理消息(支持消息)
M. 9F(0)(AC=0)	管理消息(概率区基本消息)
M. 89F(AC=0)	管理消息(概率区基本放大消息)
M. 9F(1)(AC=1)	管理消息(概率区二级消息)
M. 9G	数据链参考点位置消息
M. 10A	战机控制消息
M. 10B	战机任务状态消息
M. 10C	反潜战战机状态消息
M. 10D	敌我识别/选择性识别特征消息
M. 11M	电子战/情报消息
M. 811M	电子战/情报放大消息
M. 12	国家消息
M. 12. 31	时间消息
M. 13	全球国家消息
M. 14	武器/作战状态消息
M. 15	命令消息

5.4 Link 22 消息标准

Link 22 采用 STANAG 5522 定义的 F 或 F/J 序列报文标准。F 序列报文分为 10 大类和 71 小类，F/J 序列报文分为 8 大类和 24 小类，详细分类见表 5－4 和表 5－5。

表 5-4 Link 22 F 序列报文

报文/字编号	报文/字标题(中文)	报文/字标题(英文)
F00.1-0	电子战 方位字首	EW Bearing Initial
F00.1-1	电子战 定位字首	EW Fix Initial
F00.1-2	电子战 位置	EW Position
F00.1-3	电子战 放大	EW Amplifying
F00.2-0	电子战 概率范围区字首	EW Area of Probability Initial
F00.2-1	电子战 概率范围区	EW Area of Probability
F00.3-0	电子战 发射机和电子对抗措施	EW Emitter and ECM
F00.3-1	电子战 频率	EW Frequency
F00.3-2	电子战 PD/PRF/扫描	EW PD/PRF/Scan
F00.3-3	电子战 平台	EW Platform
F00.4-0	电子战 协调字首	EW Coordination Initial
F00.4-1	电子战 相关	EW Association
F00.4-2	电子战 协调 ECM	EW Coordination ECM
F00.4-3	电子战 协调发射控制	EW Coordination Emission Control
F00.7-0	频率分配	Frequency Allocation
F00.7-1	网络媒介参数	Network Media Parameters
F00.7-3	网络管理命令	Network Management Order
F00.7-3P	带参数的网络管理命令	Network Management Order with Parameters
F00.7-5	无线电静默命令	Radio Silent Order
F00.7-6	网络状态	Nerwork Status
F00.7-7	任务领域子网的网络状态	MASN Nerwork Status
F00.7-7C	任务领域子网的创建	MASN Create
F00.7-7M	任务领域子网的修改	MASN Modify
F00.7-10	密钥滚动	Key Rollover
F01.0-0	敌我识别(IFF)	IFF
F01.4-0	声定向/声测距(Resolved)	Acoustic Brg/Rng Resolved
F01.4-1	声定向/声测距模糊(Ambiguous)	Acoustic Brg/Rng Ambiguous
F01.5-0	声定向/声测距放大	Acoustic Brg/Rng Amplification
F01.5-1	声定向/声测距传感器	Acoustic Brg/Rng Sensor
F01.5-2	声定向/声测距频率	Acoustic Brg/Rng Frequency
F01.6-0	基本命令	Basic Command
F01.6-1	命令扩展	Command Extension
F01.6-2	空中协调	Air Coordination
F02.0-0	间接 PLI 放大	Indirect PLI Amplification

续表一

报文/字编号	报文/字标题(中文)	报文/字标题(英文)
F02.1-0	PLI 敌我识别	PLI IFF
F02.2-0	空中 PLI 航向和速度	Air PLI Course and Speed
F02.2-1	空中 PLI 附加任务相关器	Air PLI Additional Mission Correlator
F02.3-0	海上 PLI 航向和速度	Surface PLI Course and Speed
F02.3-1	海上 PLI 任务相关器	Surface PLI Mission Correlator
F02.4-0	水下 PLI 航向和速度	Subsurface PLI Course and Speed
F02.4-1	水下 PLI 任务相关器	Subsurface PLI Mission Correlator
F02.5-0	地面上点的 PLI 连续	Land Point PLI Continuation
F02.5-1	地面上点的 PLI 附加任务相关器	Land Point PLI Additional Mission Correlator
F02.6-0	地面轨迹 PLI 航向和速度	Land Track PLI Course/Speed
F02.6-1	地面轨迹 PLI 任务相关器	Land Track PLI Mission Correlator
F02.7-0/7	ANFTTBD	ANFTTBD
F03.0-0	参考点字首	Reference Point Initial
F03.0-1	参考点位置	Reference Point Position
F03.0-2	参考点航向和速度	Reference Point Course/Speed
F03.0-3	参考点中心线	Reference Point Axis
F03.0-4	参考点分段	Reference Point Segment
F03.0-5	参考点反潜	Reference Point Antisubmarine
F03.0-6	参考点友方武器危险区	Reference Point Friend Weapon Danger Area
F03.0-7	参考点战区弹道导弹防御	Reference Point Theater Ballistic Missile
F03.1-0	紧急地点字首	Defense Emergency Point Initial
F03.1-1	紧急地点位置	Emergency Point Position
F03.4-0	ASW 联系信息	ASW Contact Information
F03.4-1	ASW 联系证实	ASW Contact Confirmation
F03.5-0	地面轨迹/点的字首	Land Track/Point Initial
F03.5-1	地面轨迹/点的位置	Land Track/Point Position
F03.5-2	地面非实时轨迹	Land Non-Real-Time Track
F03.5-3	地面轨迹/点的 IFF	Land Track/Point IFF
F1-0	间接 PLI 位置	Indirect PLI Position
F1-1	PLI 位置	PLI Position
F2	空中航迹位置	Air Track Position
F3	海上航迹位置	Surface Track Position
F4-0	水下航迹位置	Subsurface Track Position
F4-1	水下航迹的航向和速度	Subsurface Track Course and Speed

续表二

报文/字编号	报文/字标题(中文)	报文/字标题(英文)
F5-0	空中航迹的航向和速度	Air Track Course and Speed
F5-1	海上航迹的航向和速度	Surface Track Course and Speed
F6	EW 紧急情况	EW Emergency
F7	备用(可能用于 SWUTT)	

表 5-5 Link 22 F/J 序列报文详细分类表

报文/字编号	报文/字标题(中文)	报文/字标题(英文)
FJ3.0	参考点	Reference Point Message
FJ3.1	应急点	Emergency Point Message
FJ3.6	空间轨迹	Space Track Message
FJ6.0	情报	Intelligence Message
FJ7.0	轨迹管理	Track Management Message
FJ7.1	数据更新请求	Data Update Request Message
FJ7.2	相关	Correlation Message
FJ7.3	指示器	Pointer Message
FJ7.4	轨迹标识符	Track Identifier Message
FJ7.5	IFF/SIF 管理	IFF/SIF Management Message
FJ7.6	过滤器管理	Filter Management Message
FJ7.7	相关	Association Message
FJ8.0	单元指示器	Unit Designator Message
FJ8.1	任务相关器改变	Mission Correlator Change Message
FJ10.2	交战状态	Engagement Status Message
FJ10.3	移交	Handover Message
FJ10.5	控制单元改变	Controlling Unit Change Message
FJ10.6	配对	Pairing Message
FJ13.0	机场状态	Airfield Status Message
FJ13.2	空中平台和系统状态	Air Platform & System Status Message
FJ13.3	海上平台和系统状态	Surface Platform & Status Message
FJ13.4	水下平台和系统状态	Subsurface Platform &System Status Message
FJ13.5	地面平台和系统状态	Land Platform & System Status Message
FJ15.0	威胁告警	Threat Warning Message
FJ28.2(0)	文本报文	Text Message

Link 22 采用专为 Link 22 设计的单独的 F 序列报文和仿效 70 bit J 序列报文的 F/J 序列报文。F 序列报文格式采用 72 bit 字，可传送固定格式报文。F/J 序列报文可以嵌入式地携带 J 序列报文，由 J 序列报文加上 2 bit 的标识构成。F 序列报文和 J 序列报文采用相同的数据元素和大地坐标系，简化了 Link 22 和 Link 16 之间的数据转发。F 序列报文和 F/J 序列报文具有基本相同的数据元素定义，Link 22 F/J 序列报文格式如图 5-7 所示。

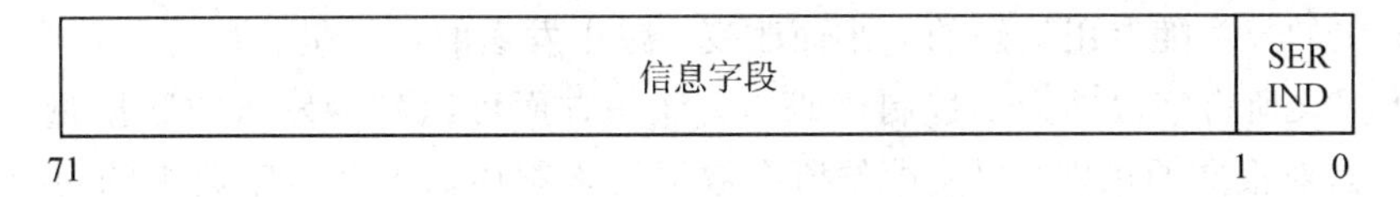

图 5-7　Link 22 F/J 序列报文格式

F 序列报文与 F/J 序列报文由 SER IND 字段来区分，F 序列报文与 F/J 序列报文的区别操作流程如图 5-8 所示。

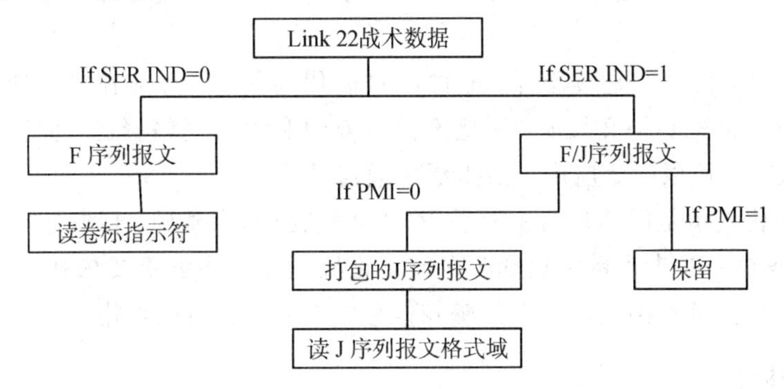

图 5-8　Link 22 F 序列报文与 F/J 序列报文的区别流程

Link 22 中的 F/J 序列字的编号规则与 J 序列报文在 Link 16 中的编号规则完全相同，只是在 Link 22 中在 Jxx. x 的 J 前加上 F。

5.5　VMF 消息标准

可变消息格式(VMF)最早是美国陆军使用，随着 VMF 概念的发展，VMF 的使用已经扩展到所有的作战功能领域，VMF 已在陆军、海军和空军的信息系统中得到广泛应用。

5.5.1　概述

VMF 标准是一种主要应用于陆军指挥控制系统中的信息格式标准，包括信息编码和报文格式两大部分，它是为带宽受限的战场环境近实时传输指挥控制代码信息而制定的一种可变长度的分组报文格式。该标准具有报文长度可变、计算机可自动识别与处理、报文传输近实时性、适用于网络资源受限的战场环境等特点。VMF 报文目前主要应用于FBCB2 系统，该系统可用于连接战术互联网及陆军战术指挥控制系统的其他组成部分，其主要的传输媒介为分组无线网。分组无线网的无线链路的特点一是带宽窄，传输时延大；二是错误突发(无线链路易受干扰，存在多径衰落)；三是信道时变，通信行为随时间地点的变化而变化。因此，一方面要求传输尽可能少的二进制代码，提高无线信道的信息传输效率，并要保证信息的实时性与可靠性；另一方面要求所传输的信息内容应能满足多军兵种协同作战的需要，能够与其他军兵种战术数据链实现信息的转发，实现各军兵种之间的战场信息共享。

为了适应战场网络带宽受限及无线链路的特点，VMF 数据链采用了如下措施。

(1) VMF 报文使用灵活的语法(主要为指示器字段)规定了报文文本的格式，这些语法(指示器字段)对于每个用户都是透明的。指示器字段允许用户只发送那些包含必要信息的字段，使报文的长度随有用信息的大小而改变，减小发送的数据量。

(2) 将报文所有字段编为二进制代码。这样一方面可以减少发送的数据量，另一方面也有利于机器对报文的识别。报文中的所有数据元素都由数据元素字典中的两个索引唯一地标识，这样报文数据单元便与一组由两个索引组成的数组一一对应起来，给用户提供了一个对数据元素字典的快速索引。编码方式及数据元素字典对于每个用户也是透明的。

(3) 采用 UDP 协议传输，由应用层(47001 协议)的分段/重组协议保证报文数据的可靠传输。

由于 VMF 报文传递的是机器可识别的二进制代码信息，并能在实际应用中根据报文内容调整报文具体格式和报文长度，因此不仅有效地利用了网络资源，同时也增强了报文的适应性和效能性，可以广泛应用于战术数字通信系统。

未来的数字化战争是以信息为主要手段、以信息技术为基础、以数字化部队为主体的作战。VMF 数据链将是未来数字化部队在数字化战场作战中的重要依托。VMF 技术在完成实时地传输战场指挥控制代码和态势感知信息中起到了关键的作用。

5.5.2 报文格式

为了满足各类信息的传输需要，同时又尽可能减少报文的长度，VMF 报文采用可选参数的方式，根据不同的传输要求构造不同长度的报文。如暂停火力命令可以表示为

暂停火力＝暂停类型，命令，[目标号，]URN[有效时间，[发射台消息序号，]][URN 实体 ID 序号，时间]

其中，[]中的内容表示是可选项，在 VM 报文 F 中利用特定的“出现指示”比特来表示相应的字段是否出现。

1. 报文描述通用格式

VMF 报文描述对于每个用户都是透明的，每个 VMF 报文都是由一个功能区域指示器(FAD)和报文号的有效联合来进行标识的，每一个单独的报文描述都定义了一个可变报文格式。VMF 标准使用报文标题、报文功能、索引编号、数据域标识符/数据使用标识符(DFI/DUI)、DUI 名、比特、类型、分组码、重复码和判决、解释等描述了 VMF 报文的信息主格式。如图 5-9 给出了 VMF 报文描述的通用格式。如果实际的报文构造允许有可选择项出现和重复，则报文描述将包括出现和重复指示器。

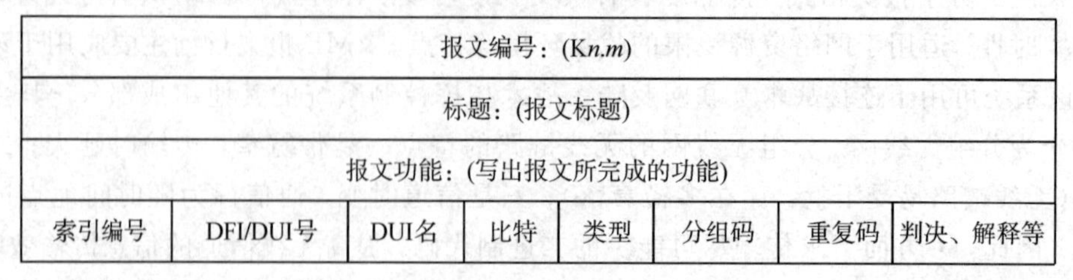

图 5-9　VMF 报文描述的通用格式

标题指明了报文的大概含义，报文功能描述了报文所要完成的功能，索引编号是对报文中出现的字段的编号。DFI/DUI 号通过数据域标识符和数据使用标识符数字来标识数据元素。这些数字提供了对数据元素字典的一个快速参考。DUI 名是对 DUI 概念的一种表示方法，由比特字段标识 DUI 的长度。类型字段用来标识那些强制性的信息或是语法字段。分组码表示一个信息的逻辑分组，该分组在执行时作为 G 组，报文中的 G 组将用符号 GN 来表示，此处 N 表示分组编号(例如：G1 表示报文中的第一个 G 组，G1/G2 表示第 1 个分组 Gl 的嵌套分组 G2)。G 分组是相关字段的联合。重复码表示了分组的出现、分组的嵌套和最大重复。重复码在执行时作为 R 组，用 RN(N)表示。例如，R3 分组的分组重复指示器(R 分组是相关字段的可重复性组合，R3 指报文中的第三个重复组)，括号内的 N 表示相关分组最大可重复次数。判决、解释等包含表明指示器与哪个分组有关的解释性的信息，如 GI 的 GPI。

2. 报文描述与实际传输的报文数据的关系

1) 报文的描述

报文描述具体给出了每个 VMF 报文格式的语法。VMF 报文是一种长度可变的报文，并非在一个报文中所有的字段都要出现。因此，VMF 报文的格式就区分了必须出现的字段和可选字段(或字段组)。在 VMF 报文描述中，某个字段或字段组是否出现(包含在报文中) 由字段出现指示器(FPI)、字段重复指示器(FRI)、组出现指示器(GPI)和组重复指示器(GRI)这 4 个指示器(1 个 bit)来确定。其中，FPI 和 GPI 为 1 表示相应的字段或字段组在报文中出现，否则，该字段或字段组不出现。FRI 和 GRI 分别表示字段或字段组是否重复出现，主要用于标识多个同一类型的数据(如多个目标批号)，FRI 和 GRI 为 1 表示后面仍是相同的字段或字段组。在每一个 VMF 报文中，指示器字段都是强制出现的(除非其所在的字段组整体不出现)，但指示器的值却是可变的。因此可变报文格式报文在实际传输过程中其可变性体现在以下方面：

① 报文参数可变。对于不同功能区域和不同类型的报文，其指示器的个数和位置都是不一样的，不同的报文描述定义不同的报文格式。

② 参数的内容可变。指示器取不同的值便决定了其后继字段是否出现，同时也决定了各字段在报文数据中的位置。

③ 报文长度可变。由于上述两方面的影响，VMF 报文可以只传输携带了有用信息的字段，因此对于不同的信息，同一条 VMF 报文描述的报文格式在传输中可以有不同的长度。

表 5-6 给出了暂停火力报文 K02.1 的报文描述。K02.1 报文描述对于收发信息双方都是已知的：当接收到报文数据后，一旦确定报文功能区域和报文类型，报文中各数据字段的位置和所占比特数便可以确定，接收方便可以根据报文数据内容，通过 DFI/DUI 号快速索引数据元素字典找到相对应的数据元素。在实现中应用 VMF 接口操作程序 VMFIOP 将其还原为报文内容。其中，在目标号码 28 bit 中，前 14 bit 表示 2 个 ASCII 码字符，后 14 bit 表示 4 位十进数 0～9999。

表 5-6 中的前四栏给出了各字段的描述、字段所占比特数和字段的值。最后三栏给出了 VMF 报文数据的物理编码。在第五栏字段分段中，将每个字段的二进制值用八位组表

示出来。每个字段的每一比特被放在特定的位置，而字段的最低有效位(LSB)位于八位组中尚未编码的最低有效位上。字段的下一个 LSB 位于八位组中下一个尚未编码的 LSB 上，如此重复，直到字段中的所有比特都被编码为止。在字段的所有比特编码完成之前，若一个八位组被填满，将继续对剩余比特补一个八位组的编码，从第一个字段和八位组开始，不断重复，直到对所有字段的编码完成。字段分段中的 X 用来表示与正在编码的字段无关的比特。八位组值是将后继字段的比特合成后用二进制表示的完整的八位组。最后一栏从 0 开始对所有八位组进行了编号。

表 5-6　VMF 报文字段描述举例(暂停火力报文 K02.1)

索引编号	DFI/DUI 号	DUI 名	比特	类型	分组码	重复码	判决、解释等
1	4057001	暂停火力类型	3	M	—	—	—
2	4001001	暂停火力/继续打击命令	3	M	—	—	—
3	4014002	FPI	1	M	—	—	—
3.1	4003001	目标号码	28	X	—	—	—
4	4014002	FPI	1	M	—	—	—
4.1	4004012	URN(单元参照号)	24	X	—	—	观察员 ID
5	4014001	GPI	1	M	—	—	G1 的 GPI
5.1	792404	有效时	5	—	G1	—	—
5.2	797403	有效分	6	—	G1	—	—
5.3	380403	有效秒	6	—	G1	—	—
5.4	4014002	FPI	1	M	G1	—	—
5.4.1	4085027	发射者报文序列号	7	—	G1	—	—
6	4014001	GPI	1	M	—	—	G2 的 GPI
6.1	4004012	URN	24	—	G2	—	发送方 ID
6.2	4046004	单位 ID 序列号	32	—	G2	—	—
6.3	4019001	月日	5	—	G2	—	—
6.4	792001	时	5	—	G2	—	—
6.5	797004	分	6	—	G2	—	—
6.6	380001	秒	6	—	G2	—	—

2) 报文编号的编码

报文编号的编码指的是 FAD 字段与报文号的 VMF 编码。FAD 字段包含 4 bit 码字，其 VMF 码定义见表 5-7。

表5-7 FAD字段的VMF码定义

编 号	功能区域名称	代码 MSB-LSB
K00	网络控制	0000
K01	通用信息交换	0001
K02	火力支援	0010
K03	空中支援	0011
K04	情报支援	0100
K05	陆战支援	0101
K06	海上支援	0110
K07	战斗保障支援	0111
K08	特别支援	1000
K09	联合特遣部队支援	1001
K10	防空/空域控制	1010-1111

报文号字段由7 bit的二进制编码组成，该编码标识了一个功能区域内的一条特定报文。报文编号取值范围是1～1270

3. 报文数据的构造

报文是由单元数据字段按照VMF数据元素与VMF标准中指定的一样标准的报文描述中指定的顺序构造成的。数据元素有两种表示方式：7-bit ANSI ASCII符和二进制数。对于我军来讲，数据元素的表示还应该支持中文编码的2字节unicode码。所有的字段都从低位开始连接。

第一个数据字段或字段/分组指示器的低位应当与消息缓冲区第一个字节的低位对齐。字符型字段(literal field)内的字符相互连接，使得第一个字符的低位紧接前面字段的高位，第二个字符的低位紧接第一个字符的高位。按照这种方式连接下去直到字段内所有的字符都连接完。

4. VMF报文的传输

在战场无线链路环境下，对信息的实时性和准确性要求比较高，VMF报文承载的主要是指挥控制信息和态势感知信息。因此，VMF报文传输既要保证实时性，又要保证可靠性。参照ISO/OSI模型，我们也采用一个分层通信模型来说明VMF报文的传输交换，如图5-10所示，由图可知，VMF传报服务用户通过VMF传报服务层来发送和接收报文内容，以实现与其他节点上对等实体间的报文内容交换。VMF传报服务层通过将VMF报文内容转变成VMF报文数据并与其他对等实体进行报文数据的交换，以此来实现报文内容的发送和接收。VMF报文数据经由低层通过各种传输媒介实现对VMF报文数据的透明发送和接收。VMF报文业务通常使用由低层提供的应用层服务来接收和发送报文数据，报文数据就在应用层47001协议数据单元(PDU)的VMF报文中。

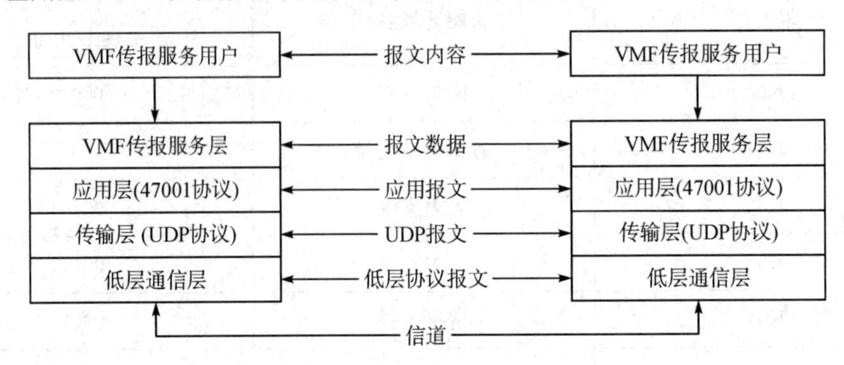

图5-10　VMF报文的传输交换

VMF传报服务层的主要功能是将报文内容按照VMF语法及数据构造程序转换成VMF报文数据，并将数据交给47001协议封装成应用层PDU；接收端传报服务层接收到去除应用层首部后的报文数据，将其转换成VMF报文内容。

VMF报文服务层相对于用户来说，看到的是具体的报文内容，而对于47001协议，则表现为已编码后的二进制代码序列。

5. VMF报文数据的识别

1）报文数据元素字典

报文数据元素字典采用两级索引方式来实现，主要由数据域标识符(DFI)和数据使用标识符(DUI)以及数据元素组成。每个数据元素由一组由DFI和DUI号码组成的数字唯一标识。DFI是数据字典的一级分类索引，在它的下面有多个DUI，DUI包含多个用来组成数据元素的数据项目(DI)。数据元素给出了报文内容的二进制编码。数据元素字典的一般数据结构如图5-11所示。

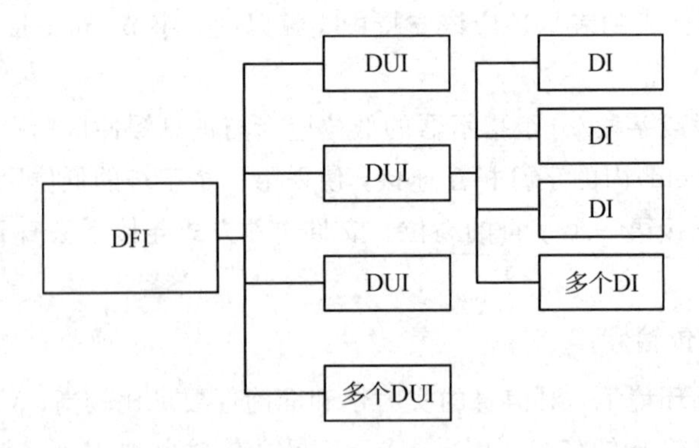

图5-11　数据元素字典的一般数据结构

对于给定的DFI，其后面所包括的DUI一般是有序的。每个DUI可能有多个DI，DI值给出了报文的具体编码。例如，暂停火力/继续打击大类的编号为4001，其下只有一个DUI且DUI=001。在DUI=001下的数据项有7个，用2 bit编码。暂停火力命令数据字典结构如图5-12所示。

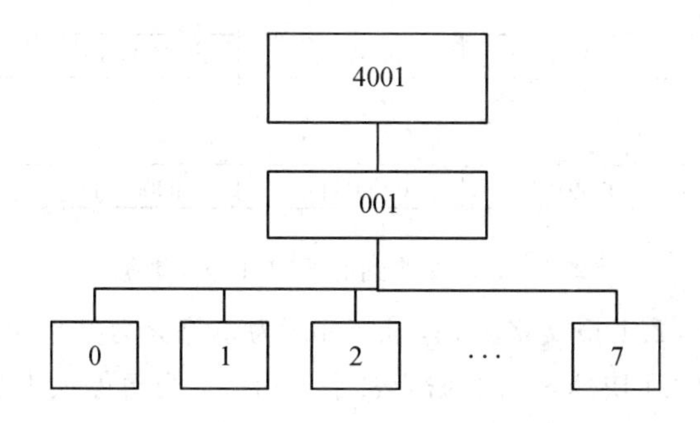

图 5-12　暂停火力命令数据字典结构

暂停火力命令编码的内容及意义如表 5-8 所示。

表 5-8　暂停火力命令编码的内容及意义

编码	意　义	说　　明
000	重新打击	所有火力单元重新开始对所有目标的打击
001	暂定命令	若制定了目标号，所有对制定目标打击的火力都停止；若制定了一个空中火力单位，则其停止对所有目标的打击
010	继续打击	对暂停的火力目标重新开火
011	暂停所有火力	所有火力单元停止对所有目标的打击
100	终止火力	终止打击行动
101	调整火力	在后续的调整之前，停止火力打击，仅用于火力调整阶段
110	未定义	—
111	未定义	—

2) 报文数据的发送与识别

美军 VMF 标准用分支(CASES)语句和条件(CONDITIONS)语句定义的规则处理报文。具体识别要依据报文数据的构造和报文描述的格式。报文数据的发送与识别由 VMFIOP 来完成。在报文的应用层首部中有“报文标识”可选字段组，它包含 4 bit 的功能域指示器(FAD)、报文编号和报文子类型三个字段。利用“报文标识”字段组即可唯一地标识 VMF 报文的类型。当接收到一个应用层报文后，应用层协议去除报文的应用层首部后交给 VMFIOP 处理。由于报文描述和数据元素字典对于用户来说都是透明的，VMFIOP 首先根据应用层首部中的“报文标识”可选字段组识别出是属于哪个功能区域中的哪一个报文，这样该报文的格式便确定了，VMFIOP 再根据报文数据元素字典将二进制代码转换成报文内容。

例如，接收到一个 K02.1 报文，首先 VMFIOP 根据应用层首部中的“报文标识”字段组的前 4 bit 代码识别出报文为火力支援功能区域(K02)，然后由接下来的 7 bit 数据判断为 K02.1 暂停火力报文，最后根据报文描述的 K02.1 报文格式进行 K02.1 处理。图 5-13 为接收到的 K02.1 报文数据(已剥去应用层首部)。

OCTET0	OCTET1	OCTET2	OCTET3	OCTET4
LSB MSB				
00010011	00000101	00001111	00000011	00000000

图 5-13 接收到的 K02.1 报文数据

根据报文描述的 K02.1 报文格式知，前 3 bit 为暂停火力类型字段，其值为 0，由暂停火力类型字段的 DFI/DUI 快速索引数据元素字典可知，当暂停火力类型值为 0 时表示前方观察员命令；接下来的 3 bit 数据为暂停火力/继续打击命令字段，由报文描述知其 DFI/DUI 为 4001001，索引数据元素字典知，当暂停火力/继续打击命令字段值为 1 时表示暂停对指定目标的打击；接下来是 1 bit 的 FPI，由 CASE 语句知，当暂停火力/继续打击命令与 FPI(即后继目标号码字段出现指示器)同时为 1 时，表示通过目标号码来暂停火力。后继数据的识别也是用同样的方法。

本章小结

本章围绕格式化消息的特点，介绍了几种目前应用较为广泛的数据链消息标准。首先介绍了格式化消息的概念以及它与非格式化消息的区别，为后续介绍多种数据链消息标准奠定了理论基础和前提要素。随后分别介绍了 Link 16、Link 4A、Link 11 以及 Link 22 消息标准，重点分析了各种数据链的应用场景、报文格式等消息标准的相关内容，并对比分析了几种消息标准的异同点。

思考题

1. 战术数据链采用的格式化报文类型有哪两种？简述两种报文类型的异同点。
2. 面向比特的报文可以分为几种类型？分别简述它们各自的特点。
3. 简述 Link 16 与 Link 4A、Link 11 消息标准的区别与共同点。
4. 简要画出 Link 22 消息标准的报文格式。

第 6 章　数据链抗干扰技术

抗干扰通信是在各种干扰条件或复杂电磁环境中保证通信正常进行的各种技术和战术措施的总称。无线通信信道是开放的，在特定的空间范围内，所有的无线设备均可以使用无线信道发射无线电信号，从而产生频率上、空间上、时间上以及功率上的冲突，进而产生相互间的干扰。干扰可分为自然干扰、无意的人为干扰和恶意干扰，其中，恶意干扰对通信的可靠性、安全性构成了很大的威胁。因此研究抗干扰通信技术对于数据链安全可靠地通信具有十分重要的意义。

6.1　抗干扰技术概述

6.1.1　干扰

在信息通信中，信号会受到各种形式以及各种外部信号的扰乱和破坏，这些扰乱和破坏统称为干扰。信息通信中的干扰有多种分类方式。例如：按干扰的来源不同，干扰可分为外部干扰和内部干扰；按干扰的频率不同，干扰可分为邻道干扰、同频干扰和互调干扰等。这里按产生的原因不同，将干扰分为自然干扰、无意的人为干扰和恶意干扰。

(1) 自然干扰包括宇宙噪声和天体干扰。例如，生活中常见的雷电、太阳风暴、宇宙射线等自然界因素对通信造成的一系列影响，属于自然干扰。

(2) 无意的人为干扰主要指的是电气设备或工业电力电子设备的干扰。例如，工业设备产生的电火花、气体放电设备以及信号在传输过程中受到的同频干扰等，属于无意的人为干扰。

(3) 恶意干扰也称为通信干扰，指的是为破坏或扰乱信息的接收而辐射的电磁波干扰。现代战争中，为了破坏敌方通信，针对通信信号会刻意释放人为干扰。这种恶意的人为干扰使本身复杂的无线信道更加复杂。克服一般干扰的传统技术根本无法应对恶意干扰，常规通信模式由此受到极大影响，需要新的抗干扰通信模式，因此抗干扰通信技术的作用日益重要。

6.1.2　通信干扰

一切用于阻止敌方的电子通信，以及为降低或破坏敌方通信电子设备的作战使用效能所采取的手段统称为通信干扰。相对于无目的且时有时无的自然干扰和无意的人为干扰来说，通信干扰是有目的的人为破坏。这种人为破坏之所以能够实现，主要基于两大物理基础，即无线电信道的开放性和无线电波传输的透明性。

通信干扰的基本方法是将干扰信号随同敌方所期望的通信信号一起送到敌方接收机中。当敌方接收机中的干扰信号强度达到足以使敌方无法从所接收到的信号中提取有用信息时，干扰就是有效的。因此，进行通信干扰时，应干扰敌方的接收机，而不是发射机。要达到干扰有效的目的，必须在天线发射方向、发送信号强度、干扰距离以及传播条件等方面进行精心考虑。

通信干扰的分类方式主要有以下几种。

1）按干扰的作用性质分

按干扰作用性质的不同，干扰可分为压制性干扰和欺骗式干扰。

压制性干扰指的是通过发射大功率干扰信号，使敌方信号接收设备难以或者完全不能接收信息。例如，美军的 EA－6B 电子战飞机上装备有 AN/USQ－113 通信干扰设备，其干扰功率可以达到 2.5 kW，主要采取噪声干扰的方式，可以对敌方通信设备实施大功率的压制性干扰。

欺骗式干扰指的是采用模拟目标通信信号的方式（包括冒充和佯动两种手段）来欺骗敌方，使其作出错误判断或决策。

2）按同时干扰信道的数目分

按同时干扰信道数目的不同，干扰可分为拦阻式干扰和瞄准式干扰。

拦阻式干扰是指同时对某个频段内多个信道实施干扰，干扰信号的带宽包括目标信号的全部频段或者部分频段。拦阻式干扰的优点是可以对多个数据链频道进行干扰，如果干扰功率足够大，干扰带宽设置合理，还可以对跳频数据链信号实施干扰。

瞄准式干扰是指对数据链的一个信道实施同频干扰，干扰信号的频率和数据链信号的频率重合度高（此时称数据链信号被干扰信号瞄准或击中）。瞄准式干扰的优点是干扰功率集中，干扰效果好。

3）按干扰频带的宽窄分

按干扰频带宽窄的不同，干扰可分为窄带干扰和宽带干扰。

窄带干扰即少量的干扰频率 f_{j1}，f_{j2}，…对准敌方的通信频率 f_{s1}，f_{s2}，…，干扰信号的频带很窄，可以与通信的有用信号频带相比拟，这样干扰信号能量可以集中于信号频带内，从而对有用信号形成干扰。单频干扰和正弦脉冲干扰是特殊的窄带干扰。单频干扰也称为固频干扰，这种干扰的干扰频率 f_j 对准敌方的通信频率 f_s，即 $f_j=f_s$，形成同频干扰；正弦脉冲干扰类似于单频干扰，但它以脉冲形式发送，峰值功率较强。

宽带干扰是在整个通信频带内释放强功率干扰信号，使敌方的通信信号模糊不清或淹没于干扰之中，相当于前述的拦阻式干扰。

通信干扰的方式除对信号本身的干扰外，还存在对信道进行干扰的方式。例如，短波的天波通信是通过电离层的反射来实现信息传输的，因此可以采用影响电离层的方式来达到干扰目的，如采取核爆炸、释放吸收材料等方式进行干扰，但其代价较大、作用时间较短。

6.1.3 抗干扰技术

抗干扰技术是在各种干扰条件或复杂电磁环境中为保证通信正常进行所采取的各种技术和战术措施的总称。随着开放空间的电磁环境日趋复杂，无线通信的抗干扰技术持续发展。抗干扰技术可以从时域、频域、空域以及功率域四个维度来实现抗干扰目的。

(1) 从时域角度来看，通信信号在时间范畴上不再遵循原有的先后顺序，而是发生了特定的变化。时域范围内的抗干扰技术主要包括跳时通信、猝发通信、交织等。

跳时通信就是将时间轴分成许多个简短的时间片段，用扩频码对发射信号时片进行控制，利用码序完成时移键控。在信息传输过程中，控制信号在分好的时间片段上进行跳动。由于信号发送时片很窄，因此需要扩展信号频谱。无线信号在空间暴露的时间越长，信号被搜索、被截获和被干扰的概率就越高。

猝发通信就是通过加快通信速度，减少信号存在的时间，使信号被检测到的概率大大降低，从而极大地增加信号被干扰的难度。猝发通信需要先存储信息，然后在极短暂的时间内高速发送信息，它可以使用抗干扰的高功率脉冲，因为信号在空间存在的时间很短，所以信息被截获、被干扰的概率很低。

在移动通信这种变参信道上，比特差错经常是成串发生的。这是由于持续时间较长的深衰落谷点会影响到相继一串的比特。但是，信道编码仅在检测和校正单个差错和不太长的差错串时才有效。为了解决这一问题，希望能找到把一条消息中的相继比特分散开的方法，即一条消息中的相继比特以非相继方式被发送。这样，在传输过程中即使发生成串差错，在接收端恢复成一条相继比特串的消息时，成串差错也就变成了单个或长度很短的差错，这时再用信道编码所具有的纠错功能纠正差错，恢复原消息。这种将相继比特分散开的技术就是交织技术。

(2) 从频域角度来看，常用的抗干扰技术有基于扩展频谱的抗干扰技术和基于非扩展频谱的抗干扰技术。

所谓扩展频谱(SS，spread spectrum，简称扩谱)，就是将信息带宽进行扩展传输的一种抗干扰通信手段。根据频谱扩展方式的不同，扩谱可分为直接序列扩谱(DSSS，direct sequence spread spectrum，简称直扩或 DS)、跳频扩谱(FHSS，frequency hopping spread spectrum，简称跳频或 FH)、跳时扩谱(THSS，time hopping spread spectrum，简称跳时或 TH)、调频扩谱(CSS，chirp spread spectrum)和混合扩谱(HSS，hybrid spread spectrum)等。

基于非扩展频谱的抗干扰技术主要是指对信号不进行频谱扩展而实现的抗干扰技术。目前常用的基于非扩展频谱的抗干扰技术主要有自适应滤波、干扰抵消、自适应频率选择、捷变频、功率自动调整、自适应天线调零、信号冗余、分集接收和信号交织等，这类抗干扰技术已成为抗干扰通信的研究热点。

和基于扩展频谱的抗干扰技术相比，基于非扩展频谱的抗干扰技术所涵盖的范围更广，所涉及的知识也更多。通过对两者的比较不难发现，基于扩展频谱的抗干扰技术主要是在频域、时域上来考虑信号的抗干扰问题的，而基于非扩展频谱的抗干扰技术除了涉及上述领域，还涉及功率域、空域、变换域以及网络域等。

(3) 从空域角度来看，利用无线通信信号在空间的传播特性，通过调整极化方式、主瓣方向，应用分集技术，可以实现空域范畴内的抗干扰。这种抗干扰技术主要包括自适应天线调零技术和分集技术。

自适应天线调零技术采用智能化的控制算法实现天线自动调零和方向跟踪，即将天线的主瓣指向特定用户方向，后瓣和旁瓣指向非特定用户方向，对干扰信号的来波方向进行调零抑制。该技术需要将天线的波束尽量变窄，从而对非特定用户方向的信号进行抑制，降低干扰信号能量，相对提高特定用户信号能量。这种能有效抑制干扰信号并使有用信号增强的技术可以实现较高的抗干扰性能。

无线信号在传输过程中，有一个多径效应，对于接收端来说，多径效应会造成一定的干扰。分集技术巧妙地利用了多径信号能量，提高了信号传输的可靠性。分集技术通过多个信道接收承载信息的通信信号，并将接收到的信号分离成不相关的(独立的)多路信号，然后将这些信号的能量按一定规则合并起来，使接收的有用信号能量最大。分集技术对数字系统来说，使接收端的误码率最小；对模拟系统而言，提高了接收端的信干噪比。分集技术可以分为空间分集、频率分集、极化分集、角度分集和时间分集等。

(4) 从功率域角度来看，压制性干扰是战场上常见的通信干扰方式，其实现干扰的条件是干扰信号的功率超过了敌方有用信号的功率，使得敌方无法从接收到的电磁波信号中提取出有用信号。因此，提高有用信号的发射功率是克服压制性干扰最有效、最直接的抗干扰手段。除了直接提高信号的发射功率以外，直接序列扩谱也可以看作是一种功率域角度的抗干扰技术，它通过扩展频谱的方式，提高了有用信号的功率谱密度，降低了干扰信号的功率占比。

抗干扰技术的最终目的是提高通信系统接收端的有效信干噪比(SNIR, signal to noise and interference ratio)，从而保证接收机能够正确接收有用信号。

6.2　直接序列扩谱

直接序列扩谱(DS)是指直接用具有高码率的扩频码序列在发送端去扩展信号的频谱，而在接收端用相同的扩频码序列进行解扩，把展宽的扩频信号还原成原始的信息。

这里以二进制相移键控(BPSK)直扩系统为例，介绍直接序列扩谱通信的一般工作原理。如图 6－1 所示，在发送端，数据经过编码器后，先进行信息的 BPSK 调制，然后用产生的伪随机序列对 BPSK 信号进行直接调制，扩频后的宽带信号经功率放大器放大后由天线发射出去；在接收端，接收到的信号经过前端射频放大器放大后，先用本地伪随机序列对直扩信号进行“逆扩频调制(解扩)”，然后信号通过窄带带通滤波器与射频振荡器产生的本地载波进行混频，再经过低通滤波、积分抽样处理，送至数据判决器，恢复出数据。

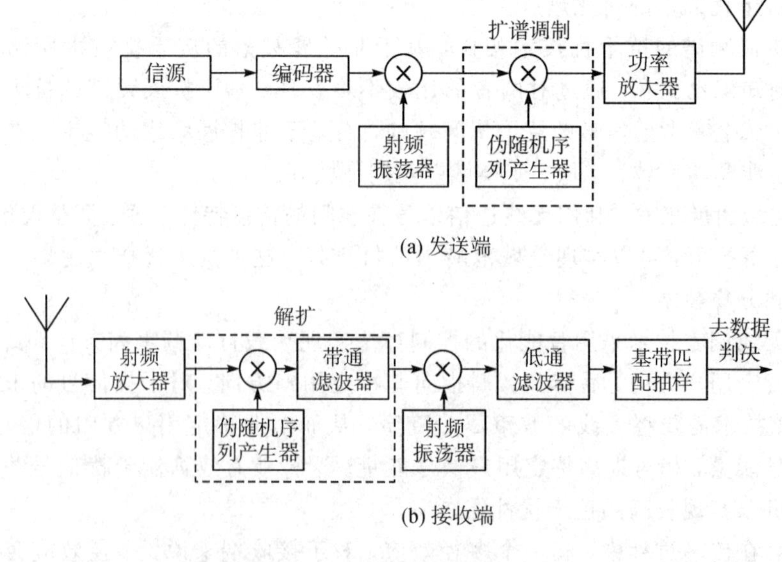

图 6－1　直扩系统原理方框图

图 6－1 虚线框中的部分分别完成扩谱调制与解扩。在该模型中，扩谱伪随机序列和信息同样采用了 BPSK 调制方式，扩谱调制是通过直接对载波调制来实现的。直扩系统中的直扩信号可以表示为

$$s(t)=\sqrt{2p}\,d(t)c(t)\cos(\omega_0 t+\varphi_0) \tag{6-1}$$

式中：p 为直扩信号的平均功率；$d(t)$是双极性单位功率的基带数据信号，取值为± 1；$c(t)$是双极性单位功率的伪随机序列信号；ω_0 是载波角频率；φ_0 是载频的初相。

由式(6.1)可以看出，$d(t)$与载波相乘实现了信息调制，$c(t)$再与之相乘则实现了直接序列扩谱调制。乘法是可交换的，因此图 6－1 中直扩调制和 BPSK 调制的顺序是可交换的。由于双极性序列的相乘对应二元序列的异或运算，因此可以方便地用数字电路来实现，调制后的带宽取决于伪随机序列的速率。

图 6－2 给出了直扩系统的工作波形示意图。从时域上看，在发送端，基带数据通过 BPSK 调制得到窄带调制信号，通过直扩系统与伪随机序列产生器生成的伪随机序列进行混频(此处相当于相乘的关系)，信号的频谱被扩展，获得扩谱波形。在接收端，当接收到扩谱波形后，与同样的伪随机序列进行混频，信号频谱变窄，获得解扩波形。在这个步骤中，由于信道中引入的窄带干扰与伪随机序列具有较小的相关性，因此频谱会被扩展，从而提高了信干比。后续的解扩波形再按照一般的 BPSK 解调方式进行处理，获得最终数据。

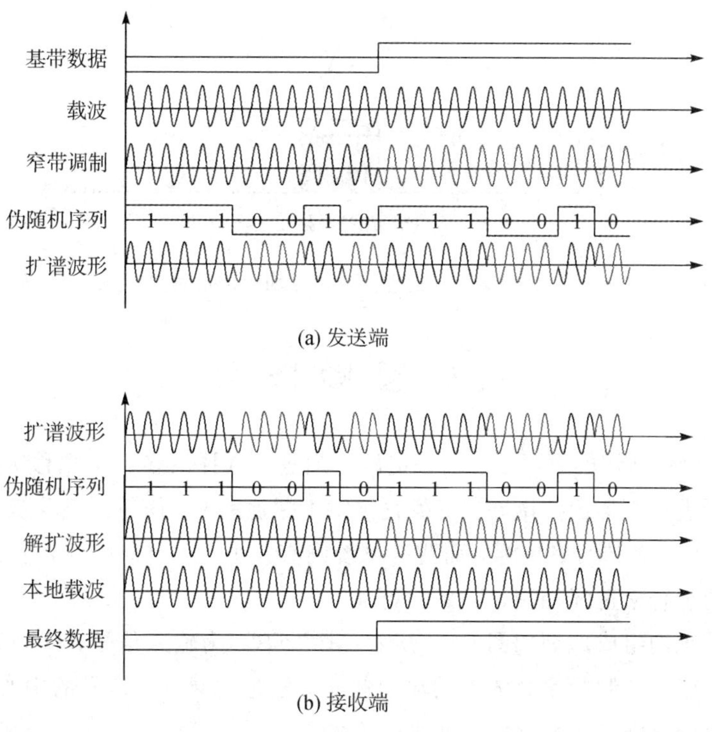

图 6－2　直扩系统的工作波形示意图

下面从频域来定性地理解直扩系统的抗干扰原理。图 6－3 给出了解扩处理前后信号功率谱示意图。假设接收机接收到的信号中除有用信号外，还包括窄带干扰、白噪声和其他

宽带干扰，则不难看出：接收端的解扩器在组成上与发送端的扩谱调制器基本相同，只是在输出端多了一个窄带滤波器。因此，对于与接收机产生的伪随机序列同步的有用信号，解扩器将它恢复成窄带信号，且系统设计使得该窄带信号恰好通过后面的窄带滤波器。由于本地伪随机序列信号是单位功率双极性信号，因此在解扩器中乘法器前后信号的功率是不变的，但是有用信号的带宽被大大压缩，从而其功率谱密度大大提升。对于进入接收机的窄带干扰，解扩器所起的作用是扩谱调制，即窄带干扰信号被本地伪随机序列调制，成为一个带宽被极大扩展的宽带干扰信号。与有用信号类似，扩展前后干扰信号的功率是不变的，因此在解扩后其功率谱密度大大降低。对于带限白噪声和其他宽带干扰，通过解扩器后，其带宽也同样被扩展，功率谱密度下降，但其下降的幅度没有窄带干扰那样明显。这样的信号通过后面的带通滤波器后，大部分的干扰功率被滤除，而信号功率基本没有损失。因此，解扩器前后的信干比大大提高，实现了抗干扰的功能。

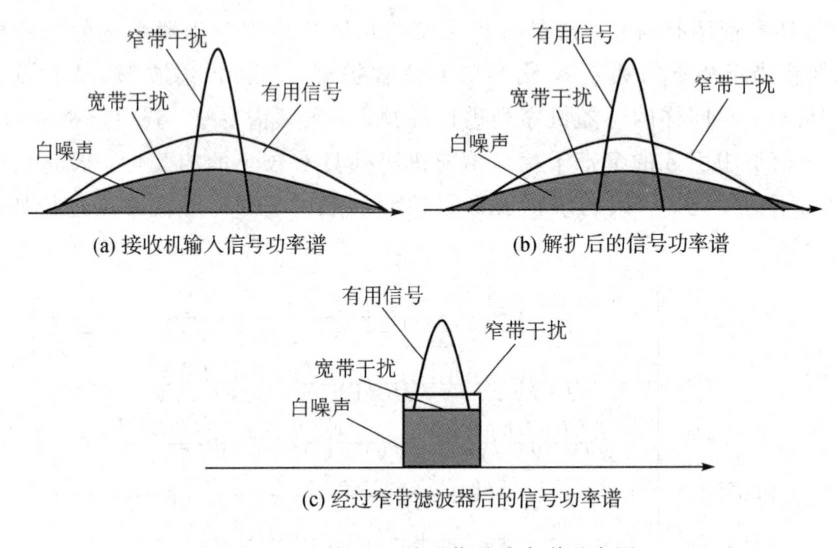

图 6－3　解扩处理前后信号功率谱示意图

6.3　跳频技术

所谓跳频，比较确切的意思是：用一定码序列进行选择的多频率频移键控。也就是说，用扩频码序列去进行频移键控调制，使载波频率不断地跳变。简单的频移键控如 2FSK，只有两个频率，分别代表传号和空号。而跳频系统则有几个、几十个甚至上千个频率，由所传信息与扩频码的组合来选择控制，不断跳变。

跳频通信系统的组成原理如图 6－4 所示(其中 $D(t)$为输入信号，$D'(t)$为输出信号)。发送端用伪随机序列控制频率合成器的输出频率，经过混频后，信号的中心频率就按照频率合成器的频率变化规律来变化。接收端的频率合成器与发送端的频率合成器按照同样的规律跳变，因此，在任何一个时刻，接收端的频率合成器输出的频率与接收信号的频率正好相差一个中频。这样，混频后就输出了一个稳定的窄带中频信号。此中频信号经过窄带解调后就可以恢复出发送数据。

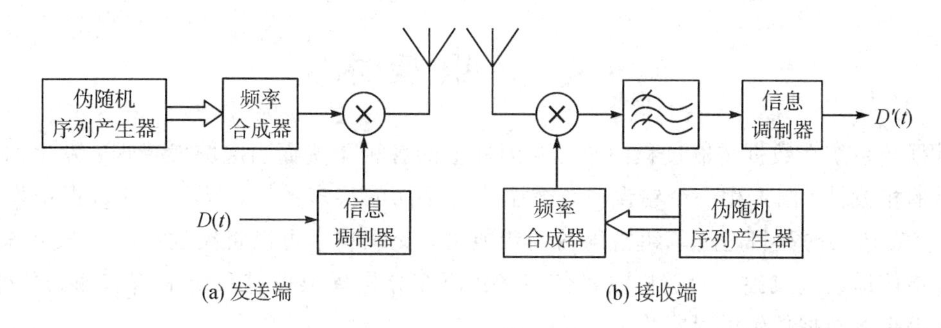

图6-4 跳频通信系统的组成原理

跳频通信中的频率在什么范围，以什么样的规律，按什么样的速度，如何实现收发同步，取决于以下性能指标：

(1) 跳频带宽与跳频数目。跳频带宽为可选用的信道数目 N 与信道带宽 B 的乘积。一般地，跳频带宽越宽，跳频通信的抗干扰能力越强。跳频数目是指频率合成器输出的跳频频率个数。目前，跳频通信系统的跳频数目通常为几百到几千，决定跳频数目的主要因素是频率合成器的技术性能和系统所需的抗干扰容限。

(2) 跳频速率。跳频速率是指每秒频率跳变的次数。决定跳频速率的因素有三个：一是频率合成器的跳频速度；二是信息速率；三是抗跟踪式干扰的能力。跳速越快，抗跟踪式干扰的能力就越强。

(3) 跳频频率表。跳频频率表用于表示跳频的频率组成。例如，跳频带宽为5 MHz，跳频数目为64个，频道间隔为25 kHz。这样，在5 MHz带宽内可供选用的频道数远大于64个，对于如何选择这64个频率，可以根据电波传播条件、电磁环境条件以及敌方干扰条件等因素来制定一张或几张具有64个频率的跳频频率表。

(4) 跳频图案。跳频器输出的跳变的频率序列称为跳频图案。图6-5为一个跳频图案示意图，图中横轴为时间，纵轴为带宽，图案中的阴影部分表明什么时间选用何种频率作为载波。决定跳频图案的因素有两个：一是跳频频率表；二是伪随机序列产生器。

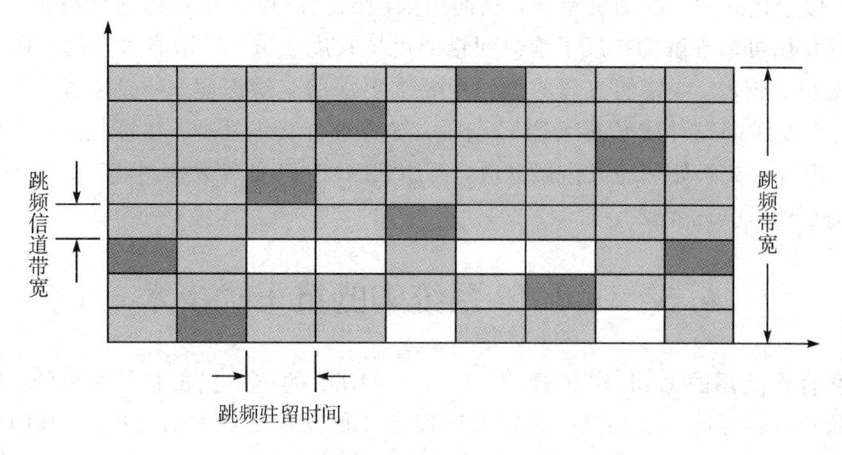

图6-5 跳频图案示意图

6.4 交织技术

数据链系统在数据传输过程中常常会因外来的各种干扰而引起突发错误，发生的错误有很强的相关性。当产生一个错误时，往往波及后面的很多数据，导致一片数据都发生错误，使突发错误的数目超过了纠错码的纠错能力。交织技术可以将突发错误分散开来，把突发差错信道改造成独立的随机差错信道，从而充分发挥数据链系统中信道编码的作用，有效地提高了数据传输的可靠性。

交织从本质上来讲就是最大限度地改变信息结构而不改变信息内容，使信道传输过程中所产生的突发错误最大限度地分散化。常见的交织技术有分组交织、卷积交织和伪随机式交织等。这里主要介绍分组交织。

分组交织是将所取的编码符号写成一个矩阵，再通过某种特定的规则从矩阵中读出这些符号，从而实现改变符号次序的功能。分组交织编码示意图如图 6-6 所示。

图 6-6 分组交织编码示意图

例如，发送一组消息 $\boldsymbol{X}=[x_1x_2x_3x_4x_5\cdots x_{12}x_{13}x_{14}x_{15}x_{16}]$，首先将 $\boldsymbol{X}$ 送入交织器(交织器为按列写入按行输出的 4×4 阵列存储器)；然后 $\boldsymbol{X}$ 从交织器中按行输出并送入突发差错的有记忆信道，此时信道中的消息为 $\boldsymbol{X}'=[x_1x_5x_9x_{13}x_2\cdots x_{15}x_4x_8x_{12}x_{16}]$，在突发信道中 $\boldsymbol{X}'$会受到若干个突发干扰影响，形成突发信道的输出消息 $\boldsymbol{X}''$；最后将突发信道输出的消息 $\boldsymbol{X}''$送入解交织器(解交织器仍是一个 4×4 阵列存储器)，解交织器完成交织器的相反变换，即按行写入按列输出，解交织后的消息恢复为原始消息序列。解交织器的输出 $\boldsymbol{X}$，即阵列存储器中按列输出的消息，其差错规律变成了独立差错。

交织技术对已编码的信号按一定规则重新排列。解交织后，突发性错误在时间上被分散，使其类似于独立发生的随机错误，从而用前向纠错码可以有效地进行纠错。前向纠错码加交织的作用可以理解为扩展了前向纠错的可抗长度字节。纠错能力强的编码一般要求的交织深度相对较低；纠错能力弱的编码则要求更深的交织深度。一般来说，在对数据进行传输时，在发送端先对数据进行 FEC 编码，然后进行交织处理；在接收端，次序和发送端相反，先进行去交织处理完成错误分散，再用 FEC 解码实现数据纠错。另外，交织本身不会增加信道的数据码元。

6.5 Link 16 系统中的抗干扰技术

作为联合作战用的 Link 16 的通道，JTIDS/MIDS 的抗干扰机制是多重的，以应对战场严重的敌对电磁环境。如 JTIDS 采用发射加密和信息加密双重加密措施(其中包括直接序列扩谱、跳频扩谱、交织以及差错控制等)，具有很强的抗扰能力、低截获率和低瞄准率。

1. 跳频技术

跳频是 JTIDS 的首要扩频方式，其工作频段为 960～1215 MHz，该频段共三个小段：

969～1008 MHz、1053～1065 MHz 和 1113～1206 MHz。在整个 960～1215 MHz 频段的两端各留有 9 MHz 的频率没有使用，这样就避免了与频段外工作的其他系统发生干扰。同时，敌我识别(IFF，identification friend or foe)系统占用了 1030 MHz 和 1090 MHz 两个频率，这样既避免了干扰，也排除了这两个频率及其附近的保护区域频段。实际上，JTIDS 跳频频带也就分成了三个部分。每个频隙宽度为 3 MHz，均匀地分布在上述频段内，频隙数目为 51 个，各频隙的频率值如表 6-1 所示。对于每个脉冲，JTIDS 载频都变化到表中 51 个频率中的某一个。标准跳变频率大于 33 000 跳/秒。

表 6-1　JTIDS 载频频率表

频率编号	频率值/MHz	频率编号	频率值/MHz	频率编号	频率值/MHz
0	969	17	1062	34	1158
1	972	18	1065	35	1161
2	975	19	1113	36	1164
3	978	20	1116	37	1167
4	981	21	1119	38	1170
5	984	22	1122	39	1173
6	987	23	1125	40	1176
7	990	24	1128	41	1179
8	993	25	1131	42	1182
9	996	26	1134	43	1185
10	999	27	1137	44	1188
11	1002	28	1140	45	1191
12	1005	29	1143	46	1194
13	1008	30	1146	47	1197
14	1053	31	1149	48	1200
15	1056	32	1152	49	1203
16	1059	33	1155	50	1206

JTIDS 网络成员在分配时隙中发射信息脉冲，各个脉冲的载波不一定相同，随机分布在工作频段中。JTIDS 采用宽间隔跳频方式，相邻脉冲的载频最小间隔为 30 MHz，也就是要求跳过至少 9 个频隙，跳频速率不小于 76 923 跳/秒。JTIDS 的跳频序列由网络参与组(NPG)、网络编号和指定的传输加密变量的功能电路共同决定，工作在不同的 NPG、网络编号或加密变量的单元有不同的跳频序列，从而确保了多个发射设备即使在视距范围内相互传输也不会造成相互干扰。

Link 16 跳频迫使敌方干扰机工作在很宽的频段上，从而降低了干扰效能。此外，对于跳频的主要对抗方式——跟踪和转发式干扰，Link 16 脉冲跳频的抗击能力强于连续工作系统。Link 16 每个射频脉冲的持续工作时间为 6.4 μs，对应电波往返传播距离为

$$3\times10^5\ \text{km/s}\times6.4\ \mu\text{s}\div2=0.96\ \text{km}\approx1\ \text{km} \tag{6-2}$$

即干扰机跟踪转发的有效条件是干扰机与发射机的距离不能超过 1 km。这在实际场景中难以实现。

2. 直接序列扩谱

JTIDS对每个字符采用长度为32的M序列扩频调制，调制方式为最小频移键控(MSK)，就是我们常用的循环码移位键控编码(CCSK，cycle code shift keying)，即软扩频。JTIDS字符脉冲波形如图6-7所示，每个基码宽0.2 μs，每个字符脉冲含有32个基码，脉冲宽度为6.4 μs，重复周期为13 μs，占空比为6.4：6.6。每个字符脉冲的直扩伪随机码以循环移位表示5 bit信息，包括数字信息和纠错信息。

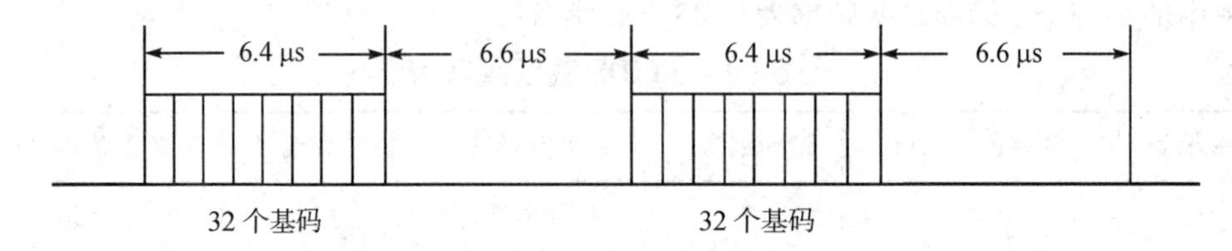

图6-7　JTIDS字符脉冲波形

在数据链成员进行网络同步时，粗同步和精同步的同步头都采用了直接序列扩谱技术。粗同步头一共包括16个双脉冲字符，由于只用作接收机同步，因此其伪随机序列选择范围较宽。32位的伪随机序列一共有2^{32}种，粗同步头脉冲所用伪随机序列不可能从这2^{32}种中任意选取，而是用其中一个或数个子集。子集中伪随机序列的选择标准是伪随机序列之间应该有良好的互相关特性，这样不容易造成同步移位。良好的互相关特性指的是，用一个脉冲信号的本地伪随机序列与另一个脉冲信号的伪随机序列作相关处理时，不会产生明显的相关峰。在发射时，由于每个粗同步头脉冲的伪随机序列要先经保密数据单元(SDU)处理，因此，每个粗同步头脉冲的伪随机序列是严格保密的。

精同步头的报头和消息本体所用的都是载有数据的同一伪随机序列。精同步头用的序列是01111100111010010000101011101100，代表固定的数据00000。报头和消息本体用的序列还有这个序列的其余31个循环移位，比如用11111001110100100001010111011000代表数据00001等。5 bit信息码和32 bit码片的映射关系如表6-2所示。但在用它们去调制载频以备发射之前，也是经过加密处理的，所以外界看到的并非这种伪随机序列。选取这种伪随机序列是因为它自相关特性好。当循环移位的位数不同时，本地伪随机序列和信号伪随机序列之间只有很小的相关峰；当正好移位对准时，有大的相关峰，这是正确的信息解调需要的。

表6-2　5 bit信息码和32 bit码片的映射关系

5 bit信息码	32 bit码片
00000	S_0＝01111100111010010000101011101100
00001	S_1＝11111001110100100001010111011000
00010	S_2＝11110011101001000010101110110001
⋮	⋮
11111	S_{31}＝00111110011101001000010101110110

3. 纠错编码

JTIDS消息本体均由1组、2组或4组字符块构成，每组字符块有93个字符。同时，每组字符块包括 3 个码字，每个码字有 31 个字符，但这并不说明每个字符都载有信息。这 31 个字符是由 RS 码的(31，15)前向纠错编码后形成的，这就意味着每个码字只有 15 个字符载有信息，其余 31－15＝16 个字符是在发射机中为在接收时纠错而附加上去的检错字符。当 JIDS/MIDS 信号在传播过程中因受到干扰或其他原因使接收后有些脉冲的数据解调错了或解调不出来时，这些检测字符便发挥了作用，它使得当 $2e+E\leqslant 16$ 时，接收机还能正确恢复那 15 个字符所载有的信息，这里 e 指数据解调错了的字符数，E 是接收机中解调不出来而被抹去的字符数。由此可见，这种纠错编码能容忍的抹去字符数比解调错了的字符数要多 1 倍，因而接收机设计时尽量用抹去的方式对待有问题的字符。图 6－8 中只画出了 93 个字符中 1 个码字的纠错编码情况，对于其余的码字，纠错编码相同。

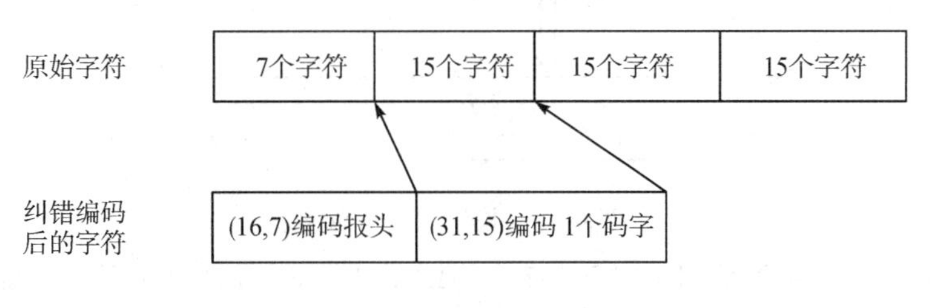

图 6－8　纠错编码示意图

4. 交织技术

JTIDS/MIDS 的纠错编码设置是提高其抗干扰能力的重要措施，这虽然会降低系统的吞吐率，但是对于保证战场上的信息可靠传输来说是必要的。同时，即使用了这样的纠错编码，其能够承受的干扰仍是有限度的。例如，如果采用短促的宽频段强功率干扰，便有可能超过报头或一个码字编码的纠错能力。这种类型的干扰也叫作突发干扰。为了应对这种干扰，JTIDS/MIDS 采取了交织措施。所谓交织，是指字符不按照正常顺序发射，而是把这个顺序打乱，在报头与码字之间可以随机地选择字符，形成新的顺序进行发射。这样，如果一条消息的一小段受到干扰，使这段中的字符在接收机中解调不出来或解调错了，则报头和每个码字会均等地分担损失，从而不容易超过报头和每个码字的纠错能力。

在 Link 16 中，对于不同的消息数据封装格式，交织方法也略有不同。消息数据封装格式中的码元数量决定了交织符号的数量，其中 STDP 格式包含 93 个码元，P2SP 与 P2DP 格式都包含 186 个码元，P4SP 包含 372 个码元。采用交织编码技术后大大提高了消息的保密性，增强了 Link 16 的抗突发干扰能力。

5. 检错编码

与一般抗干扰措施不同，检错编码是在数据位上实施的。一个码字在纠错编码之前只有 15 个字符，每个字符载有 5 bit 信息，因此一个码字应载有 5×15＝75 bit 信息。报头在纠错编码之前只有 7 个字符，载有 35 bit 信息。事实上，一个码字只载有 70 bit 信息，因为在 75 bit 信息中有 4 bit 信息用作了检错编码的监督位，有 1 bit 信息总是为 0。

检查编码示意图如图 6－9 所示。检查监督位产生过程是：由于每个码字有 70 bit 信息，3 个码字为一组，共有 210 bit 信息，再加上报头的航迹号(源)的 15 bit 信息，一共是 225 bit 信息，加上 3×4＝12 bit 检错监督位后，形成了(237，225)的检错编码。这 12 bit 检错监督位信息是对整个 225 bit 信息的差错监督。不管哪一种消息封装，都是每 3 个码字为一组，再加上报头的 15 bit 航迹号而形成(237，225)检错编码，这就加强了对报头的检错监督。

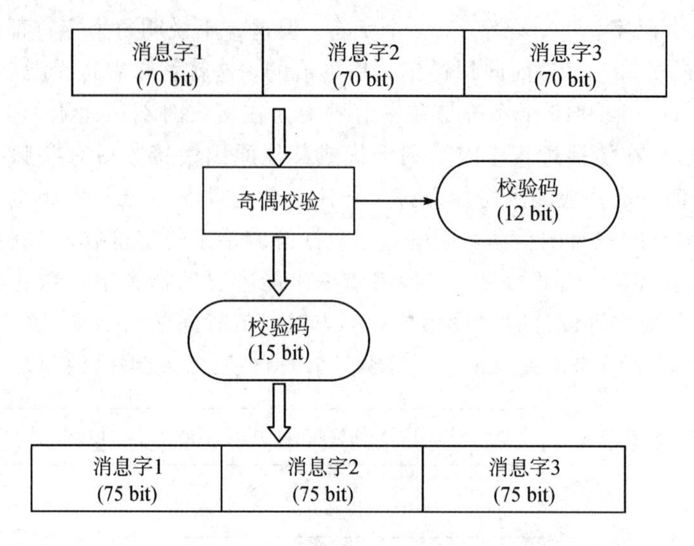

图 6－9　检错编码示意图

除此之外，Link 16 还采用了时间抖动(SMP 和 P2SP)和双脉冲字符等抗干扰措施，这些措施不但使得 JITDS/MIDS 不容易受到敌方干扰，而且有可能允许系统内有多个网在同一地域同时工作，可见 JITDS/MIDS 是高抗干扰的系统。

本章小结

本章介绍了数据链抗干扰技术。首先介绍了抗干扰技术概述；然后分别介绍了直接序列扩谱、跳频技术、交织技术等典型抗干扰技术的基本原理；最后以美军联合作战采用的 Link 16 为例，介绍了典型抗干扰技术的运用方式。

思考题

1. 简述抗干扰技术的分类和特点。
2. 对比分析直接序列扩谱和跳频抗干扰技术的特点。
3. 简述交织技术的基本原理。
4. 简述 Link 16 系统中的抗干扰机制。
5. 简述 Link 16 系统中跳频抗干扰技术的特点。

第 7 章　数据链安全防护技术

安全是军事信息传输和存储的突出要求，通信内容保密化、构建具有高度安全防护和信息安全的传输平台是军事通信技术的一个重要发展方向。数据链也不例外，一方面，数据链是采用无线网络通信技术和应用协议，通过 HF、VHF、JIDS、卫星等信道，实现机载、陆基和舰载战术数据系统之间的数据信息交换，从而最大限度地发挥战术系统效能的系统；另一方面，数据链可以形成点对点数据链路和网状数据链路，使作战区域内各种指挥控制系统和作战平台的计算机组成战术数据传输、交换和信息处理网络，为作战指挥人员和战斗人员提供关键的情报数据和完整的战场战术态势图。因此需解决计算机安全和其中的保密互连互通问题。另外，数据链网管和密管密钥信息在获取、传输、处理、利用各个环节上也存在着安全隐患，都有泄密或被敌人破坏的可能，需要有相应的安全技术、安全策略、安全管理和安全存储。若没有很好的安全保密体系，数据链就会成为我军内部最大的“间谍”，它能让敌军了解我军的作战信息，甚至可以让敌方控制我方的火控系统，我方的“传感器到射手”就会变成敌方的传感器和射手。所以，数据链安全防护技术对于数据链系统的正常运行至关重要。

7.1　数据链系统安全概述

从信息安全的角度考虑，数据链采用的 VHF、HF、JIDS、卫星等通信信号在广大地区乃至全球范围发散，其覆盖区域内的任意节点都能接收或发出特定信号，这样会暴露出更多易受攻击的“脆弱点”，信息面临可能被篡改、截取、植入病毒(使数据库/通信网络瘫痪)、被敌方冒充等严重威胁，以及面对间谍卫星、间谍飞机和无人驾驶飞机的情报收集技术/战场感知技术的威胁，还有无线电链路侵入和庞大的天基、陆基侦察侦听系统或者成千上万个微型传感器的监视活动等威胁。所以，数据链的信息安全保密需要有多种举措并行，实质上也是进行信息防御作战，就是构建信息盾牌，所以数据链的安全防护将成为现代情报战的重头戏，也必然成为关系未来打赢高技术战争的重要课题。

7.1.1　数据链安全的基本特征

数据链平台灵活移动、拓扑动态变化、无线信道固有的开放性以及链路可靠性低，给数据链安全性带来了严峻威胁。数据链系统的安全保密对数据链系统的安全高效运行起着至关重要的作用。数据链安全具有如下几个特征。

1. 可靠性

可靠性是数据链系统能够在规定条件下和规定时间内完成规定功能的特性，是系统安全的最基本要求之一，是数据链系统建设和运行的重要目标之一。其主要测度有三种：抗毁性、有效性和生存性，主要表现在硬件、软件、人员、环境四个方面。具体地，在数据链安全保密应用层面，可靠性体现在数据链计算机系统的病毒查杀、软硬件的防误操作措施、容灾与恢复上。

2. 可用性

可用性是数据链网络信息可被授权实体访问并按需求使用的特性，它是面向用户的安全性能。可用性体现在对数据链中实体身份的认证、授权访问和安全审计上，实体身份可以为操作员、站点、计算机和设备。授权访问针对数据链系统中对资源访问控制而设计。安全审计主要收集并保存数据链应用层面和网络层面上所发生的安全事件，以便分析原因，分清责任，及时采取相应的措施。

3. 机密性

机密性是数据链网络信息不被泄露给非授权的用户、实体或过程，或供其利用的特性。机密性是在可靠性和可用性基础之上，保障数据链网络信息安全的重要手段。数据链系统中有四个层面都将涉及机密性的防护，由此可见机密性防护非常重要。

4. 完整性

完整性是数据链网络信息未经授权不能进行改变的特性。即数据链网络信息在存储或传输过程中保持不被偶然或蓄意地删除、伪造、乱序、修改、重放、插入等破坏和丢失的特性。完整性是一种面向信息的安全性，它要求保持信息的原样，即信息的正确生成、正确存储和正确传输。

5. 有效性

有效性是一种基于业务时效性能的可靠性。数据链是一种实时交互系统，数据准时准确到达非常重要，因此有效性在数据链安全保密中尤为突出，故单独列出。

6. 可控性

可控性是对数据链网络信息的传播及内容具有控制能力的特性。其主要体现在数据链的网络层面，即对入侵行为的检测能力，对可疑数据或恶意代码的隔离能力，以及对来往数据包所处协议状态的检查和数据包过滤能力。

7. 不可抵赖性

不可抵赖性也称作不可否认性。在数据链系统的信息交互过程中，不可抵赖性确信参与者的真实同一性。即所有参与者都不可能否认或抵赖曾经完成的操作和承诺。在数据链网络层面，利用数字签名，既可实现认证的目的，又可达到抗抵赖的效果。

7.1.2 常见的数据链安全威胁

数据链主要以无线信道作为传输手段，其具有无线信道固有的开放性、多链间集成应用的拓扑动态变化、链路可靠性低等特征，这些特征导致数据链面临以下 4 个主要安全问题。

(1) 无线网络固有的开放性带来传输与节点安全问题。数据链运行于一个传播开放和易受干扰的无线环境，传输过程中易遭遇干扰、截获、窃听、篡改和破坏等多种安全威胁。相比有线信道，无线信道的带宽有限，其身份认证、消息保密和传输保密增加的开销不能过多，因此增加了安全保密设计的难度。数据链通信平台易受攻击和失控，尤其是密钥的泄露可能导致整个系统遭受进一步攻击。

(2) 多链间集成应用带来安全隔离问题。在多数据链集成应用的信息传输和共享过程中，攻击者可通过各种攻击手段获取网络关键信息。更严重的是，攻击者通过对数据链实施干扰来植入恶意代码，进而控制地面网络和关键系统，最终达到“瘫网”和“控网”的目的。

(3) 拓扑动态变化带来信任建立和维护问题。数据链主要由移动节点组成，移动节点频繁进入和离开网络，会导致网内节点数和网络拓扑结构的频繁变化，难以建立和维护稳定的信任关系，易受假冒节点的攻击。一些由多节点共同执行的安全决策和算法难以实施，并易遭受破坏。

(4) 外军攻击技术的发展带来安全威胁问题。随着网络战、电子战等网络电磁空间作战样式的不断发展，针对战场无线通信网络的入侵及攻击新技术和新装备的不断涌现，攻击方式越来越多样化，攻击手段也越来越隐蔽和智能，攻击造成的破坏性也越来越大，数据链面临安全态势难以实时有效地感知问题，因此有效地感知威胁可为安全防护的指挥调度和控制提供数据支撑。

7.1.3　数据链安全威胁的应对措施

基于数据链系统的结构特点，根据数据链的移动性、动态性和分布式处理等特点，考虑数据链的可抗毁性、部署性要求，数据链安全应从无线安全、平台安全、链间互连安全、应用安全、安全保密基础支撑和安全保密运维等6个方面考虑。

(1) 无线安全。无线安全主要考虑身份认证、消息保密、传输保密和入侵检测等。其中，身份认证主要是端机平台入网时的身份鉴别，确保合法端机入网，抵御仿冒攻击；消息保密主要对数据链消息和网络管理信息等进行加密处理，确保数据链的机密性；传输保密包括跳扩频控制加密、基码加密和跳时控制加密等，为数据链波形提供基本的加密保护，增强波形的抗截获、抗干扰能力；入侵检测主要针对敌方恶意的无线入侵行为进行检测识别，并采取有效控制措施，为获取战场威胁态势和安全策略调整提供支撑。

(2) 平台安全。平台安全主要包括可信软硬件平台、病毒查杀、漏洞补丁和存储安全等。其中，可信软硬件平台采用可信计算作为理论基础，确保硬件、应用软件、操作系统和通信资源可信；病毒查杀采用病毒库及时升级、云查杀等手段，确保平台不受病毒感染和破坏；漏洞补丁采用漏洞扫描及早发现漏洞补丁、及时升级补丁库及加固操作系统安全等手段，避免平台漏洞，防止恶意用户破坏；存储安全采用存储加密及数据受控访问等手段，防止非法用户访问，确保平台在失控情况下的数据安全。

(3) 链间互连安全。链间互连安全包括密码转换和网络隔离。其中，密码转换主要指在指挥控制数据链和宽带情报链等异构链间提供密码体制转换，从而实现异构链间密码互连互通，支持各类数据链消息的跨网无缝传递；网络隔离采用消息格式检查、消息过滤控制及信息受控交换等手段，确保链间消息按需和受控传递，防止非法消息和恶意代码在链间传递。

(4) 应用安全。应用安全包括身份认证和授权访问。其中，身份认证主要对应用安全用户进行身份认证，确保合法用户能够访问应用资源，认证方式以数字证书为主；授权访问主要对应用资源进行权限管理，为用户分配访问应用资源权限，由授权管理设备完成，以确保应用资源受控访问。

(5) 安全保密基础支撑。安全保密基础支撑主要包括密码算法、身份管理和密码芯片。其中，密码算法为安全保密提供加密与认证、消息完整性保护等理论支撑和运行方法；身份管理为数据链系统中用户身份提供集中管理手段，为数据链系统身份认证提供支撑；密码芯片为安全保密装备提供必要的运行保障，基于专用密码芯片可实现密码算法高速运算。

(6) 安全保密运维。安全保密运维包括安全保密管理、安全态势监控和模拟训练仿真。其中，安全保密管理包括密钥管理、安全策略管理、密钥规划与分发以及安全策略的制订与调整，支持动态调整密钥和安全策略以适应数据链环境下不同任务的安全需求；安全态势监控包括系统数据采集、数据分析、安全威胁预警和安全威胁告警，实现系统安全威胁感知，为安全策略调整提供数据支撑；模拟训练仿真包括对安全保密相关任务的模拟训练及仿真分析，为安全保密保障人员提供训练和学习手段。

7.1.4 数据链安全保密的关键技术

数据链涉及的安全保密关键技术包括安全保密和通信一体化设计、多信道集中加密、轻量高效的身份认证和密钥无线分发 4 种技术。

(1) 安全保密和通信一体化设计技术。大多数数据链系统中的安全保密与通信系统是独立设计的，安全保密装备和机制通常采用叠加方式嵌入数据链系统，与通信系统未进行一体化设计，导致安全防护效能低下。数据链安全保密体系设计时，为有效应对网络攻击并达到最佳安全防护性能，应采用内生式安全保密机制，将安全保密与通信系统进行一体化设计。该技术需要重点研究安全保密系统与无线通信机制、管理方式、网络协议以及设备平台的软硬件接口设计，同时应对安全防护效能进行量化评估，在满足安全防护能力的前提下，尽可能降低对系统资源的占用。

(2) 多信道集中加密技术。随着数据链系统的发展，出现了单台端机同时集成多个信道的情况，因此安全保密装备需要解决多信道高速并行加密及密码隔离等问题。该技术需要研究不同通信机制下高速并行加密问题，设计可支持多信道的一体化安全保密装备。

(3) 轻量高效的身份认证技术。针对随遇接入需求，需要解决规划外成员入网认证和无中心认证等问题，高效完成待入网平台的身份认证，为密钥分配提供支持。该技术需要针对通信资源受限和移动节点频繁进出网络等情况，重点研究轻量化认证协议和认证保密机制，同时应对认证协议的安全强度进行量化评估，遵循安全适度和轻量高效的设计原则。

(4) 密钥无线分发技术。数据链系统通常采用人工离线注册密钥的方式进行密钥分发，效率低且保障困难。因此，亟须提高密钥分发效率，降低密钥分发成本。该技术需要重点针对密钥无线分发安全性和密钥无线分发协议，充分利用无线信道的广播特性，降低通信资源占用率，提升密钥无线分发效率。

7.2 Link 11 的安全系统

Link 11 于 20 世纪 70 年代投入使用，主要用于舰船之间、舰船与飞机之间、舰队与岸上指挥机构之间进行实时交换电子战数据、空中/水面/水下的航迹，并传输命令、告警和指令信息。由于 Link 11 大多采用无线传输，因此 Link 11 的安全问题一直是系统建设的重中之重。

以美军某电子侦察机为例，图 7-1 给出了 Link 11 在侦察机上的使用和配置情况，以及密码机在系统中的位置。

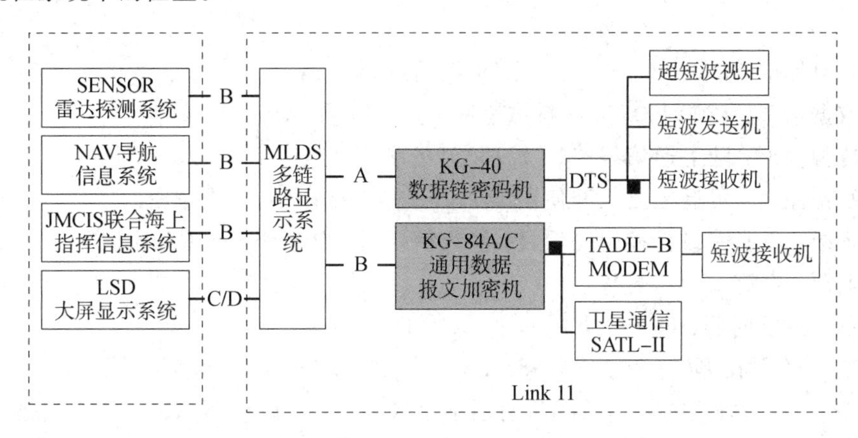

图 7-1　美军电子侦察机 11 号数据链的使用和配置图

7.2.1　Link 11 的密码设备

Link 11 的主要密码设备包括以下几个部分。

1. KG-40 数据密码机

根据有关资料上介绍的 KG-40 在电子侦察机上所处的信息逻辑位置、工作速率和传输信道等情况，我们判定 KG-40 可能工作于集中式终端加密方式。它具有如下技术特性：

(1) 工作方式：半双工。

(2) 数据速率：短波 1365 b/s，超短波 2250 b/s。

(3) 密钥长度：128 bit。

(4) 密钥注入：可通过数据传输设备遥控注入和 KOI-18 纸带阅读器注入。

(5) 密级：属非密级受控密码项目，注入密钥后，其密级与密钥相同。

(6) 工作方式：A1、A2、B 三种方式。在信道干扰引起数据奇偶校验错误时，A1 方式易频繁告警，因此侦察机更多的是使用 A2 方式。

(7) 接口符合 MIL-S TD-1397A 美军标准。

(8) 具有自检和支持 Link 11 系统自检功能。

(9) KG-40 还有一个遥控装置 KGX-40，它控制着 KG-40 的工作方式和密钥注入，两者总是组合在一起使用的。

2. KG-84、KG-84A/C 密码机

KG-84 是美军 1977 年开始研制，1979 年定型生产，1980 年批量投入使用的。该机在各种规模节点中使用，大到 1984 年里根访华、航母、干线战略通信节点，小到海军岸上通信站、导弹护卫舰等，是美国国家保密局(NSA)指定的十项通信保密设备研制项目之一。

KG-84A/C 这两种密码装备是美军 20 世纪 70 年代末研制、80 年代初定型生产的，1984 年开始批量装备美陆、海、空三军的。它们都是 KG-84 密码机的改进型，主要用于战术、战略及外交密码通信系统，美军已将其看成是“成熟”的密码机。该机采用便携式设计，可用于机动和固定场所，是美国国家保密局指定的十项通信保密设备中的一项。它具有如下技术特性：

(1) 工作方式：半双工、全双工，KG－84A用于点到点加密通信，KG－84C用于环路加密通信；

(2) 接口标准：RS232C/422接口，同步/异步串行通信。

(3) 数据速率：1200 b/s(有资料称速率可达256 kb/s)。

(4) 传输信道：陆上通信线路、微波和卫星系统。

(5) 密钥注入：可遥控注入和使用KYK－13密钥注入器，现制密。

(6) 密级：属非密级受控密码项目，注入密钥后，其密级与密钥相同。

(7) 电源：直流24 V 15 W。

(8) 平均故障时间：69 000 h。

1994年，美军在KG－84、KG－84A/C的基础上又推出了四种型号的KG－84A/C系列。尽管1～4型密码机的具体情况目前还不太清楚，但足以说明KG－84系列密码机还在不断发展与完善。

3. KIV－7保密组件

1995年，世界简氏军事通信年鉴详细介绍了一种KIV－7保密组件，据称该组件就是上述KG－84系列密码机组合的产物，完全具有KG－84的性能。

小型轻巧的手持式KIV－7保密组件由美国联想合信号(Allied Signal)公司生产，并经国家保密局认可。它是一种高性能的I型通信保密设备，用来保护有密级的敏感数字数据传输，其速率可高达512 kb/s。该设备属于非密级可控密码项目，对计算机用户、工作站和传真设备间的保密数据通信链路具有特别寻址技术，可达到最严格的保密需求。KIV－7可嵌入PC驱动槽内，以满足多个设备的需求，也可单独作为台式设备使用。

KIV－7使用国家保密局的WINDSTER密钥发生器，在保密数据和无线电发射密钥更换(OTAR)方式下能与KG－84/84A/84C设备互通。

KIV－7可保护点到点、数据链网络以及广播数据链路上的通信。在保密报文操作之前，明文报头旁路可建立初始的解调，无需系统重新配置。集成遥控控制允许一部KIV－7通过独立的保密链路管理30个遥控设备。

软件式密钥管理性能支持现有密钥分配系统和安全电子密钥管理系统(EKMS)。KIV－7注入接口与DS－101(AN/CYZ－10)数据传输设备以及DS－102(KYK－13、KYX－15、KOI－18)电子密钥设备兼容。它可存储10个报文加密的密钥，从而简化了多网通信。此外，还有一个可更新的密码启动密钥(CIK)，可防止非法存取，并保护内部存储的所有密钥。

4. KY－57、KY－58话密机

KY－57/58是一种密度强、音质好的半双工战术宽带式话密机，它采用连续斜率增量调制(CVSD)模数转换技术，调制速率为16 kb/s，是语言处理器和密钥发生器合一的数字化语音加密设备，主要用于VHF/UHF、超、微、散无线电通信。该话密机在1976年以前为研制阶段，1979年以后开始部署使用，是一种以话密为主、数据报文和图像加密为辅的战术密码设备。该话密机使用的范围较广，陆军从战区、集团军到连排坦克；海军从航空母舰到一般舰船，以及海军警卫队的舰船、飞机；空军的F15/16以及各种其他飞机；陆战队从两栖部队陆战师、空军联队、步兵军、炮团、步兵营到炮连等。

KG-84、KG-84A/C 和 KY-57、KY-58 均属于美军第二代电子密码机，我军十分关心它们在密码编码思想、编制体制上有无共同之处。从目前搜集和掌握的资料来看，虽然它们在核心部件上有无相似之处还不能完全肯定，但可以肯定它们在密钥管理和使用上有共同或相似之处。

5. KOI-18、KYK-13、KYX-15 密钥注入装置

据有关 KG-84A/KG-84 的资料反映，KOI-18/TSEC、KYK-13/TSEC、KYX-15/TSEC 是 KG-84A/KG-84 的三个密钥注入装置。另外，据其他资料反映，KY-57/58 也使用 KOI-18、KYK-13、KYX-15 这三种通用密钥注入装置。

KOI-18 称为纸带阅读器，主要功能是将纸带上的字符转换成一串数据流，输出的数据表示一个注入变量。该变量可输入到 KG-84A/KG-84、KY-57/58、KYK-13、KYX-15 或其他与之兼容的设备，KOI-18 本身无存储能力。

KYK-13 称为电子传送装置，能存储六个变量，能接收由 KOI-18、KYX-15 或另一部 KYK-13 和其他兼容设备输入的变量，并可将存储的变量逐个传送给 KY-57/58、KG-84A/KG 等密码设备及 KYX-15 或另一部 KYK-13。

KYX-15 是一种网络控制装置，其基本功能是控制保密通信网络中的设备。它能产生和更新密码网络的变量，可一次一个地存储和传送 16 个变量。该装置有十种操作方式，根据所选定的操作方式，可对注入变量进行多形式的操作。它可存储由 KOI-18、KYK-13 或另一部 KYK-15 输入的变量，能把所存储的变量注入 KY-57/58、KG-84A/84 等密码设备及 KYK-13 或另一部 KYX-15 中。

这三个通用密钥注入装置在使用时，除 KOI-18 是直接从密钥纸带阅读密钥外，KYK-13 和 KYX-15 在向密码机注入密钥时，操作人员都是无法知道的。KOI-18 阅读纸带上的密钥时，也要进行一定的变化才输出，并不按纸带原样输入密码机。此外，KYK-13 和 KYX-15 都具有将所存密钥进行检查或置零(单个或全部)的功能，这样就可以使密钥在注入密码机前少出问题，从而保证了密钥的可靠性。此外，也可以根据需要(如遇到紧急意外情况)很快将密钥抹掉。从上述三个注入装置的功能来看，KG-84A/KG-84 和 KY-57/58 在密钥管理上是先进的，是符合当今保密要求的。

三个通用密钥注入装置的功能虽然各不相同，但其共同点是都能向密码设备注入 128 bit 的密钥，并可串行输出。因而可以断定，KG-84A/84 与 KY-57/58 的密钥长度是相等的，均为 128 bit。

6. ANDVT 高级窄带数字话密终端

ANDVT 是一种高级窄带数字话密终端，它为战术、战略梯队提供窄带保密密话能力，可用于车载和固定场所等范围。ANDVT 战术终端(TACTERM)将通过高频、甚高频、特高频无线电卫星系统为有线或网络无线电接口提供保密密话和数据传输。ANDVT 属于三军联合战术系统(TRI-TAC)设备，符合标准化协定的互通要求。

战术话密终端的标准配置包括两个设备，一个是通信保密组件 KYV-5，另一个是基础终端设备 J3953 接口设备。

7. KGV 数据密码组件

KGV 是一种嵌入式密码组件，它能在飞机通信系统中对数据进行加/脱密串行调制和脉码编码调制(PCM)。其设计符合用户的重量、尺寸及电源要求，能满足遥测和特种信号情报应用的要求，主要用于执行保密任务和飞机遥测及宽带数据链路的加密。该组件重约为 14.17 g，电源功率最大为 700 mW，数据速率为 0～10 Mb/s，平均故障间隔时间为 28 500 h。

7.2.2 Link 11 的密码体制分析

Link 11 密码的实际破解不同于学术界的密码分析，它涉及明文文种、密钥、密码体制等的识别以及最后破译出明文内容四个基本操作或步骤。其中，密码体制(或系统)的识别(即用的什么密码)是非常关键的一步，否则，后面的工作将无从下手。

密码体制识别的任务是通过各种外在途径(例如：情报、应用环境和应用结果等)识别出密码的内在结构和算法特征，即采用的密码体制及其强度。这里仅是静态和宏观的，不包括具体使用的密钥。

密码体制识别是一项极困难的工作，一是因为密码体制本身是保密的(除公开体制外)；二是因为密码体制不是自然物，而是在一定的物理约束环境下的人为结果，随意性很大，种类繁多；三是因为密码技术近年来飞速发展，外漏特征逐渐减少。但是，密码体制识别绝不是不可能的事，特别是 Link 11 密码体制识别，有如下 3 个原因：

(1) 从 20 世纪 70 年代以来，密码技术已逐步走向公开化，通常可采用的密码类别、特征和强度等一般知识比以前更容易掌握和认识，特别是密码分析与破译技术也随之同时开放。

(2) 密码是受应用环境制约的，而应用环境一般是公开的。

(3) 实际上，密码应用不可能不露出一点密码特征，不过是更细微了。

社会大环境促进密码技术发展的同时，也促进了更先进、更精细的密码体制识别技术的发展。

从公开报道来看，Link 11 密码可能有多种，型号为 KG-22、KG-40、KG-84，算法名字为 Hayfield 或 Comfield，等级为 Field 或 Trench，类别为文电/电报。

从历史分析来看，Link 11 密码很可能是移位寄存器型流密码，级数为 11、13、15、17、19，抽头为 2 或 4，外加简单非线性组合，至少早期的型号是这样的。

从应用环境要求看，Link 11 密码应该首选面向计算机的流密码，编码为扩展的 8 位 ASCII，采用人工注入密钥的方法进行密钥管理与分发，或采用无线注入，强度为中低级，注入密钥长度最大为 128 bit。

以上仅是对 Link 11 密码的粗判，最终判别有赖于截收一定数量的 Link 11 密文后，通过仪器设备进行测试判定，可采用的识别方法是样本识别法和古典垂直法。这两种方法所需要的仪器设备，可在密码强度测试设备和已有大量密码设备基础上形成。在未形成这些测试设备之前，还可通过破译和识别相结合的方法进行。

密码破译是攻击 Link 11 非常关键的一步，由于密码破译方法涉及较深的密码技术知识，这里不做具体讨论，下面只初步探讨针对 Link 11 协议漏洞的攻击及一些综合攻击方法。

7.2.3 Link 11 的漏洞分析

Link 11 定型较早，目前还存在着大量的安全漏洞，通常从以下几个方面对 Link 11 的漏洞进行分析。

1. 一般 Link 11 的漏洞分析

可以从以下几方面入手分析一般 Link 11 的漏洞：

(1) 轮询式组网的轮询次序和台站地址容易被监听；

(2) 无线传输媒介存在的固有安全隐患；

(3) 多路并发调制解调器(modem)参数已公开；

(4) 广播式组网被具有相同物理和链路功能的设备接入较为容易。

2. 加密 Link 11 的漏洞分析

可以从以下几方面入手分析加密 Link 11 的漏洞：

(1) 移动平台体积、重量和耗电受限，不可能采用过分复杂的密码算法，保密强度受限；

(2) 大多运行在高速运动平台上，通信可靠性较差，经常同一信息全部或部分用同一密钥重传，招致密文-密文损伤；

(3) 数据链上传送信息是以短消息数据为主的，给密码同步和启动带来困难，重传操作容易招致明文-密文损伤；

(4) 数据链消息标准规定保密机是可选项，美国法律规定，在特殊情况下可弃而不用，这样，就会出现同一信息明密同传现象。

3. Link 11 网络和应用系统的漏洞分析

可以从以下几方面入手分析 Link 11 网络和应用系统的漏洞：

(1) 网管协议和配置漏洞；

(2) 信息信令协议开放性；

(3) 计算机操作系统安全的脆弱性；

(4) 网络互连设施配置漏洞；

(5) 与公共网络的局部互连；

(6) 服务器安全漏洞；

(7) 其他。

4. 综合攻击方法

值得注意的是，随着信息战的兴起，攻击 Link 11 武器的出现，Link 11 的防范措施也会增强，攻防是一对矛盾，将相互促进提高。在实现上述攻击方法的过程中，可采用以下几种具体途径进行分析研究。

1) 数据链安全特性分析

该分析的目的在于从数据链中接收传送的数据或者通过其他的途径得到有用的数据，对这种数据进行分析和处理，以了解敌方的信息。该分析包括进行密码算法破译分析、数据完整性分析、数据传送协议分析、安全协议分析等，以便采取相应的手段进行攻击。

2) 重放攻击

重放攻击是将收到的以前的敌方数据原封不变地通过数据链传送给敌方，使其收到的信息是过期的，从而导致敌方采取错误的决策。

3）篡改攻击

篡改攻击的主要目的在于对数据链中传送的重要数据进行修改、删除、更换等，这是一种十分有效的攻击行为，不真实或错误的信息往往会给敌人造成很大的损失。这种攻击可通过数据链数据接收装置截取敌方发送的数据，对数据进行修改，再将修改后的数据发送给敌方。修改数据有下面两种方式：

（1）用随机数据替换截取的有效数据，使敌方收到的数据不能解密或不能使用。

（2）将截取到的数据用假消息进行加密处理，然后发送给敌方，达到欺骗的目的。

4）拒绝服务攻击

拒绝服务攻击的主要目的在于降低系统的效率，破坏系统的稳定性，直至使其崩溃。其采用的手段是在网络中发送大量数据包，占据网络带宽，延缓网络的传输等。

短时间内在数据链上发送大量的数据，扰乱接收机的处理，阻止其去处理正常的业务。这些数据可能是按照数据链格式传送的数据，也可能是不按数据链格式，但按照数据链传送协议发送的数据。无论怎样，太多的数据会加重处理器的负担，影响效率。在极端情况下，会使系统由于没有足够的资源运行，或由于资源冲突而崩溃。

5）端系统攻击

对计算机端系统进行攻击，需要在数据链用户端假冒敌方的用户，与另一端的用户进行通信，在通信过程中可将假消息、病毒等信息发送给敌方，使其产生错误操作或破坏其系统。

7.3　Link 16 的安全系统

Link 16 作为一种要兼顾全局利益的通用数据链，必须能经受干扰（渗透）、破坏（分裂）、利用（截获）或使其拒绝服务的企图，该系统必须具有入网可靠、安全保密、抗干扰能力强等特性。Link 16 采用加密技术来实现消息保密和传输保密，这些技术提供了相应的保护措施，防范敌方的定位、电子欺骗、拦截、接收以及其他可能的干扰。

7.3.1　Link 16 的密码应用

Link 16 安全系统中 SDU 是外加的安全数据单元，通常由 KGV－8 专用密码机担任。不过，该密码机只提供密码变量，实际的加解密是在数字数据处理器内进行的。

加密是 JTIDS 终端的一种固有功能。海军网络被分配若干需要 SDU 才工作的 JTIDS 终端，因此所有从终端传输的信息都是加密的。可变密码参数终端被载入两天的可变密码参数，而且自动完成到第二天可变密码参数的变换。JTIDS 终端加密时隙有两路：第一路是传输波形变量根据当前 TSEC 变量加密；第二路是信息自身由 MSEC 变量加密。JTIDS 密码执行 NPG 和网络隔离与数据加密是一样的。

1. 密码工作模式

所有专业生产内容（PGC，professional generated content）的安全要求给网管员指明哪些 PGCs 属于同一密码网。一个密码网是具有同一密码变量作为文电安全的全部单元组（JUS，join units）集合。在多功能信息分发系统（MIDS，multi-function information distribution system）内，文电可以按公共变量和分割变量两种安全模式发送。

在有关标准的安全模式描述中，对上述两种模式作了说明：MIDS 提供传输安全(TRANSEC)和报文安全(MSEC)。在公共变量模式下，TRANSEC 和 MSEC 使用同一个密码变量。在分割变量模式下，有 2 种密码变量，一个用于 TRANSEC，一个用于 MSEC。每一个 MIDS 网都是由一个网号和一个 TRANSEC 密码变量来定义的。网上的每一个时隙分配可以被指派为以公共变量或分割变量模式工作。在公共变量模式下，所有网络成员均可接收和阅读所传输的报文，从而作为单一密网操作。在分割变量模式下，网络可以被划分为使用不同 MSEC 变量的多个密网。为了接收和阅读所传输的报文，JU 必须是网络成员和密网成员。但是，在分割变量模式下，任何网络成员都可中继任何 J 系列报文，即使网络成员没有持有相同的 MSEC 变量也是可以的。

按照 Link 16 的网络设计，它的每个网号可以与任一可用的 TSEC 密码变量联系。每个网都是由一个网号和一个 TSEC 密码变量来定义的。在公共变量模式中，TSEC 变量也用作 MSEC。在分割变量模式中，一个单独的 MSEC 变量可用作 MSEC。

2. 密码参数

在考虑时隙组分配方法时，KGV－8/TSEC SDU 密码变量作为 10 个参数之一。

在 STANAG 5516 标准中指明，标头字格式中 SDU 串行编号只有 16 位。同样，在 RTT 文电格式中也只有 16 位 SDU 串行编号。STANAG 5516 标准中有关接口设计的数据项 CANTPRO 9 表示未持有密码表变量。信息交换要求指出字头中 16 位 SDU 串行编号是上一个发送终端发出的，位于 19～34 位。

3. 安全特殊处理指示 SPI

STANAG 5516 标准对有关接口设计给出如下的特殊处理：

有一些国家系统提供尤其敏感的监视和告警信息。Link l6 通过使用特殊处理指示符(SPI)对这类信息的源提供保护。SPI 不用于任何其他目的。特别地，当 SPI 的值设置为 l 时将不允许该报文的任何其他字段以不同于报文标准所定义的形式来编码。发送资料的各单元对 SPI 的设置将按照国家要求进行。

4. 密码管理

在 STANAG 5516 标准中有关接口设计系统信息交换和网管中明确密码变量管理是其众多内容之一。所谓密网管理是为了将敏感操作信息的暴露降低到最小要求所进行的管理，访问应该根据风险和需要知道(need-to-know)进行。风险和需要知道是用来限制已知或未知损害操作的不利影响及简化对已知损害的恢复行为的两个因素。网络信息损害能引起偷窃或捕获网络的密码变量。密网管理员根据各个参与群(PGs)需要知道以及 PG 中传送的资料的损害风险，通过对这些参与群分配单独的密码变量可以限制已知或未知损害的操作影响。

7.3.2　Link 16 的密码设备

Link 16 的密码设备包括以下几个部分。

1. 数字处理装置

数据处理装置执行大多数报文格式化和时分多路(TDMA)管理。它具有格式化报文、执行报文加密和传输加密、控制 R/T 装置的功能。另外，在这个电路板中执行错误检测和纠正编码。数字数据处理器(DDP)装载了网络接口计算机程序，所有级两终端(USN、US-AF 等)都有 DDP。

2. 安全数据装置(SDU)

KGV-8B SDU 是安装在 IU 上的可移动装置，包含为所有终端提供报文和传输安全所需要的密码逻辑密钥(可变密码参数)。它装载了四对(今天/明天)可变密码参数来提供连续 48 h 的自动翻转操作。从所有配置的终端外面可访问到 SDU 填充端。KGV-8B 已经取代了 E-2C 上的 KGV-8E2。B 版本在功能上和电力上等同于 E-2 版本，但允许经由数据转移和运输设备(DTD)加载，这样可以消除对负载控制装置(LCU)和电子转移装置(KYK-13)的需要。然而，LCU/KYK 的集成能加载更新的 KGB-8B。SDU 连接到 IU 的前面。SDU 填充端口从所有配置的终端外面可以访问到。

3. 自动转换器

JTIDS 通过自动转换器提供持续的链路工作。终端任何一天工作中使用加载到区域设备中的密钥，这个区域设备是要匹配那天的耦合电容器电压装置(CCPD, coupling capacitor potential device)的。如果 CCPD 是 1，那么它就用奇区域设置。

4. 注钥设备

Link 16 注钥设备用于操作所需的可变密码参数(钥匙)来初始化 AN/URC-107(V)7 无线电台。

与 JTIDS 相关联的注钥设备包括 AN/CYZ-10 数据传输设备(DTU)、KYK-13 电子传输设备(ETD)以及 KOI-18 一般用途的磁带播放机。这些设备的描述、程序和检测清单都包含在 16 号链路/JTIDS CRYPTO、OPNAVINST C3 120.43 ANNEXD 用户指南中。16 号链路秘密安装设备的描述、程序和检测清单在 Link 16/J TIDS Crypto、OPNAVINST C3120.43 Annex 用户指南中提供。

7.3.3 Link 16 的漏洞分析

Link 16 源于 20 世纪 70 年代，就像 ARPANET 网一样。ARPANET 网推向社会以后成为现代的因特网，与此同时人们发现它具有成百上千的安全弱点。Link 16 虽然没有像 ARPANET 网那样推向社会，但它也流传很广，被北约各国广泛应用。同样，在广泛应用的同时，它的很多安全弱点(这里的安全弱点主要是针对人为信息攻击而言的，不是针对物理攻击和电子攻击的)必然会被发现。因此，下面对 Link 16 的漏洞作简要分析，不一定正确。

(1) JTIDS 是纯粹无线系统，而且主要工作于空中，并使用全向天线，显然非常有利于截收录取 JTIDS 信号以供分析。

(2) JTIDS 主要应用于空中各种武器平台，特别是 2、3 类端机。这种运用环境可能给安全带来两方面问题，一方面易于丢失，实物落于敌手；另一方面这些武器平台的空间及能源受限，特别是在电子含量越来越大的今天，更是如此。这样，其中的安全措施不可能过分复杂。

(3) JTIDS 是综合应用系统，端机分为大、中、小三类，分别供不同情况使用，它们对安全的要求不同，容忍的复杂程度也不同。显然，把这些复杂的应用混杂在一起，很难实现多级安全。

(4) JTIDS虽采用时、频、信三维密码保护，但是，其中的时间和频率两维密码序列变换图像是无任何保护的，完全暴露于空间，相当于让对手进行已知明文攻击。已知明文攻击比密文攻击要容易得多。

(5) JTIDS虽是海、陆、空三军通用的数据链，但是，目前还不能完全废弃其他数据链，如Link 1、Link 4、Link 11、Link 14等，为此，在一类机上还设有双路(biway)和网关(gateway)(如(ASIT))与它们相连接。这样，对攻击者而言也等于开了一个后门，使它们可在安全防卫措施比较薄弱的链路上对JTIDS用户实施攻击。

(6) JTIDS是一项集通信、导航和识别为一体，在最恶劣的敌对环境中三军通用的复杂工程，工程设计及实现技术难度都很大，因而其研制、生产和使用的周期很长，从1973年开始，一直到1993年才进行第一次试验。周期长的最后结果必是技术惯性大和落后，这一点在密码强度方面将更加突出，因为密码强度在很大程度上依赖于计算技术，而这二十年恰恰是计算技术发展最快的时期。

(7) JTIDS是相对导航，它的导航精度依赖于网内导航基台的绝对位置，如GPS，这样就可以通过攻击GPS而攻击其他用户的位置坐标。

本章小结

本章介绍了数据链安全防护技术。首先介绍了数据链系统安全概述，包括数据链安全基本特征、常见的数据链安全威胁、数据链安全威胁的应对措施以及数据链安全保密关键技术；其次介绍了Link 11的安全系统，包括Link 11的密码设备、密码体制分析和漏洞分析；最后介绍了Link 16的安全系统，包括Link 16的密码应用、密码设备和漏洞分析。

思考题

1. 数据链安全的基本特征有哪些？
2. 一般Link 11的漏洞有哪些？
3. 加密Link 11的漏洞有哪些？
4. Link 11网络和应用系统的漏洞有哪些？

第8章　数据链技术发展

在数据链五十余年的发展过程中，美军先后研制装备了40余种数据链系统，形成了适应信息化作战所需要的通专结合、远近覆盖、保密、抗干扰、多频段的数据链装备体系。然而，不同数据链的报文标准不同，它们之间是不能直接互通的。为了实现不同数据链的互通，美军一方面通过统一各链标准、采用单一系列终端来整合原来各军种独立开发的互不兼容的“烟囱式”系统；另一方面强调采用商用现成产品、模块化结构和软件可编程等方法来降低成本、缩短研制周期。

8.1　联合战术无线电系统

采用软件无线电设计理念的联合战术无线电系统(JTRS)是美军数据链发展的一项重要技术，其目的是用一个通用的单一系列的软件可编程无线电台满足美军所有4种战术通信(话音、数据、图像和视频)的需求，同时取代现今125种不同型号的电台。该电台将覆盖大部分频谱(2 MHz～2 GHz)，包括40多种波形，其中就有Link 4/4A、Link 11/11B、Link 16、CDL、IBS等数据链波形。

8.1.1　背景和目标

1. 研发背景

JTRS的研发目标是获得一个操作灵活、可互操作、成本低廉、电台和电台波形可升级的新型通信装备。这里的波形(waveform)是指将射频信号处理成可用的语音、数据和视频信息所需的一切处理或变换，其包括传输、调制、协议和基带处理等。

1) 综合通信、导航、识别系统

早在四十多年前，美国军方就提出“综合通信、导航、识别系统”(ICNI)计划，企图用一个通道、一个波形来完成各种通信、导航和识别(CNI)功能。其中典型的例子是美国空军在1967年提出的、几经演变后与海军计划结合而成的JTIDS计划。JTIDS工作在Lx频段(960～1215 MHz)，采用扩展频谱(直接序列扩谱＋快速跳频)与时分多址的独特信号格式，在实现高强度的抗干扰、保密组网数据通信的基础上，通过测量信号到达时间(TOA)而获得测距信息，从而使系统具有相对导航和网内识别功能。这是进行“功能综合”的一个成功例子。但是，JTIDS不能兼容原有的CNI设备，更不能取代原有的CNI设备。实践表明，它是在原有的CNI设备之外提供了一种新的能力，而原来希望减小机载CNI设备体积、重量、成本等目的并没有达到。

1978年，美国空军航空电子研究所提出多功能多频段机载无线电系统(MFMBARS)计划，探索研究将2～2 000 MHz的各种CNI设备综合成一个无线电系统。这个计划后来演变成 ICNIA 计划。它的特点是不产生新的波形，也不改变原先的波形，而只是采用新的实现方法。空军要求 ICNIA 综合 16 种功能设备，如表 8-1 所示。

表 8-1　ICNIA 综合的 16 种功能及其相应设备型号

功　能		设　备
1. HF 通信		AN/ARC-112、154、190
2. SINCGARS(单通道地面和机载无线电系统)		—
3. VHF 通	AM	AN/ARC-115
	FM	AN/ARC-114、131
4. UHF 通信		AN/ARC-164
5. HAVE QUICK(225～400 MHz 跳频无线电设备)		—
6. VOR/ILS		AN/ARC-108
7. TACAN		AN/ARC-118
8. JTIDS		—
9. EJS		—
10. IFF，应答		AN/APX-101
11. IFF，询问		AN/APX-76、81
12. GPS		
13. ACMI(空中格斗机动仪表系统)		—
14. TCAS(空中防撞系统)		—
15. EPLRS(增强型定位报告系统)		—
16. MLS(微波着陆系统)		—

当时有两种系统结构方案：一种是 ITT 公司提出的接收时不分通道、直接在射频取样，随后通过捷变的横向滤波器将信号直接变换到基带进行数字信号处理；另一种是 TRW 公司提出的在多个通道上采用一般的超外差方法进行接收，在中频后进行基带信号处理。这两种方案都能共享通用资源模块，都采用大量软件，并且第一次使用 DSP 可编程 MODEM 和控制功能来获得机载平台的综合能力。这种"结构综合"的理念摈弃了过去的"一次只设计一个功能设备"的设计方法，同时又保留了原先的 CNI 设备功能，不仅使得综合后的机载 CNI 系统的体积、重量、功耗和成本费用大大降低，而且可靠性、可维护性、可扩展性方面的性能也明显提高。因而，ICNIA 成为美国空军 20 世纪 90 年代先进战术飞机(ATF)计划中的重要组成部分，与"宝石柱"(pave pillar)计划一起被列为 ATF 的 11 项电子方面计划中排在最前面的两项。ICNIA 技术为后来的"易通话"(speakeasy)开发计划铺垫了基础。

2）三军可编程无线电开发计划

海湾战争中，美国国防部在通信问题上面临两方面的难题。一是如何能够保证美军与最新的同盟国之间按某种全球支持的系统结构进行通信，同时防止被现在的敌人所截获？二是如何能够快速地进行技术更新，同时控制成本费用的上升？

在这个背景下，1991 年开始实施“易通话”（speakeasy）的三军可编程无线电开发计划，开发一种多频段多模式电台（MBMMR）。它首次运用“软件无线电”（SWR）的概念，在 2 MHz～2 GHz 频段内实现 15 种现用的军用电台的通信能力。它的关键是波形具有重构性，通过软件实现波形重构和可编程信号处理器的相关处理。当时采用的 DSP 为时钟速率 50 MHz 的 TMS320C40。由 4 片 TMS320C40 构成的并行处理模块，其处理能力达到每秒 1100 M、16 位整数运算和每秒 200 M、32 位浮点运算。Speakeasy 的第一阶段开发成果在 1994 年作了演示验证，与包括 HF Modem、Automatic Link Establishment（HF）、Sincgars（VHF）及 Have Quick（UHF）等通信设备成功地进行了桥接。1999 年美国 Harris 公司推出了与此相关的新产品：AN/PRC－117F 多频段、多任务背负式战术电台，在 30～512 MHz 频段范围内，包括了陆地、海上、空中及卫星通信的 5 种频段、9 种波形，具有 Sincgars 与 Have QuickⅠ/Ⅱ之间的互操作能力和 GPS 定位能力，体积（81.28H，266.7W，243.8D）mm^3，重量 4.45 kg（不含电池盒）。而且，今后可以进行软件升级、提升通信能力，而无需更改硬件。

1997 年，美国国防部启动了“可编程模块化通信系统”（PMCS）计划作为 Speakeasy 计划的继续。PMCS 的指南文件提出了一种概念性的软件无线电功能结构，如图 8－1 所示，它成为今天 JTRS 定义的体系结构的先驱，也成为“软件定义无线电（SDR）论坛”颁布的体系结构的基础。

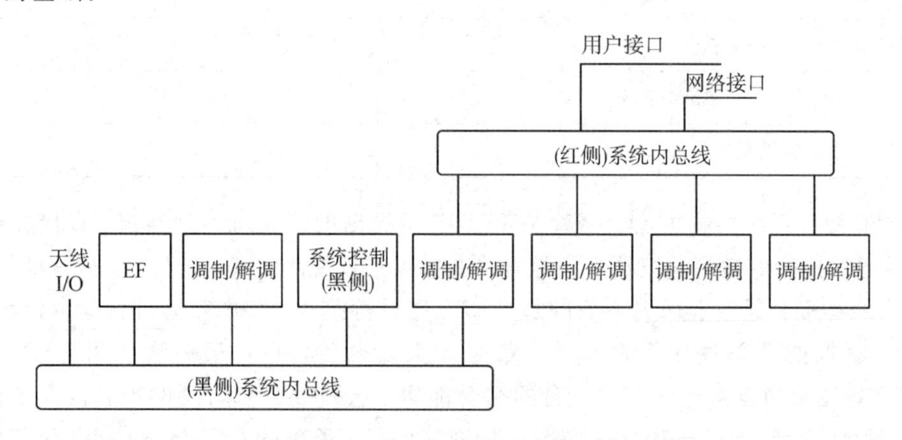

图 8－1　PMCS 参考模型

JTRS 不仅强调采用以工业标准总线互连的商用货架（COTS）模块，同时还强调以一种公共、开放的系统结构开发一系列可互操作、可买得起、可变规模的无线电设备。因而，它的能力更强、成本更低、结构更紧凑、更具通用性。1998 年，美国国防部成立了 JTRS 联合计划办公室专门负责该计划的管理，并指示陆、海、空三军采取积极步骤将各自的无线电采购计划向前移到单一的 JTRS 采购计划上来。可以预见，JTRS 将成为 21 世纪美军所有无线电领域共用的新型系统。

2. 研发目标

JTRS 军用和民用用户一般分为五个范围：机载、地面移动、固定台站、海上业务和个人通信。JTRS 必须将当今的硬件密集通信系统结构转变为以软件为中心的体系结构，从而满足各种领域用户的要求。它必须能与传统的通信系统互通，并支持新需求的发展。JTRS 也可扩大或缩小以满足不同用户的通信要求，可扩充来支持扩大和改装，其整个寿命期间出色地提供服务，并采用开放式系统标准和技术。JTRS 研发的其他目标包括如下几个方面：

(1) 通过应用软件来实现波形发生、处理、加密、调制解调器和其他的通信系统功能，从而取代传统无线电的硬件密集设计；

(2) 用户能够重新预置应用常驻软件且具有动态地改变能力；

(3) 使用通用的硬件和软件结构一起支持“即插即用”和“混合搭配”类的结构。

(4) 采用通用硬件以及不同软件系统结构的复接，或者两者之组合，能力范围能够从单信道通信系统扩大到一个综合多信息系统。

8.1.2　地位和作用

1. Link 16 的 J 系列消息标准的困境

目前，美国国防部已经将 Link 16 的 J 系列消息标准(MIL－STD－6016)确定为今后战术数据链系统采用的主流消息标准，并且希望正在研发的 JTRS 能够成为未来战术数据链系统采用的标准信道设备。美军的联合战术数据链管理计划要求在 2015 年前为大部分的作战平台集成基于 JTRS 的数据链装备。目前的作战平台往往根据自己的战术需求，实现 J 系列消息集的某个子集，或者更早出现的 Link 4、Link 11 消息集。它们同自己所使用的老式数据链信道设备之间有着固定的接口设计，难以动态配置以实现和新数据链信道设备的连接。另外，这些作战平台和自己所使用数据链装备之间的消息处理协议也是固定的，不能根据需要方便地改变这些消息处理协议。

JTRS 是一种硬件和软件都采用开放系统结构、多频段多模式、软件可重编程的无线电系统。它覆盖 2～2000 MHz 频谱范围，可包含现用的和将来升级的各种波形，为战场上的指挥、控制、通信、计算机与情报信息(C^4I)用途同时提供视距和超视距的话音、数据、视频通信能力以及全球导航能力，为解决当前 Link 16 的困境提供了方法。

2. 点解决方案和 JTRS 计划

美军目前已有的平台集成技术方案都属于点解决方案(point solutions)。这些方案针对特定平台的战术需要支持特定的消息子集，实现特定的信息传输、接收和处理功能模块。其中信息接收功能模块负责从数据链信道设备接收数字信息，并完成相应的数据解码和解析。解码和解析后的数据将会被送往所在平台的任务计算机或显控系统。信息传输功能模块负责从所在平台收集各类侦查、监视、情报、指控命令、平台状态等信息，并将这些信息按特定的信息标准进行封装、编码送往相应的数据链信道设备。信息处理功能模块则负责依据选定的数据元素词典，对经过解码、解析后的接收信息进行处理，完成诸如航迹滤波、航迹相关、维护航迹文件之类的特定任务。一旦作战平台的战术需求发生变化，原有的点解决方案就需要重新设计，软件和硬件都面临不可避免的调整和改造。这种调整和改造所需的时间和资金开销往往是军方难以接受的。

美军针对基于JTRS的数据链装备的集成需求，开展了相关的平台集成技术和方案研究，着重解决软硬件接口技术问题，并能够有效地支持未来可能出现的新的数据链消息标准和数据链装备，这也是目前美军克服点解决方案局限性的一条重要途径。JTRS不仅具有灵活的接口设计，支持接口的动态配置，以适应不同类型的平台。JTRS还有具有更加灵活的战技性能，从而能够更好地适应不同作战任务的需要。

8.1.3 体系结构和参考模型

体系结构的定义是：系统由其建立的成分、各个成分的相互作用、合成这些成分的指导规范和一整套设计这些成分及其相互连接的规则组成。就JTRS而言，体系结构的定义包括硬件和软件两部分。可编程模块化通信系统指导文件定义了指导JTRS系统体系结构开发的系统参考模型(SRM)。

1. 操作、系统和技术体系结构

应用于JTRS的操作、系统和技术体系结构的定义如下：

(1) 操作体系结构：描述了(通常用图示法)操作单元、所分配的任务和要求用来支持战斗员的信息流。它定义了信息的类型、频率交换以及这些信息交换所支持的任务。

(2) 系统体系结构：描述了(包括图示)提供或者支持战斗功能的系统和相互连接。该系统体系结构定义了实体连接、位置、关键节点、线路、网络、战斗平台等的识别，并规定了系统和元部件的性能参数。系统体系结构展示出了主题领域链路内的多个系统是如何互通的，并能描述该体系结构内的特殊系统的工作和内部结构。

(3) 技术体系结构：描述了控制部件或者元件的配置、相互作用和相互关系，其目的是确保一致性系统满足一组特定需求。技术体系结构提供了系统实施的技术指南。

2. 参考模型

联合战术无线电系统参考模型(JTRS SRM)是建立满足功能要求的JTRS系统体系结构的第一步。

JTRS SRM有两个部分：实体参考模型(ERM)和软件参考模型(SwRM)。ERM由各个都与功能实体接口(FEI)相衔接的功能实体定义。SwRM定义了功能实体中的软件接口，以及软件和硬件之间的分层设计接口。这些软件接口是ERM中定义的FEI的主要部分。将ERM和SwRM发展成为一个系统设计的准则是开放系统的途径。

1) ERM描述

ERM包含了8个功能实体，每个功能实体建立一组截然不同的通信能力，但并不要求所有的功能实体都用于所有用户。图8-2所示是JTRS实体参考模型，该图展示了JTRS功能实体和功能实体接口(FEI)。其中7种功能实体(RF、MODEM、黑方处理、信息系统保密(INFOSEC)、网络互联、系统控制和人机接口(HCI))在技术特性方面，从硬件密集RF功能实体到网络互联、系统控制和HCI功能实体的软件密集功能性方面，个个都是不同的。第8个功能实体是分离的关键系统互联、黑方互联和红方互联，用来满足国家保密局签署的要求。

图8-2表示了通过多功能实体支持多个、同时通信信道的JTRS的能力。功能实体能由一个或者多个硬件模块构成。通过软件实现的实体可以共存在单个软件模块上。

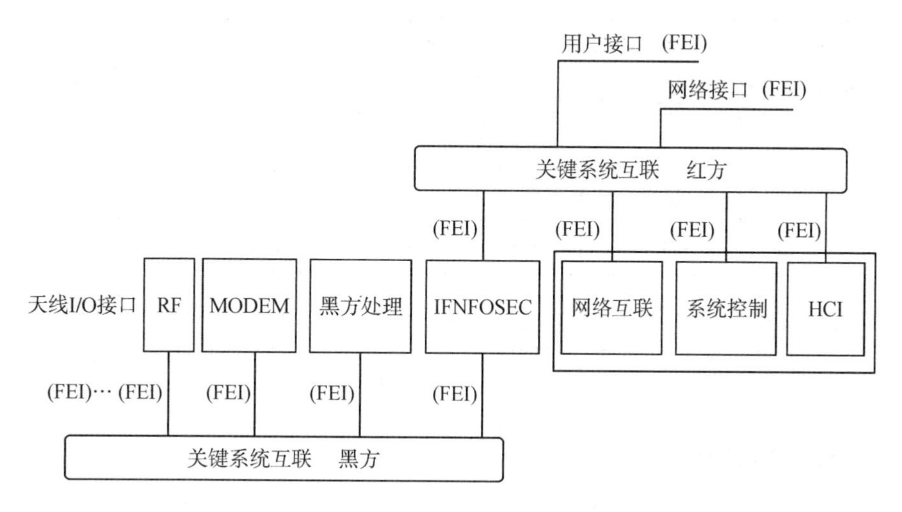

图 8-2　JTRS实体参考模型

2）功能实体接口的准则

在 ERM 中规定的 FEI 代表用于实现独立性和灵活性来改变一个功能实体而不影响任何其他功能实体的物理、电气、逻辑和定时接口。FEI 组是接口组，其定义了政府必须加以控制以满足其 JTRS 目标的功能实体周围的边界。ERM 和 SwRM 都确定了包含特殊功能实体的接口。一个特殊的 FEI 组包含了从功能实体到关键系统互连、外部接口到系统，以及所有的实体之间的接口。

3）软件参考模型

SwRM 叙述了 SRM 的每个功能实体内的软件以及这些实体之间的相关软件的相互关系。SwRM 由符号视图(如图 8-3 所示)和分层视图(如图 8-4 所示)构成。其中，符号视图描述各个功能实体的软件，以及软件之间的相互关系，即符号视图表达的是实体软件是如何设置在一起和相互作用的概念。分层视图描述所有软件应用和业务以及所有功能实体的软件和硬件之间所要求的分层设计(API：应用程序接口，Op System：操作系统)。

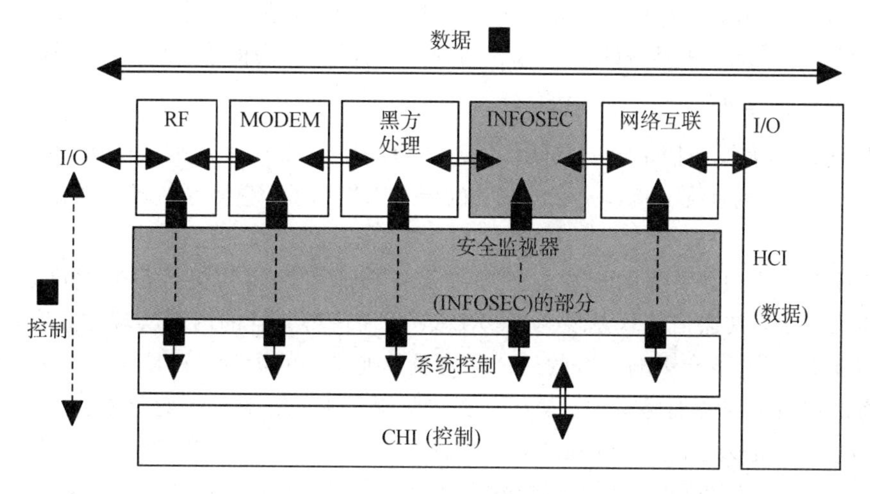

图 8-3　符号视图示意

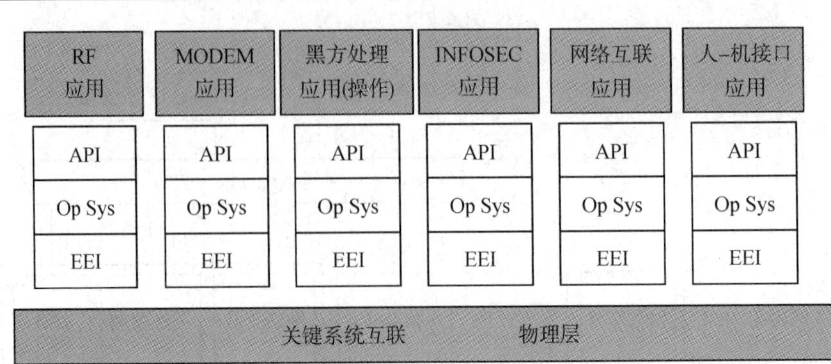

图 8-4 分层视图示意

8.1.4 软件通信结构

JTRS 将成为数字化战场环境中作战人员通信的主要手段，代表了目前世界范围内最为先进的无线通信发展方向，是未来军事通信的基本组成部分。美国国防部组织了 2 个小组分别由 Raytheon 和 Motorola 两个大公司牵头来定义 JTRS 的硬件和软件体系结构，最后以 Raytheon 公司为首提出的《软件通信体系结构(SCA)规范》获得国防部批准通过。SCA 规范描述了模块化软件可编程无线通信系统的硬件体系结构、软件体系结构和安全体系结构，以及应用程序接口(API)规范，同时引入了嵌入式微处理系统、总线、操作系统、CORBA(公共对象请求代理体系)、面向对象的软件和硬件设计等一系列计算机技术，采用了"波形应用"和"资源"可裁剪、可扩充的设计思想，其目的是实现无线通信系统硬件模块化，软件具有可移植性、可重用性和可互操作性。

基于 SCA 的软件无线通信系统可以通过灵活的应变能力，提高通信业务的质量，同时简化硬件的组成，提供快速适应新标准的管理方式；而且 SCA 能保证基于该规范的各种无线通信系统间实现互联、互通和互操作，能大大减少无线电台的种类；同时，它还为不同的 SCA 波形应用提供了可移植的平台，并通过充分采用商用货架模块(COTS)技术减少了开发成本，通过软件重用等技术减少了新波形的开发周期。所以基于 SCA 的软件无线通信系统具有现行无线通信系统所不具备的许多优点，它有着广泛的应用前景和巨大的市场潜力。

1. 系统总体结构

基于 SCA 的无线通信系统的软硬件体系结构设计是以 SCA 规范为基础，采用面向对象的设计思想，按照具有统一接口定义的"类"的模式来组织的，整个系统的逻辑结构如图 8-5 所示。

在该体系结构中，系统的配置与管理以及各功能组件间的交互是通过已定义的标准 API 接口实现的，其通信的软总线为 CORBA，从而使得"类"的内部实现方式变化(即硬件或软件的升级换代)不会影响系统的总体结构及其他模块的设计。在具体实现时，该体系结构允许通过加载不同的编码对象、交织对象、调制对象、上下变频对象来实现在不同通信模式、不同通信频段间的灵活切换，支持软件的下载和安装，以及各种设备或组件的动态配置；并通过基于 CPCI 的总线控制技术实现信道处理模块、基带处理模块、中频处理模块的互联，使得系统硬件平台具有开放性和易伸缩性，为硬件模块数目的扩展和新的通信模块的研制提供支持。可见，该体系结构是一种基于计算机技术、总线控制技术、高速 CPU/

DSP/FPGA 等可编程芯片技术，以软件为核心的崭新的无线通信系统体系结构。

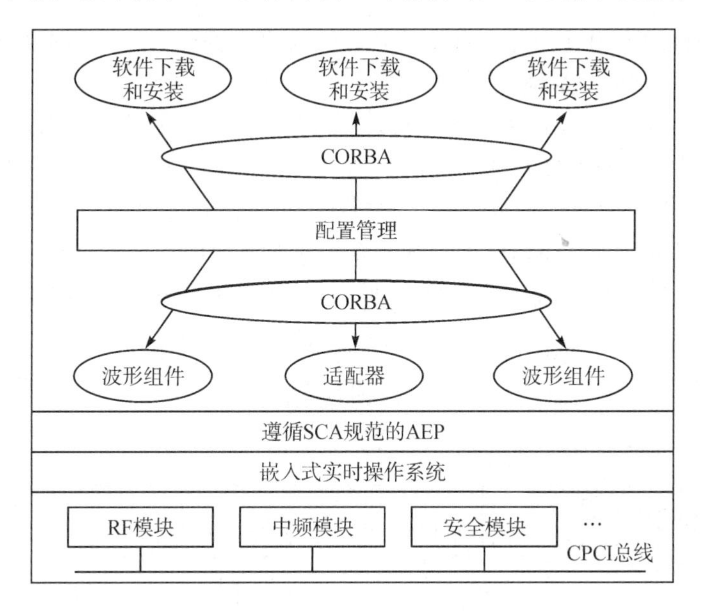

图 8-5　基于 SCA 的无线通信系统的逻辑结构简图

2. 硬件体系结构

基于 SCA 的无线通信系统是一个以软件为核心的无线信号处理平台，硬件结构必须通用化，即硬件设备不能针对某个特定的功能而设计，而是设计成可扩展的通用平台，通过加载不同的功能软件实现特定的功能。另外，在设计硬件系统时，还应充分采用商用货架模块(COTS)技术，因基于 COTS 技术的硬件产品具有模块尺寸标准化、接插件坚固性好、模块易于加固和扩展、维修时间短等优点，可较好地满足平均故障时间(MTTR)要求。图 8-6 是基于 SCA 的无线通信系统的硬件体系结构简图。硬件模块主要包括：天线、射频前端、中频处理、基带处理、信道处理、信息安全、数据处理、输入输出、红边电源和黑边电源。出于电磁泄漏和信息安全的考虑，这些模块被分布在红边和黑边两个区域，并通过对不同设备的电磁场信号采取不一样的处理措施，以有效地抑制设备的信息泄漏。红边和黑边内部模块间可以通过标准 CPCI 总线进行连接，构成类似于计算机的通用硬件体系结构。

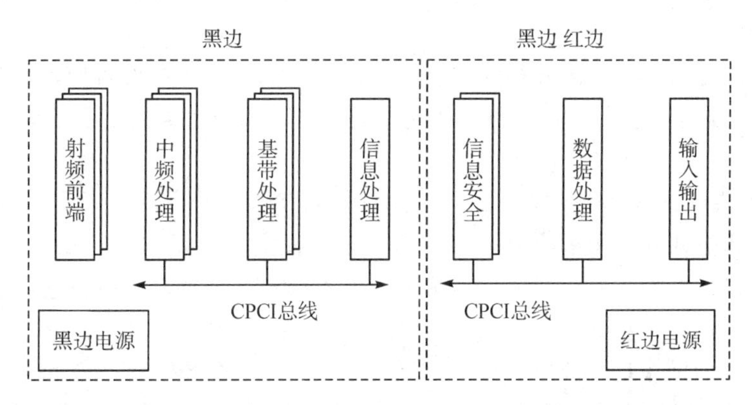

图 8-6　基于 SCA 的无线通信系统的硬件体系结构简图

3. 软件体系结构

为了保证硬件的通用性和整个系统的开放性及可扩充性，软件体系结构非常重要，本文在 ISO/OSI 七层模型的基础上，参照 SCA 规范，建立了无线通信系统的软件体系结构，如图 8－7 所示。这是一个层次型结构模型，它加在软件开发上的限制主要在接口的定义和软件的体系结构上，而不是在具体功能的实现上。采用该软件体系结构的主要好处在于：

（1）开放式的体系结构，可以最大化利用现成的商业产品，并易于新技术的注入；

（2）通过开放式的分层结构将核心和非核心应用与底层硬件分离开；

（3）通过中间件技术提供分布式的处理环境，增强了软件的可移植性、可重用性和可扩展性。

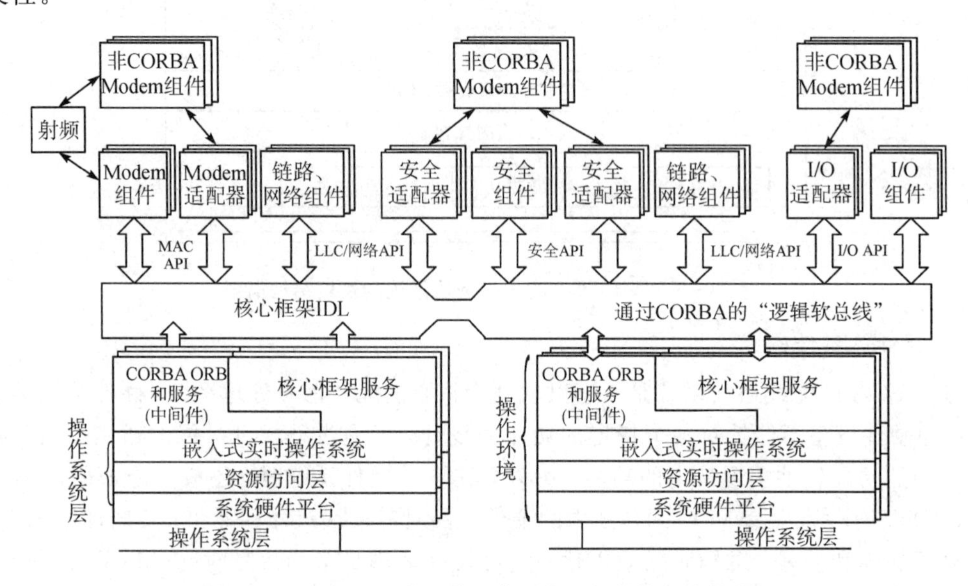

图 8－7　基于 SCA 的无线通信系统的软件体系结构简图

1）*系统硬件平台*

系统硬件平台主要指完成无线通信中信号处理的各种硬件处理器模块，如 DSP 模块、中频处理模块、数据处理模块等。系统的硬件总线、Ethernet 网络接口和一些串行接口等也属于这一层。

2）*资源控制层*

资源控制层提供直接面向各种硬件模块的底层接口封装，如设备驱动程序、故障诊断程序、操作系统支撑软件等。其主要目的是支持操作系统，使之能够更好地运行于不同的硬件平台上。

3）*嵌入式实时操作系统*

该层用于为嵌入式应用程序提供多进程、多线程支持，屏蔽不同硬件平台间的差异，为上层软件提供标准的硬件访问接口和其他的基本操作系统服务，使得上层应用软件具有设备无关性。

由于可移植的操作系统接口(POSIX)规范是一个工业标准，该规范和它的实时性扩展与支持 OMG CORBA 规范的需求相兼容，因此在基于 SCA 的软件无线通信处理系统中，操作系统接口层应遵循 POSIX 规范。

4）嵌入式实时中间件

嵌入式实时中间件为软件组件间的消息传递提供了统一的软总线，作为分布式应用运行平台间的通信机制，CORBA 技术可以解决硬件平台不断升级和软件需要保持相对稳定之间的矛盾，实现软件组件的即插即用、自动发现和动态部署等，从而满足无线通信系统对硬件模块和软件组件的柔性组合要求。

5）核心框架服务

核心框架服务基于开放式软件接口和描述，定义了波形应用组件的配置、管理、互连和通信等接口。它为波形应用提供了对底层软件和硬件的更高层次抽象，为波形应用组件/设备的自动装配、智能化管理定义了统一的接口，包括基本应用接口、框架控制接口、框架服务接口和配置文件。通过这些接口和配置文件可实现对整个系统中各种波形应用的安装、卸载、操作、配置和管理等，从而保持了波形应用组件实现的独立性，提高波形应用组件的可移植性。

6）应用层

这一层主要指波形应用组件层，每个波形应用组件完成无线通信中相对完整的独立功能处理，它由核心框架中定义的一个或多个 Resource 组成，并通过 Resource 接口来控制和配置，在系统运行时，可被动态地加载到对应的硬件处理模块中，并支持动态配置功能。

4. 安全体系结构

安全通信的目的是保证信息在发送、处理、存储过程中的机密性和完整性。基于 SCA 的无线通信系统的安全体系结构的目标是：支持话音和数据通信；实现对不同秘密等级信息的传输和接收；兼容传统设备的安全操作；具备安全功能的可扩展能力；有友好的用户接口。该安全体系结构具备完全开放性，与传统设备具有安全的互操作能力，同时可使用最新安全技术的软硬件产品，以提供可编程的信息安全模块。

为了保证用户信息在发送、处理、存储过程中的机密性和完整性，能够对不同安全要求等级的信息进行传输和接收，确保不同的无线通信系统能够互联、互通和互操作，这就必须形成安全体系结构。

1）安全体系结构的描述

（1）获得信息安全的基本要素。

安全体系结构有 4 个方面的要素，只有所有要素共同作用才能达到系统安全的要求。

① 硬件安全：包括可编程的信息保密模块、可编程的传输安全模块、密钥注入处理器；

② 软件安全：包括软件保护、专用保密模块控制软件及接口、可靠的操作系统和 CORBA 访问控制；

③ 系统安全：包括多级独立安全（MILS）、密钥管理、商业现货的安全性考虑；

④ 物理和专用领域内的安全：包括防扰乱、防止篡改和清除。

（2）硬件安全的描述。

传输安全主要用来防止截获、定向、信号分析和干扰。一个可编程的信息安全模块包括一组硬件和软件，能够在战时改变加密算法和密钥。安全模块上的器件可采用通用硬件，不同应用场合可以互换。采用可编程器件后大大减少了专用芯片的数目，同时也减少了辅助电路及功耗的要求。设计可编程的信息安全模块时需要考虑的因素包括：尺寸大小、功耗、算法的互操作性、算法的保密、支持的全/半双工回路的数目、存储的密钥数、密钥之间切换的灵活性、内部对明文及控制的旁路功能、需要的辅助电路的类型和数目等。

(3) 软件安全的描述。

对于软件来说，必须考虑以下几个方面的安全要素。

① 软件防护：软件防护指的是避免发生无意或恶意情况下将不当的软件下载到系统中。数字签名是一种常用的方法。数字签名是附在软件上的特殊字符串，用来确认软件是不是合法的软件。数字签名在系统正常工作时是感觉不到的，它只对软件下载发生作用，它在软件下载之前对软件进行确认。这种方法保证系统更加灵活、开放和可升级。

② 具有标准接口的专用保密模块控制软件：安全模块必须由特定的软件来控制其加密功能，同时系统必须采用一套标准的应用程序接口与安全控制软件相接，而且支持不同的器件。应用程序接口还定义了出入加密/解密模块的数据包格式。

③ 可靠的操作系统：对于多级安全的系统，可靠的操作系统是用来保证通过系统的数据的可靠性、完整性、有效性和保密性。

(4) 系统安全的描述。

系统安全指的是必须支持多级安全结构(MLS)，即系统可以与工作在不同安全级别的系统同时进行通信。系统需要为不同级别的数据提供储存、路由选择和控制的服务。具体实现方法是在数据上进行"标注"来区分不同的安全级别。要做到这一点，就必须有相应的密钥管理机制及可靠的操作系统。

实现 MLS 的第一步是多级独立安全(MILS)。MILS 可以允许不同级别的数据同时通过同一电台的红边，而不同的数据流不混合在一起。MILS 是 MLS 的一种类型，它们有一些相同特性，但 MILS 不具备 MLS 的所有功能，如 MILS 不能将数据从一种级别转换到另一个级别。采用软件来实现 MILS 很明显是最佳方案，这种方案可以直接完成 MLS。用硬件来实现 MILS 时，在不对系统红边设计作改变的情况下是无法实现 MLS 的。

2) 安全体系结构的分析

为了实现安全体系结构的 4 个要素，基于 SCA 的无线电通信系统的安全体系结构可以由 3 个不同层次的安全子系统构成：加密子系统、信息安全子系统、设备安全子系统，如图 8-8 所示。对于传统系统而言，安全功能具有明确的物理边界，如加密、解密和密钥管理模块等。对于基于 SCA 的无线通信系统而言，安全功能不存在明确的物理边界，而只能从功能的角度来定义边界。换句话说，整个系统的安全功能不只是由一个边界分明的安全模块来单独完成，而应由加密子系统、黑边处理器和红边处理器共同来完成。

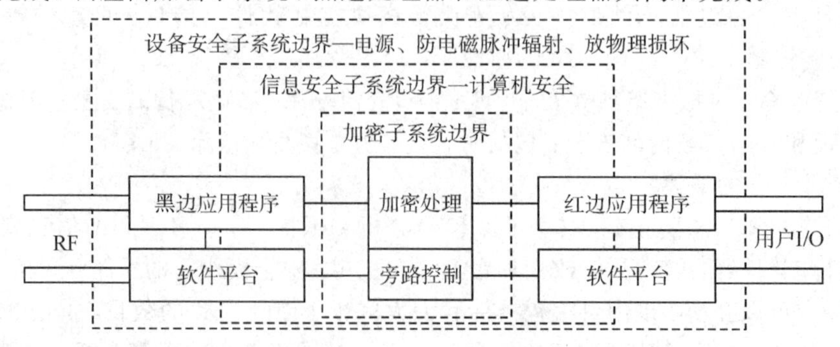

图 8-8　基于 SCA 的无线通信系统的安全体系结构简图

（1）加密子系统的分析。

加密子系统将使用一个较为传统的方法来处理，即使用高度保险的设计和评估方法，使用安全权威部门批准的模块、算法和防护机制。这种信息的防护完全依赖于密码的质量、密码密钥的防护以及密码和旁路功能的控制，以防止恶意的或因疏忽造成的泄密。

加密子系统包括一组在启动和运行时都不能分离的软件和硬件。加密功能不能被软件平台加载，而是在系统启动后由子系统内部加载运行。密码配置功能也在加密边界内部。软件平台用于建立通往边界外的通信通路，其接口提供数据、控制和进出边界的状态。加密子系统包含了一组最为重要的安全功能，这些功能为红黑信息提供了安全的隔离，包括加密/解密、旁路控制以及电气隔离等。加密/解密功能包括密钥和算法管理、加密信道加载、密码控制等子功能。

加密子系统最主要的功能是密钥流生成和加密旁路，其他机制都为这两种功能提供服务保护。加密和解密是加密子系统的传统角色，用于防止信息在未加防护的传播媒介中进行广播。加密是指对红边信息的加密，解密是指对黑边信息的解密。

（2）信息安全子系统的分析。

信息安全的功能由红边处理器和黑边理器共同完成，它们不是传统的密码设备的组成部分，它们唯一的功能就是密码防护。红边处理器和黑边处理器的安全功能将采用计算机安全的设计和评估原则，比如用户访问控制、鉴权、完整性、信息防护和隔离等。信息安全包含了加密边界以外的安全功能。信息安全边界内的安全实施可由以下两种基本方法实现：

① 生成独立的监测和防护措施功能以保证软件的正确使用和访问控制；

② 综合利用硬件和运行在红边或黑边处理器的器件上的软件平台来保证安全性。

从安全的角度来看，软件可分为 3 个层次：操作系统、应用中间件和应用程序，每一层软件都应提供相应的安全策略。操作系统应创建独立的进程空间，提供应用程序支持功能（如定时服务），以及提供进程间控制的安全传输；应用中间件提供对象间安全信息流动，针对应用程序提供特定的安全功能，如防火墙或网络应用程序流动控制；应用程序依靠应用中间件来提供对象之间信息的安全传输。

（3）设备安全子系统的分析。

设备安全是指设备整体的安全，包括电磁脉冲辐射防护、物理损坏防护和电子防护等 3 个方面。

① 防电磁脉冲辐射：电磁脉冲辐射防护与传统的设备电磁兼容类似，但电磁脉冲辐射防护还包含其他一些防护内容，比如必须考虑野战条件下会遇到的各种情况。

② 防物理损坏：物理损坏保护要求与传统设备不同。在打开机箱进行维护的同时，要求设备能继续运行。

③ 电子防护：电子防护应符合有关标准。

8.1.5　关键技术

1. 高速互联技术

互联结构是指如何实现系统中各单元的互联，以组成开放的、可扩展的、标准的、并具有较高数据吞吐率的硬件平台。传统的通信系统结构中，一般采用流水线形式进行互联，其缺点是各功能单元之间用电路相连，若要增加、删除或修改某一部分的功能，则与其相应的功能模块都要调整，因此该结构不具有开放性。基于SCA的无线通信系统采用的是一种全新的互联结构，它利用系统总线将嵌入式计算机模块、通用信号处理模块、数字中频模块、射频模块、安全保密模块、接口单元模块等进行互联，并支持高速数据交换。选择何种总线结构是设计基于SCA的无线通信系统必须首要解决的关键问题。在符合要求的系统总线中，CPCI总线技术最具有通用性，并得到广泛支持。因为CPCI总线技术是将专用总线标准(如VME)的高性能、可扩展性和可靠性与开放标准(如PCI)的成本效益和灵活性融合在一起的先进技术，所以它受到了原始设备制造商(OEM)及服务供应商的普遍欢迎。

高速互联中另一个要解决的关键问题是多DSP互联。其主要研究多个通用DSP处理器之间、高速专用的DSP处理器与通用DSP处理器之间的快速有效的数据传输方式，一般可分为芯片级和系统级两个层次的互联。在无线通信计算机系统中，数字变频部分一般置于中频模块上，中频模块与具有多DSP处理器的基带模块之间可以采用CPCI总线互联。芯片级的互联一般有DMA、多口RAM、FIFO、共享内存等多种通信方式。其中多口RAM构成的数据通信方式，传送速度比较慢，当多口存储器的端口数较多时，成本会很高；当多口存储器的端口数固定后，DSP的节点数也就限定了，其扩展性能不好。所以，可以采用DMA、FIFO、共享内存三种通信方式相结合的方式实现DSP与DSP之间的高速灵活互联。FIFO是一种先进先出的存储器，从DSP可以先将数据送往FIFO，一旦FIFO满，FIFO再向主DSP申请中断，主DSP启动DMA，这样可以省去DSP花在等待与查询的时间，且中断次数也可以减少，从而提高了传输速度。

2. 实时嵌入式操作系统的应用

实时嵌入式操作系统是为上层应用提供服务，并对底层硬件进行封装的重要层。因为基于SCA的无线通信系统涉及信号的实时采集与处理，必须从底层提供对外部事件的实时响应保障机制，并为应用的开发和运行提供高效、可靠的支撑平台。实时嵌入式操作系统的应用将会提高基于SCA的无线通信系统中各种软件对硬件平台的适应性。但由于基于SCA的无线通信系统和一般的嵌入式应用系统不同，很多的操作系统层接口的调用是不需要的，因此必须对所采用的实时嵌入式操作系统根据基于SCA的无线通信系统的需要进行适当的裁剪和改造，以适应SCA规范的要求。

3. 实时中间件技术的应用

实时中间件是位于操作系统和应用软件之间的通信服务，它利用对象请求代理(ORB)软总线隐蔽了真实的通信机制，提供了跨平台的消息传递。其主要作用是用来屏蔽网络硬件平台的差异性和操作系统与网络协议的异构性，使应用软件能够比较平滑地运行于不同平台上，以透明的方式实现对象间互联、互通和互操作，免去烦琐而容易出错的底层工作，使分布式软件开发提高速度并增加可靠性。

4. 核心框架服务

核心框架服务是波形应用开发的核心服务集合，为波形应用提供了对底层软件和硬件的高层次抽象，简化了波形开发的过程，并提高了波形应用组件的可移植性。核心框架服务以可控的和保密的方式支持分布式应用组件运行，并为基于SCA的无线通信系统中软硬件智能化装配/部署和配置管理提供接口定义。为了保证所开发出来的无线通信系统能够和满足 SCA 规范的其他无线通信系统互联、互通和互操作，核心框架服务的实现必须严格遵循 SCA 规范，不能随意增加接口，也不能因为具体实现时的简便而更改接口的功能。

5. 无线路由与组网技术

无线网络最大的特点就是其拓扑关系的时变性，即随着无线站点的移动，其路由关系需要实时更新。无线路由技术是影响无线网络总体性能的重要因素，为了尽量减少通信的延迟和阻塞，基于 SCA 的无线通信系统路由技术应具备如下功能。

(1) 路由协议应具有快速收敛的特性，以避免造成路由环或网络中断，保证寻径的正确性。

(2) 路由方案应快速适应网络拓扑结构的动态变化，实现局部路由快速切换，以支持“动中通”功能。

(3) 网络路由应能利用交换、传输和操作方面的新技术，使网络更加自动化和更加有效。

(4) 应具有较强的组网能力，能支持多种 MAC 层协议(CSMA 或 CSMA 改进型等)，以适应不同的线路竞争方案。

(5) 能支持多种寻址方式(TDMA、FDMA、CDMA 等)，以适应与现有无线通信系统的组网。

(6) 能支持多种网络协议(X.25、TCP/IP 等)，以实现不同网络的互联。

因此，必须对基于 SCA 的无线通信系统的路由和组网技术进行研究，包括如何根据不同的网络拓扑结构建立有效稳定的网络结构；如何实现对网络拓扑结构的动态监视和管理等。另外，对多跳网络结构的无线信道多址接入方式和网络协议分层体系结构也必须进行研究。

8.2 协同作战能力系统及其关键技术

协同作战能力(CEC，cooperative engagement capacity)是 20 世纪 80 年代中期出现的一个概念。起初是美国海军根据战斗群防空战协调(BGAAWC)计划的设想和要求提出的，由约翰·霍普金斯大学应用物理实验室负责实施。

8.2.1 协同作战能力简介

作为一种革命性防空方案，CEC 能够帮助作战单元之间交互未经过滤的航迹信息(比如距离、方位、海拔、多普勒更新)，以形成全系统单一的战术图像。这些航迹信息的更新周期和精度能够满足火控级的要求，其主要功能包括以下几个方面。

1. 合成航迹

图 8-9 给出了合成航迹示意图。在合成过程中，输入数据的权重由每个传感器输入的测量精度决定。当作战单元在一段时间内丢失本地传感器数据时，该作战单元将利用其他传感器的测量数据继续维护相应的航迹，而不是简单采用插值平滑的技术。每个作战单元的合成航迹函数为同一目标分配一致的航迹号。每个航迹的身份可由单个平台决定，也可由多个平台共同决定。

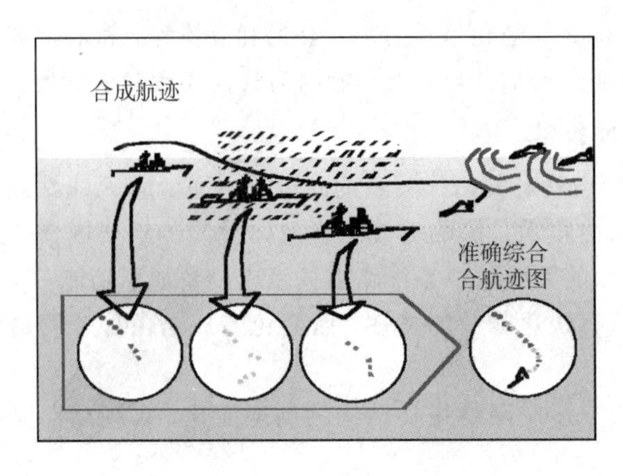

图 8-9　合成航迹示意图

2. 精确提示

CEC 的精确提示功能有利于实现每个传感器感知范围的最大化。如果一个依据远程数据形成的 CEC 航迹满足本地作战系统的威胁准则，那么系统将启动"提示"(cue)，指示本地雷达作相应的调整，实现航迹的本地捕获，如图 8-10 所示。在网络中，至少有一个雷达为合成航迹提供火控级精度的测量数据。

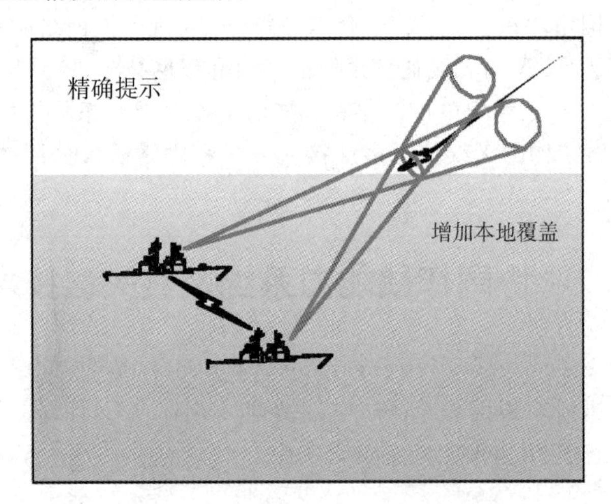

图 8-10　精确提示功能示意图

3. 协同作战

CEC 网络中的协同作战是火控级的协同作战。由于有精确的目标闸锁定(gridlock)进程的支持，同时有非常低的时延和非常高的数据更新频率保障，所以任何平台都可以发射导弹，并实时地引导它拦截敌方目标。在 CEC 网络中，这个敌方目标对应的位置和运动数据可能完全来自另一个 CEC 平台，而自己的本地雷达可能根本没有捕获该敌方目标。火控级协同作战能力也被称作基于远程数据的作战能力(engagement on remote data)。整个远程作战的细节对作战系统的操作人员来说是透明的。远程作战可能由某一个平台单独完成，也可能由多个平台协同完成。

8.2.2　协同作战能力系统设计

1. 数据处理和传输部分

为了获得预期的传感器数据共享能力，CEC 的雷达或火控子系统应从本地或远程接收到具有相同精度和更新周期的传感器数据。为此，CEC 采用了特殊的数据处理和交互部件，即协同作战处理器(CEP)和数据分发系统(DDS)。协同作战处理器可能包括 30 个商用处理器，这些商用处理器通过通用总线和专用消息传递架构集成在一起，每个处理器执行至少一个处理功能。这些处理功能包括航迹过滤、航迹差异和一致性测试、gridlock、与传感器接口、协同作战支援和与数据分发系统接口。协同处理器通常和舰载传感器、舰载指控子系统和舰载火控子系统直接铰链在一起，以确保信息交互的实时性，及时获得火控级的数据。

DDS 保证时间紧急数据的可靠传输，并且不能妨碍报告数据的精度和更新周期，即 DDS 要保障远程数据和本地数据具有相同的精度、更新周期、可靠性和传输容量。为此，DDS 在传输容量、更新周期、消息错误率、抗干扰等性能指标上，有着比传统数据链更高的要求。为了实现这些性能指标，DDS 需要有效的辐射功率方案、高扩谱带宽和精确定时。为此，每个 DDS 平台需要配置相控阵天线，相控阵天线可以帮助两个 DDS 平台建立一个独立的通信路径。

2. 新的网络架构

在初始入网阶段，DDS 用它的阵列天线波束扫描待加入系统空间，同时发送询问消息(interrogation)。系统中已有 DDS 用它的阵列天线波束扫描系统空间，并侦听和应答可能出现的询问消息。同时，视距内的 DDS 还帮助初始入网的 DDS 定位视距外的其他平台。初始入网阶段结束后，系统内每个 DDS 都获得系统当前完整的网络拓扑结构，并能够通过视距内的 DDS 中继实现和每个 DDS 的互联。

由于采用了相控阵天线，每个 DDS 都必须对其视距内的 DDS 进行位置跟踪，同时通过独立执行通用调度算法来向视距内的其他 DDS 并行发送数据微波脉冲。在共享 DDS 的位置信息时，必须启动 gridlock 以提高共享信息的精度。

DDS 中扩谱波形、数据传输、单一独立调度进程所需的精确时钟是由 CEC 系统嵌入的铯时钟提供的。通过 DDS 时间同步进程，CEC 网内的铯时钟可以获得微秒级的同步精度。如果一个平台丢失了链路，则该平台将向网内通告这个事件，网内所有成员将修正各自的调度方案，并在以后的通信过程中绕过那个丢失的链路。新成员加入和新链路产生事件也会由 CEC 网内的铯时钟向网内通告。值得一提的是，除了系统启动、关闭等状态改变外，上述网络运行管理过程不需要操作人员的干预。

3. 系统集成

和 CEC 集成后的作战系统有一个基本特征，即能够对远程数据(包括雷达数据和作战数据)和本地数据不加区别地使用。原则上讲，一旦为一个新目标确定了试探性航迹，相应的雷达和 IFF 测量结果就应该在极小的时间延迟内传给协同作战处理器。这些数据将被 CEC 通过 DDS 迅速分发给网内所有的系统作战处理器。每个 CEC 在收到这些数据后，先经过 gridlock 处理，实现远程数据向本地坐标的修正。然后，经过修正的数据将被传给航迹处理进程。同时，本地雷达计算机也能使用这些数据，并通过这些数据调整自己的波形，实现本地探测能力的优化。本地雷达计算机使用这些数据的判据包括以下两个方面：

(1) 是否有足够的时间和能量。

(2) 目标航迹是否满足本地作战系统的战术兴趣准则集。

为了达到上述目标，必要改进单个平台能够容忍的航迹错误率。就网络这个层面来说是指航迹错误率必须进一步降低(由协同作战处理器来实现)。另外，网络控制状态、原则、远程作战状态和本地雷达动作请求也通常需要被通告给武器系统的命令/决策单元。CEC的合成航迹数据可以通过命令/决策单元向 Link 11 和 Link 16 发布。

CEC 和作战系统的集成必须尽量实现全网协同能力的最大化和本地系统效能的最大化。由于不同作战系统之间功能和结构的差异，集成的方法和技术也有所差别。但不管在哪种作战系统上集成 CEC，都必须保证网络中所有成员都能独立构造统一、详细的合成航迹和身份信息。

8.2.3 协同作战能力网络的战术原理

在 CEC 作战中，舰载对空搜索雷达将有关空中目标的量测信息提供给协同作战处理器(CEP)，由 CEP 重组数据，并将这些数据发送给数据分发系统(DDS)，DDS 译成密码并把数据传输给参与 CEC 网络的其他舰只(被视作协同单元 CU)。在几分之一秒内，DDS 接收所有协同单元的数据，并将它们传送给 CEP。CEP 再将所有未经处理的传感器量测数据综合成相同的空中图像，其中包括所有目标的连续综合航迹，每个单一平台传感器和交战系统都能显示和使用所获得的相同图像。DDS 采用高抗干扰和抗敌方侦听的窄定向信号，选种信号可以同时在各个协同单元之间进行单元对单元的通信，使 DDS 输出作为实时火控数据。这些数据传送到舰艇的作战系统，作为火控质量数据，舰艇可以用这些数据与目标交战，而无需用自己的雷达实际跟踪目标。因此，CEC 至少在三个方面保证了战斗群的防空作战：

(1) 使多个舰载、机载和陆基系统生成和共享一个一致、精确和可靠的空中威胁图像，战斗群各单元可据此进行目标跟踪和识别。

(2) 使作战系统的威胁应对决策能够实时协调战斗群所有兵力。

(3) 战斗群中某个作战单元在不掌握目标诸元数据的情况下，仍然可以根据 CEC 网络传送的火控质量目标诸元信息对敌方来袭目标(导弹或飞机)实施拦截攻击。

CEC 的远程数据作战能力通过具有强大功能的融合处理机的宽带自动通信网络，将综合的战斗群态势传输给舰队司令，并实时分配和融合武器及传感器控制数据，使共享合成航迹的协同作战单元可以作为一个统一的防空网，以便对敌方导弹和飞机做出迅速、实时的响应。因此，即使不产生跟踪数据的舰艇(平台)，也能在 CEC 合成航迹图像给出的武器射程内向目标发射导弹，从而扩展了作战空间，更有效地使用了舰艇防御武器。

8.2.4 协同作战能力发展趋势

20 世纪 80 年代，CEC 理论处于研究和验证阶段；90 年代则是 CEC 的发展阶段。美国海军的部分作战平台上已经装备了CEC设备，各CEC设备之间的数据链路技术已经成熟。经过美国的“沙漠之狐”行动和科索沃战争的检验，证明了CEC的有效性。2000年后，CEC进入了普及应用阶段。

据报道，在近年来进行的一系列CEC演示中，除美国海军作为演习的主体外，海军陆战队、空军和陆军都先后参加了演习，并取得了预想的效果。除海军外，CEC也得到了美国陆军和空军的认同。其他军兵种也在积极地参与CEC项目，并在其新研制的装备中预留与CEC装备的接口。或者对已经在役的关键性武器装备进行改造，与CEC装备集成，以便在将来的作战中与海军的战斗群建立CEC网络，提高联合作战的效能。美国各军种正在进行联合研究，拟将CEC系统引入“爱国者”导弹系统、军级防空导弹系统、E-3预警机、战区高空区域防御/地基雷达系统等，以形成一种真正“无缝隙”的战区防空反导体系。CEC系统还广泛地应用于新武器的研究计划中，如“山顶”地平线巡航导弹防御计划。显然，CEC已成为一种提高指挥系统协同作战能力的重要技术。CEC网络技术已经成为美国联合作战互操作性的重要保障手段，为美国三军大范围内的传感器联网奠定了基础。

随着美国海军协同作战能力及技术的日趋完善，各国也开始注重对CEC的研究与开发。据英国《防务系统日刊》2000年10月11日报道，洛克希德·马丁英国集成系统公司已赢得一项研究合同，将对英国海军引进美国海军的协同作战能力进行评估。在执行第一阶段评估合同中，洛克希德·马丁公司将针对美国CEC系统同英国海军的23型护卫舰结合的可能性提出解决方案，同时对未来同新型的45型驱逐舰的结合进行相关研究，此外为进入第二阶段评估提出方案。研究团队将以洛克希德·马丁英国集成系统公司为首，还包括有洛克希德·马丁海军电子和监视系统——水面系统公司、英国宇航系统公司和DERA公司。这个团队对英国平台有深入的了解，并非常熟悉与CEC有关的技术问题。雷西昂公司也签署了一个相似的合同。

8.3　战术组件网络

1999年左右，曾经是约翰·霍普金斯实验室中CEC设计小组成员的Citrin作为Solipsys公司的总裁将TCN技术介绍给了美国海军，TCN的英文全称直译为战术组件网络。洛克希德·马丁公司对这项技术持认可态度，建议美国海军将TCN综合进CEC基线2.2。TCN是实现复合跟踪的一个方案，其设计者宣称它可使CEC网络像因特网那样工作。

8.3.1　TCN的技术简介

TCN是面向现代国际防御共同体的访问网络信息的结构和方法。TCN的指导原则是功能中介的概念，其主要思想是建立一个结构上相互连接、功能上相互结合的组件网络，通过互相交换增强总的网络知识，尽量减少非建设性的、冗余的、不相干的信息交换。中介的工作方式在所有网络成员之间实现，通过这种方法，网络效率得到了很大的提高。

TCN方法和所有现有的应用都是由Solipsys公司利用内部资源开发并实现的。1998

年 Solipsys 公司赢得了两个海军 SBIR 合同，充分说明 TCN 产品的性能满足海军传感器网络的要求，在美国海军陆战队也有类似的应用，美国陆军和空军对 TCN 的应用研究也在讨论之中。

从网络结构上看，TCN 由两部分组成：全球网与本地网。本地网类似于 CEC，利用无线电设备与附近作战部队中的成员进行通讯。全球网则利用铱星实现全球作战成员之间的实时传感器数据综合。在 TCN 中，舰艇之间可以相距数英里（1 英里＝1.609 344 千米）或上万英里，它们都同样可以共享信息。2002 年初在美国第 7 舰队中进行的 TCN 试验表明，无论各作战成员间的距离如何，都能够将其传感器数据综合后生成一个画面。从某一作战成员处接收到的传感器数据经过处理后再发送给其他成员，往返 15 000 英里的行程，再加上网络中心的处理时间，全部过程一般都在 1 s 内完成。

8.3.2　TCN 的组成

TCN 概念为传感器网络提供了一种结构框架，可以直接访问需要的系统资源。Solipsys 公司以客观实物为基础把系统分解为不同的系统组件，如武器控制、传感器或 TADIL 转发器/路由器。这些系统组件以模块的形式组成网络，可以形成更复杂的战术结构。这些模块通过可移植的应用系统联结到一起，确保系统成员的独立性。TCN 的结果是基于通用成员的框架结构，可以通过简便的设计满足独特的系统需求。

防御系统与商业系统的不同点在于防御系统要求把来自大量信息源的信息融合到一起，形成唯一、明确的数据包。TCN 是通用应用软件的集合，包括数据调节器、当前观察相关估计（CORE）分析、融合算法复合轨迹（FACTs）、程序段监视器、战术显示（TDF）和数据通信。TCN 的结构如图 8－11 所示。

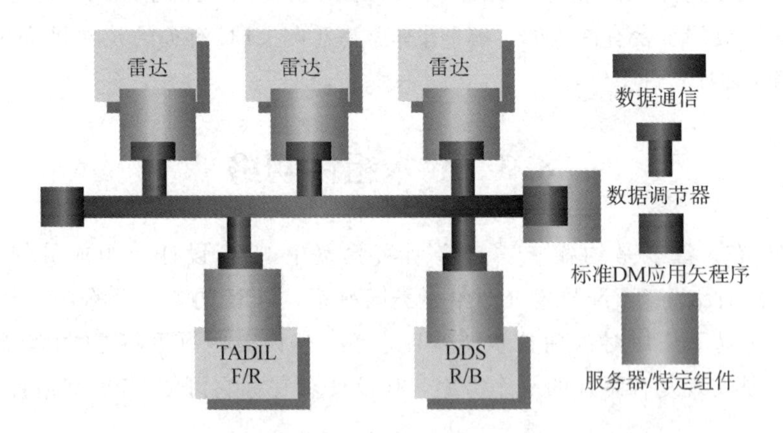

图 8－11　TCN 结构

TCN 结构中的主要组件包括传感器数据处理和数据融合，对各应用软件的说明如下。

1. 组件服务器

（1）对本地传感器进行相关、关联、跟踪管理。

（2）对特定的传感器进行优化处理。

（3）为数据调节器提供相关测量（AMRs）和新的轨迹。

（4）由组件的所有者开发。

2. 数据调节器

(1) 提供通用接口，与组件服务器交换传感器信息。

(2) 提供基于需求/准确度的数据分发。

(3) 为本地和远地 CORE 综合应用程序储存并分发 AMRs 数据作为 CORE，基于终端用户提出的需求和网络轨迹状态的改进。

3. CORE 综合

把 CORE 数据与网络轨迹状态进行融合，生成融合算法复合轨迹(FACT)，以便组件服务器和数据调节器使用。

4. 显示

(1) 提供标准应用程序显示 FACT 数据，Solipsys 公司的 TDF 支持该功能。

(2) 基于浏览器的设计允许组件开发者为该组件的特定显示需求提供插件程序，或者使用主流技术从服务器直接接入，例如：利用超文本传输协议(HTTP)。

5. 数据通信

(1) 分发本地 CORE。

(2) 接收远地 CORE。

(3) 接收远地需求报告。

8.3.3 TCN 的机制

TCN 提供了一个可扩展的、多级的传感器数据融合处理体系结构，生成一个分布式复合轨迹状态数据库，这些数据来自多部雷达或多个点的多维传感器位置和速率测量值。这些测量值经过处理，生成的信息在一个或多个分布式网络之间进行交换。TCN 结构具有多级数据交换的性能，生成的轨迹图中的所有数据源和数据用户在同一个参照系内(同参照系轨迹图)。

图 8－12 描述了 CORE 和 FACTS 的交换。CORE 来自每个数据源的传感器测试数据，并以通用的识别格式进行分发，用于 CORE 融合功能。网络数据分发由分发处理模块管理。CORE 融合功能生成 FACTs 数据，被需要目标轨迹状态的本地平台使用。这些功能是数据源和数据用户的一部分。

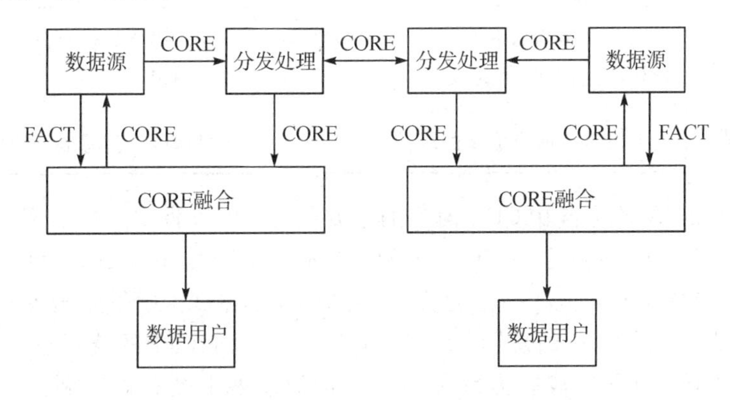

图 8－12　CORE 与 FACT 数据的交换

8.3.4 TCN对CEC发展的意义

1. CEC中存在的问题

(1) CEC系统软件与海军宙斯盾空中防御系统所用的软件之间存在的互操作性问题比较突出。

(2) CEC对带宽的要求很高，而且会随着入网成员的增加而增加。目前，美国海军并没有一个管理有限的数据传输带宽的计划，这也使CEC受到了严重的限制。

(3) CEC是二十几年前主要针对当时的苏联而设计的，根本没有利用到当代网络技术的优势。所以美国军方有人认为，CEC虽然在设计上体现了协同作战的思想，但的确需要在技术上有所创新。

(4) CEC系统存在着很强的设备依赖性。CEC系统的主要组成设备是专用的CEP和DDS，在作战中需要用多用途的运输车来运送DDS和CEP，而这在多数情况下很不方便。

2. TCN在CEC计划中的应用及优势

(1) TCN是美国国会防御委员会提出的CEC计划数据处理和传输的新方法，通过TCN技术的应用可以节省CEC计划的通信带宽，支持更宽、更高效的CEC网络，并且可以改善海军作战系统与CEC的互操作性。

(2) 采用合作开发的方法，与许多COTS计算机兼容。

(3) TCN技术支持已经开发的CEC组件。

(4) TCN技术支持作战任务需求，代替了其他的办法。

表8-2为TCN技术与目前CEC系统所用技术的对比。

表8-2 TCN技术与目前CEC系统所用技术的对比

比较项	CEC	TCN
带宽使用效率	不考虑需求，提供群数据，带宽使用效率低	按需提供数据，使用效率高，节约带宽
扩展性	随着用户和传感器的增加需要增加带宽	有效地使用可用带宽
先验知识	需要有关有效传感器各地理位置(互操作性)的先验知识	不需要有效传感器和信息源位置的先验知识
增加新传感器	要求修改所有成员的软件	只修改新传感器的软件

以上总结了TCN的优点和CEC面临的主要问题。可以肯定，TCN的确是CEC的有力竞争者。但是美国海军已经向CEC系统的研制投入了近20亿美元，而且CEC也经过了多次试验，其作战能力也得到了一定的验证。尽管CEC在试验中暴露出了一些问题，但美国海军目前还没有放弃CEC的意图。同时，TCN在第七舰队中的演示也得到了军方尤其是美国空军的认同。协同作战能力系统在下一步的发展中极有可能利用TCN对其进行改进。

8.4　战术瞄准网络技术

2004 年 10 月，美空军在内利斯空军基地举行的“联合远征部队试验”(JEFX)中成功完成了由美国空军研究实验室与国防高级研究计划局(DARPA)主导、罗克韦尔·科林斯公司承担的“战术瞄准网络技术”(TTNT)的演示验证试验。罗克韦尔·科林斯公司副总裁兼通信系统部总经理布鲁斯·金表示，此次成功试验显示出 TTNT 正在快速走向成熟。JEFX 试验证明 TTNT 几乎能够使用包括语音、文本对话、视频流以及静止图像在内的各种类型 IP 应用。试验系统还验证它可在特定基础上使作战人员迅速加入或离开网络。

8.4.1　战术瞄准网络技术的基本定义

战术瞄准网络技术是以设计、开发、评估、演示能为战术飞机提供战术定位、跟踪、瞄准能力为目的的新技术。这种新型战术瞄准网络系统能够使用分布式传感器平台，使各军种“对战术目标进行迅速、准确定位，并提供实时火控支援”。其构想的目标是：在目标探测、主动识别、瞄准、达到交战标准、打击和确认摧毁的全过程中，通过 TTNT 提供及时有效的信息，同时要使附带的毁伤最小。由于空军最需要具备对时间敏感目标实施打击的能力，因此，这项技术的开发工作主要由空军负责。

8.4.2　战术瞄准网络技术的特点

战术瞄准网络技术的特点有如下几个方面。

(1) 战术瞄准网络是一种高速动态网。战术瞄准网络技术是解决“传感器到射手”的数据链接问题的一种传输量大、反应时间短的解决方案。它以互联网络协议(IP)为基础，可使美军能够迅速瞄准移动及时间敏感目标，帮助美军实现快速的目标瞄准与再瞄准。这一技术可使网络中心传感器技术能够在多种平台间建立信息联系，并对时间敏感目标进行精确定位。其性能目标为：在 100 n mile 的范围内，以 10 Mb/s 的速率(单个平台分配的带宽为 10 kb/s～2 Mb/s)支持 200 个平台，“零延迟”(小于 2 ms)传送传感器数据或其他数据(不包括话音)。

(2) TTNT 最主要的革新是可以将飞行速度较慢的情报监视侦察机的 ISR 数据链响应用于高速、高机动的战术战斗机。与 Link 16 相似，TTNT 也使用全向天线，这样更适合战斗机的战斗性能。简易地面移动目标截获(AMSTE)和高级战术目标导向(AT3)技术都使用了由多种空中平台收集的信息，这些信息能在空中平台之间快速传递，这就能对移动目标进行精确定位与打击。TTNT 就是源于这两种技术的应用，能满足美军机载网络的需要。

(3) TTNT 的网络结构简单。TTNT 通过宽带、视距链路来构建自己专有的空中高速宽带战术通信网络，这个网络可看作是机载平台之间自配置的加密因特网，可以自动组网，并且在任何时候都能交换密钥。

(4) TTNT 设计采用低成本的数字硬件模块。TTNT 数字硬件模块可以被直接插入现有的 Link 16 数据分发电台(比如 MIDS)，最终 TTNT 将完全满足 JTRS SCA 的标准。

8.4.3 TTNT 的主要研究内容与面临的挑战

TTNT 的研究内容主要有以下三个方面。

(1) 系统控制和媒体访问：主要研究用户如何入网出网、如何管理发射功率、如何建立/拆除逻辑链路等。

(2) 互操作性：主要研究 TTNT 如何与现有的数据链互操作，特别是与 Link 16 的互操作。

(3) 频谱可用性：主要研究如何选择合适的工作频段。

TTNT 当前最大的挑战是如何开发先进的数据链路技术，以便获得作战需要的快速配置、低延迟的宽带模式。目前由 DARPA 支持的简易地面移动目标截获(AMSTE)和高级战术目标导向技术(AT3)是未来 TTNT 技术的重要用户。以 AT3 计划为例，AT3 计划正在开发一种能够快速、精确地远程定位敌方防空雷达的技术。发展这项技术的目的是希望实现 50：50：10 的目标，即在敌方防空雷达发射机开机 10 s 内，美空军就能在 50 n mile 外对该雷达定位，定位误差半径小于 50 m。在 AT3 计划中，多个空中雷达接收器构成了一个网络化观测系统，观测数据或报告被传送给负责地理定位处理的某个平台。目前，AT3 计划采用 Link 16 作为通信机构基础。

考虑到分布式战术目标导引的战术需求必须遵守的一些物理原理(比如光速极限)，TTNT 确定了在 100 n mile 以内 2 ms 的信息传输和处理时限。另外，还确定了一些定性的战技指标，具体如下：

(1) 不能对现有的 Link 16 系统的通信产生干扰，即 Link 16 感觉不到 TTNT 的存在。不过 TTNT 将采用 Link 16 的 J 系列消息标准，以便和 Link 16 在消息级实现互操作；

(2) 平台集成成本要尽可能地低。事实上，TTNT 的平台集成计划基本采用了“不新打一个孔，不新增一根电缆”的做法，因此可以考虑在的 Link 16 终端上安装 TTNT 的数据模块化设备。

8.5 宽带网络波形

宽带网络波形(WNW)是在联合战术无线电系统(JTRS)Cluster 1 项目中需要研制并支持的重要波形协议，是美国国防部主导的新一代战术数据链的代表。

8.5.1 宽带网络波形概述

以最新的软件无线电技术和标准化的软件通信架构为依托，宽带网络波形需要实现下述功能：

(1) 多种服务间的互操作。

(2) 包括视频、语音和数据在内的多业务无缝传输。

(3) 能够适应用户消息需求和网络条件的变化。

(4) 能够提供可伸缩、自组织的组网能力。

(5) 射频或路由特征可控(自动或手动)。

(6) 尽可能实现协议和接口的标准化。

(7) 能够支持功能的渐进实现、性能的渐进提高，以及未来新功能、新技术的便捷插入。

8.5.2　JTRS WNW 的网络应用

1. 美国陆军 JTRS WNW 网络应用

美国陆军的下级战术互联网(the lower TI)采用了双层结构。底层是诸如 SINCGARS 这样的无线通信子网，而上层是负责互联各个无线通信子网的骨干网。美国陆军应用 JTRS WNW 的最初目的是构建下级战术互联网所需的骨干网，而最终的目的是用 JTRS WNW 来统一整个下级战术互联网的技术体制和装备要求。另外，JTRS WNW 也能满足战术战斗信息网(WIN－T)中战术作战中心(TOC)之间的通信要求。

2. 美国海军 JTRS WNW 网络应用

联合海事通信策略(JMCOMS)是美国海军当前的网络通信策略。在 JMCOMS 策略中，自动数字网络系统(ADNS)通过射频通信系统将所在舰船的综合舰船网络系统(ISNS)同异地的其他 DoD 网络互联起来。ADNS 采用了诸如互联网协议(IP)这样的商用标准接口和协议。美国海军还进一步将 JTRS WNW 应用于 ADNS。JTRS WNW 支持 IP 协议，无需网关(KG)就可以和 ADNS 路由器接口。

在海军战斗群(BG)中，每艘舰船(艇)和特别选定的机载平台需要加装至少一个 JTRS WNW 通道，以便能参与战术移动网络骨干通信(层 2)。当然，有可能加装不止一个 JTRS WNW 通道，以便提供备份或增加带宽。一个海军战斗群需要 15～30 个 JTRS WNW 通道。

一个海军 BG/ARG 的作战半径是 300 n mile。而一个海军 BG/ARG 的作战空间则同时由作战半径内的海洋、滨海地区，以及对应的空域组成。在这个作战空间中，各类舰船(艇)和机载平台构成了一个稀松的网络拓扑结构。在这个网络拓扑结构中，JTR WNW 通道提供数据中继/路由支持，从而实现超视距通信

3. 美国海军陆战队 JTRS WNW 网络应用

JTRS 是美国海军陆战队未来战场战术通信架构的核心要素。在不同尺寸、重量和功率的 JTRS 电台中，WNW 所起的作用会有所不同。

对于那些大型的作战平台或指控中心来说，不管是机动还是静止，JTRS WNW 需要能够同时具有语音、数据和视频传输能力。而安置在无人机等中继平台上的 JTRS WNW 主要具有数据中继通信能力，以实现超视距通信。对于那些连排级背负式、手持式 JTRS 电台来说，WNW 既要提供端对端的链路通信支持，也要提供自动中继支持。

4. 美国空军 JTRS WNW 网络应用

不用网关支持，JTRS WNW 网络就能帮助美国空军用户无缝接入全球栅格网(the global grid network)。在这类应用中，JTRS WNW 提供了基于 IP 的高数据吞吐率、动态可调的多媒体信息(语音、数据、视频)通信能力。这种通信能力在通信距离和方位不断变化的应用环境中表现出很强的鲁棒性和灵活性。空中的通信环境相对简单，通过基于 IP 网络以及地面通信设备的支持，空中通信范围可以达到 1000 n mile。

8.5.3 宽带网络波形的操作规范

1. WNW 操作

JTRS WNW 采用了自组织、自修复的移动 Ad Hoc 组网模式，能够基于 IP 的其他网络互联以获得全球范围的通信能力。JTRS WNW 既能用于搭建骨干网，也能直接用于子网的通信链接。

2. 主要工作模式

1）网关联网模式

JTRS WNW 在 WNW 骨干网和子网之间自动提供网关功能，以实现骨干网和工作于非均匀联网模式或低截获/低探测联网模式的子网节点之间互联、互通。

2）非均匀联网模式

在非均匀联网模式下，每个 JTRS WNW 节点根据当前的射频信道条件，自动地调整数据包的传输参数。每个 JTRS WNW 节点都必须要支持非均匀联网模式。

3）只收联网模式

对于需要电磁辐射控制的 JTRS 电台可以工作在只收联网模式下，工作在该模式下的 JTRS 电台不会发射任何电磁波。工作在正常模式(非只收联网模式)下的电台需要知道哪些电台工作在只收联网模式下，以便在没有接收到这些电台的网络更新消息的情况下仍然将数据路由给工作在只收联网模式下的电台。

4）低截获/低探测联网模式

JTRS WNW 电台可以根据网络管理者或操作者的需求切换到低截获/低探测联网模式。在这种模式下，加入 JTRS WNW 网络的节点需要执行相应的握手/信令协议。

5）点对点模式

在点对点模式下，JTRS WNW 着重优化了吞吐量和时延。

3. 信息率

1）数据传输率

JTRS WNW 可以根据信道条件和操作要求，通过特定的协商机制，自动地调节数据传输率。

2）用户吞吐率

JTRS WNW 的用户吞吐率高，能够满足用户在移动环境下遂行数据、语音和视频通信的要求。在不同的测试环境下，JTRS WNW 的用户吞吐率分别设定在 2 Mb/s 和 1 Mb/s，而对应的最高用户吞吐率分别设定在 5 Mb/s 和 2 Mb/s。

3）网络吞吐率

JTRS WNW 的网络吞吐率可以大于 2 Mb/s。通过有效利用附加的频谱资源，网络吞吐率可以提升到 5 Mb/s。

4）点对点模式下的数据吞吐率

在点对点模式下，单向的用户吞吐率大于 1 Mb/s，最终的目标是 2 Mb/s。

8.5.4 宽带网络波形的网络规范

联合战术无线电系统宽带网络中的宽带网络波形能在多种环境中运用，包括单一、混合、长距离、短距离的通信。通信环境也可以跨度到沙漠、城市、山丘、海洋。一些部署是通过单一节点连入大型地区网络的，而这些连接层的网络协议在于支持系统，从而使其能够灵活变换以适应同一波形在不同网络协议间的传输。网络传输的优化则可以通过调整参数来实现。

1. 宽带网络波形网络运行

宽带网络波形网络具有自组织、自适应功能，从而可以保证不同网络间的连接。同时可以解决由于节点删除、节点移动、天线方向变化等原因引起的自组网拓扑结构变化的问题。

1）网络计时

当 GPS 计时不能达到时，宽带网络波形网络计时应该能够正常运行。

2）网络结构

(1) 网络范围。宽带网络波形网络应该具有融合 150 个节点的运行环境在 15 min 内接入单一网络的能力。

(2) 网络接入时间。宽带网络波形网络不但应该具有在小于 1 min 内将通信节点接入网络的能力，而且应该具有同时在 2 min 内接入 8 个节点的能力。

(3) 拓扑结构。宽带网络波形网络可以结合任何存在的节点，节点的运行环境可以跨度到海拔 65 000 英尺(1 英尺＝0.3048 米)内的范围。

3）网络管理规范

宽带网络波形网络具有自我调整、自我管理的能力，同时支持网络节点自由出入网络而不需手动调整。当然它同时支持管理员通过人为干预解决一些网络灾难。宽带网络波形网络同时具有控制、组织、优化管理等能力来达到控制网络连接结构、路由机制、带宽配置以及频谱限制。

(1) 宽带网络波形网络管理接口。宽带网络波形网络提供网络管理接口，用来规划宽带网络波形网络的调整参数，检控网络管理及时间参数变化。接口包含图形用户接口，用于支持宽带网络波形网络的互动，同时利用常规硬件和软件系统最大限度地减小人为错误。

(2) 宽带网络波形网络规划。波形规划主要在于支持网络规划能力，其最小的系统要求包括下面两个内容：

① 提供网络规划工具用于调整各种参数、文件以及参与的频率资源。

② 具有支持在线、实时的能力，用于隔离错误突发、解决方案等。

2. 宽带网络波形网络调试

宽带网络波形网络调试通过传输调式数据从而实现重置频率参数、反馈变化参数的功能。

3. 宽带网络波形网络监管

宽带网络波形网络监管通过图形用户界面监管宽带网络波形网络的参数。

4. 宽带网络波形网络安全管理

宽带网络波形网络安全管理用于支持认证、授权、监管等多种控制机制。

8.6 移动自组织网络技术

随着人们对摆脱有线网络束缚、随时随地可以进行自由通信的渴望，近几年来无线网络通信得到了迅速的发展。人们可以通过配有无线接口的便携计算机或个人数字助理来实现移动通信。目前的移动通信大多需要有线基础设施的支持才能实现。为了能够在没有固定基站的地方进行通信，一种新的网络技术——移动自组织网络(Ad Hoc 或 MAHNET)技术应运而生。

8.6.1 移动自组织网络概述

1. 移动自组织网络的概念

移动自组织网络是由一组带有无线收发信装置的移动节点组成的一个无线移动通信网络，它不依赖于预设的基础设施而临时组建，网络中移动的节点利用自身的无线收发设备来交换信息，当相互之间不在彼此的通信范围内时，可以借助其他中间节点中继来实现多条通信。移动自组织网络的示意图如图 8-13 所示。

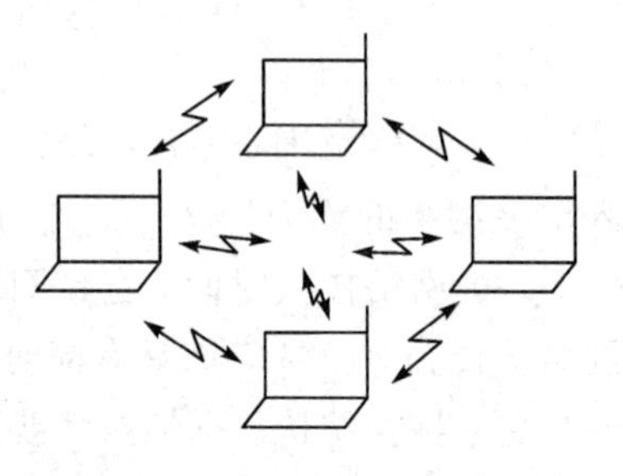

图 8-13 移动自组织网络示意图

移动自组织网络中的网络节点是主机和路由器的统一体，每个移动节点都兼有主机和路由器两种功能，同时具有无线网络接口和无线收发信机。作为主机，移动节点需要运行面向用户的应用程序；作为路由器，移动节点需要运行相应的路由协议。节点间进行通信时，利用自身无线设备与通信范围内的其余网络节点进行直接通信，对于超出通信范围的节点需要借助其他节点进行路由或者中继，实现“多跳通信”，因而节点间路由通常由多跳(Hop)构成，即源节点与目的节点的路径举例也就变为了 n 跳($n>1$)。移动自组织网络多跳通信示意图如图 8-14 所示。

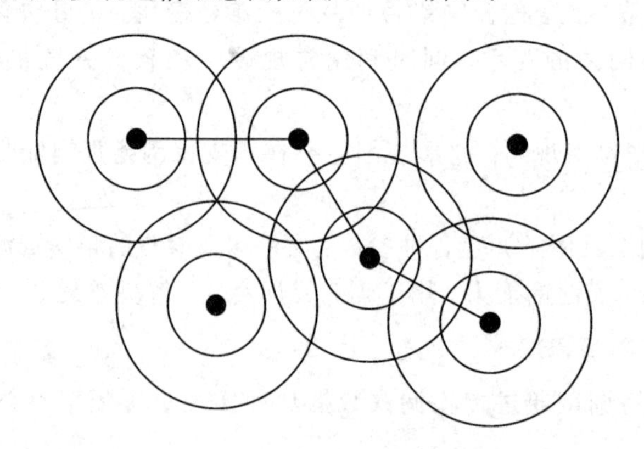

图 8-14 移动自组织网络多跳通信示意图

2. 移动自组织网络的起源

Ad Hoc 技术起源于 20 世纪 70 年代，它是在美国国防高级研究计划局(DARPA)资助研究的“战地无线分组数据网(PRNET)”项目中产生的一种新型网络技术。DARPA 当时所提出的是一种军用无线分组数据通信网络。后来，DARPA 又于 1983 年和 1994 年分别资助进行了抗毁自适应网络(SURAN，survivable adaptive network)和全球移动信息系统(GloMo，global mobile information systems)两个项目的研究，以便能够建立某些特殊环境或紧急情况下的无线通信网络。最初的动机之一就是满足战场生存的军事需求，因此，能快速装备、自组织的移动基础设施是这种网络区别于其他商业蜂窝系统的基本要素，它将分组交换网络的概念引申到广播网络的范畴。这项工作开辟了移动自组网(Mobile Ad Hoc Network，简称 Ad Hoc 网络或 MAHNET)研发的先河。

在 20 世纪 70 年代到 90 年代早期，我们很难从公开的出版物上获得有价值的理论与技术成果。90 年代中期，随着一些技术的公开，Ad Hoc 网络开始成为移动通信领域一个公开的研究热点。因特网任务工作组(IETF)于 1996 年成立了 Ad Hoc 网络工作组，专门研究 Ad Hoc 网络环境下基于 IP 协议的路由协议规范和接口设计。这使得 Ad Hoc 网络的设计思路也由传统的单一技术体系过渡到基于 IP 的多技术体系，从而导致该网络更具有开放性、适应性、灵活性，提高了开发速度。特别是 1998 年以来，无论是国内还是国外，各科研团体对 Ad Hoc 网络的研究不断升温，尤其是在网络层的路由协议方面，其研究工作已经取得了很大的进展。目前 Ad Hoc 网络尚未达到完全实用阶段，大部分工作仍处在仿真和实验阶段，仿真规模在数百至数千节点，实验规模在几十个节点左右。

目前，无线自组网在民用方面的应用主要体现在无线局域网与无线个域网上，应用范围不断拓展，其中一个重要的方向就是在公共移动通信系统(例如蜂窝移动通信系统)中支持自组织方式；另一个重要的发展方向是传感器网。从通信的角度来讲，传感器网属于一种特殊的自组织网。

8.6.2　移动自组织网络的特点

移动自组织网络的特点如下：

(1) 无中心和自组织性。Ad Hoc 网络中所有节点的地位平等，网络中的节点通过分布式算法来协调彼此的行为，无需人工干预和任何其他预置的网络设施，可以在任何时刻、任何地点快速展开并自动组网。

(2) 自动配置。由于网络动态变化，Ad Hoc 网络自动配置过程需要确保网络能够正常工作，这涉及连接 Internet 的网关节点的更换、簇头的更新等。

(3) 动态变化的网络拓扑。Ad Hoc 网络中，移动终端能够以任意速度和任意方式在网中移动，并可以随时关闭电台，加上无线发送装置的天线类型多种多样、发送功率的变化、无线信道间的互相干扰、地形和天气等综合因素的影响，移动终端间通过无线信道形成的网络拓扑随时可能发生变化，而且变化的方式和速度都难以预测。

(4) 受限的无线传输带宽。由于无线信道本身的物理特性，它提供的网络带宽相对有线信道要低得多。此外，由于受到竞争共享无线信道产生的碰撞、信号衰减、噪声干扰等多种因素的影响，移动终端可得到的实际带宽远远小于理论中的最大带宽值。

(5) 移动终端的局限性。Ad Hoc 网络中，移动终端存在固有缺陷，例如能源受限、内存较小、CPU 性能较低等，同时屏幕等外设较小，不利于开展功能较复杂的业务。

(6) 安全性较差。移动网络通常比固定网络更容易受到物理安全攻击，易于遭受窃听、欺骗和拒绝服务等攻击。

(7) 网络的可扩展性不强。动态变化的拓扑结构使得具有不同子网地址的移动终端可能同时处于一个 Ad Hoc 网络中，因而子网技术所带来的可扩展性无法应用在 Ad Hoc 网络环境中。

(8) 多跳路由。由于节点发射功率的限制，节点的覆盖范围有限。当它要与其覆盖范围之外的节点进行通信时，需要中间节点的转发。Ad Hoc 网络中的多跳路由是由普通节点协作完成的，而不是由专用的路由设备完成的。通过多跳路由，接收端和发送端可使用比两者直接通信小得多的功率进行通信，因此节省了能量消耗。同时，通过中间节点参与分组转发，能够有效降低无线传输设备的设计难度和成本，同时扩大了自组织网络的覆盖范围。移动自组织网络多跳路由分组转发通信示意图如图 8-15 所示。

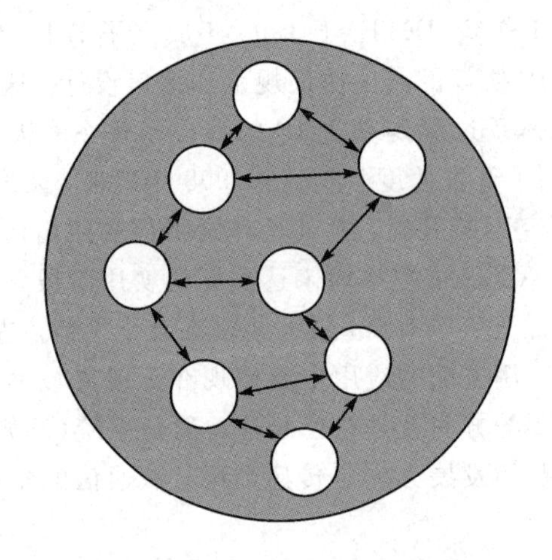

图 8-15 移动自组织网络多跳路由分组转发通信示意图

(9) 存在单向的无线信道。Ad Hoc 网络采用无线信道通信，由于地形环境或发射功率等因素的影响可能产生单向无线信道。

(10) 特殊的信道共享方式。在 Ad Hoc 网络中，广播信道是多跳共享的，一个节点的发送，只有其一跳相邻节点可以听到。

(11) 有限的主机能源。在 Ad Hoc 网络中，主机均是一些移动设备，如 PDA、便携计算机或掌上电脑，主机的能源主要由电池提供，因此 Ad Hoc 网络能源有限。

8.6.3 移动自组织网络的关键技术

20 世纪 90 年代以来，移动 Ad Hoc 网络的研究在世界范围内方兴未艾，已经从无线通信领域中的一个小分支逐渐扩大到相对较独立的领域。目前，无论在国际上，还是在区域上(欧洲和亚洲等地区)，周期性的 Ad Hoc 网络学术会议日益增多。总结国内外研究现状，目前无线自组织网络的主要研究领域包含 MAC 层协议、路由协议、多播路由协议、服务质量保证、网络管理、网络安全等多个方面。

1. MAC 层协议

在无线自组织网络中，节点的通信范围有限和随机移动特性将会产生隐藏和暴露终端等问题。由于现有的 CSMA 协议不能直接应用于无线自组织网络，因此必须采用新型的 MAC 协议，以便获得较高的信道利用率和较低时延的公平接入。对于隐藏终端问题，可以采用控制报文握手协议的方法来解决。但是在单信道条件下却无法彻底解决，为此必须采用双信道方式，即收发数据的数据信道和收发控制信号的控制信道。目前，已经提出了一些可以应用于无线自组织网络的 MAC 协议，如 MACA、MACAW、FAMA、DCF 以及 DBTWA 等。其中，多址接入冲突避免协议(MACA)采用了 RTS/CTS 信道的握手机制，提高了无线信道的利用率，并解决了部分隐藏终端问题，但是仍然无法避免控制分组间的冲突，不具备链路层的确认机制，协议的公平性也较差。针对 MACA 存在的问题，无线多址接入冲突避免协议(MACAW)进行了改进，采用倍数递增线性递减退避算法替代了二进制指数退避算法，可以获得更好的公平性，同时采用 RTS/CTS 的数据应答握手机制，进一步提高信道的利用率，但是此协议的主要缺点是通信中控制信息交互次数太多，并且也不能完全解决暴露终端问题。FAMA 是基于单信道的无线自组织网络接入协议中较成功的一种。美军在无线互联网网关中使用的信道接入协议就是 FAMA，它对 MACA 和 MACAW 做了进一步改进，通过延长 RTS 和 CTS 控制报文的长度来消除控制报文的冲突，从而比较好地解决了隐藏终端问题，同时节点可发送多个报文，增加了网络的吞吐量。IEEE 802.11 的 DCF 提供了对无线自组织网络的支持，信道接入采用 CSMA/CA 机制，并采用了类似于 MACAW 的握手机制，但区别在于它使用了载波监听功能。以上几种方法都是建立在所有相关节点都能听到 RTS/CTS 消息的假设条件基础上，然而在高速移动的大型网络中，这种假设有时并不成立。当网络负载很高时，CTS 发生冲突的概率很大，为了解决这些问题，提出了双忙音多址接入协议(DBTMA)。通过双信道加忙音的方法，不仅解决了隐藏终端问题，而且降低了控制信号发生冲突的概率，因而网络利用率较 MACAW 提高一倍。

上述的信道接入协议在一定程度上解决了信道接入问题，但都存在着一定的局限，一般都要求较小的网络规模和较低的移动性。现在存在着一些移动自组织网络的国际标准，例如：IEEE 802.11 系列、HIPERNET 和 Bluetooth。当前，信道接入协议的研究仍在进行之中，未来的研究方向包括如何为实时业务提高较好的支持、如何支持广播和多播业务以及考虑支持业务优先级和基于受控方式的接入机制等。

2. 路由协议

无线自组织网络路由协议方面的研究是无线自组织网络最重要的研究方向之一。网络中节点随时移动、网络拓扑动态变化，使得传统的距离向量和链路状态路由协议不再适用于无线自组织网络，必须根据无线自组织网络的特点进行修改，或者提出一些新的路由协议。设计良好的路由协议是建立无线自组织网络的首要问题，也是主要的研究热点和难点。至今已经提出了数十种适用于无线自组织网络的路由协议，综合起来可以分为三大类：平面路由协议、层次路由协议、位置路由协议。在平面路由协议中，各节点具有平等的地位。而在层次路由协议中，通常制定一些节点担任簇头的角色，负责其区域内节点和区域间节点的通信。位置路由协议则要求每个节点必须装备 GPS 设备，能够确定节点方位。平面路由协议又可分为预先路由协议和按需路由协议。这里提出了一些比较典型的路由协议，如：预先路由协议中的 FSR、DSDV、OLSR、TBRPF；按需路由协议中的 DSR、AODV；层次路由协议中的 HSR、CGSR、LANMAR、ZRP；位置路由协议中的 GeoCast、DREAM、LAR、GPSR。

1）平面路由协议

平面路由协议的网络比较简单，无需任何的结构维护过程。平面路由协议可分为预先路由协议和按需路由协议两类。

(1) 预先路由协议。预先路由协议一般是表驱动的，它需要在每个节点维护一个或多个路由表，其中包含了该节点到网络中所有其他节点一致的、最新的路由信息。为了维护这样的路由表，每个节点要定期向网络广播拓扑信息，以维护一致的网络拓扑。采用不同数量和内容的路由表以及不同的广播策略就形成了各种不同的具体路由协议，如：DSDV、FSR、OLSR、TBRPF。DSDV 的原理是基于经典的 Bellman-Ford 路由机制的，其所做的主要改进是防止路由表产生循环路由。在 DSDV 协议中，每个节点维护一个路由表，其中记录了网络中所有其他节点以及到达这些节点的跳数。路由表中的记录由目的节点指定的顺序号标识，该顺序号隐含了时间顺序信息，以区分新路由和过时路由，并由此避免路由循环。FSR 是预先型链路状态路由协议，其目的是通过语言效应(即近处的物体清晰、远处的物体模糊)来减少路由信息流量。FSR 对链路状态算法进行了一些修改，使得仅在邻节点间交换链路状态信息，而不是将链路状态信息广播到整个网络。FSR 对于路由表中不同的记录采用不同的时间间隔交换链路状态信息。对于较近的节点用较短的间隔交换链路状态信息，对于较远的节点用较长的间隔交换链路状态信息。通过这些手段不仅减少了路由信息，而且降低了传输频率。OLSR 是一种优化的链路状态协议，与其他表驱动的预先路由协议一样，节点间需要有规律地交换网络拓扑信息，但不是每个节点都可以交换路由信息。被邻节点选为多点中继站的节点才能周期性地向网络广播控制信息，控制信息中包含了把它选为中继节点的那些节点的信息，以告诉网络中其他节点与这些节点直接相连。只有中继节点被用作路由节点，非中继节点不参与路由计算，不转发路由信息。OLSR 减少了路由信息在网络中泛洪程度，降低了网络负载。

(2) 按需路由协议。按需路由协议的出发点是只有当节点需要路由时才建立路由，通信过程中才维持路由，通信完毕就不再维持路由。一般地，按需路由都包括三个过程：路由发现过程、路由维持过程和路由拆除过程。DSR 使用了源路由机制，每一个分组的分组头中包含整条路由的信息，其优点是中间节点不需要维持当前的路由信息，分组自己带有路由信息。再加上按需路由的特性，就避免了周期性的路由广播和邻节点的检测。AODV 是建立在 DSDV 算法之上的，但是它并不维持一个路由表，而是在需要的时候才启动路由选择过程，因此大大降低了路由维持的开销。事实上它是 DSR 和 DSRV 的组合，它借用了 DSR 的按需路由发现和路由维持机制，利用了 DSDV 的多跳路由、顺序编号和周期更新的机制。

(3) 预先路由协议与按需路由协议对比。预先路由协议通过连续地检测链路质量，时刻维护准确的网络拓扑和路由信息，其优点是发送报文时可以立即得到正确的路由。但预先路由协议需要大量的控制报文，开销太大。按需路由协议中的节点不用持续维护网络的拓扑结构，只有需要时才查找相应的路由，这就节省了路由维护的开销，特别是当网络负荷不是很重时，节省的开销更加可观。但查找路由会引起较大的时延，不适用于时延敏感型应用。根据预先路由协议和按需路由协议的度量比较，预先路由协议的吞吐量和端到端的延迟比按需路由协议好，而按需路由协议的路由负荷比预先路由协议小。

2）层次路由协议

层次路由协议中，组内成员的功能比较简单，基本上不需要维护路由，这大大减少了网络中路由控制信息的数量。簇头节点的功能要复杂一些，它要维护好到达其他簇头的路由，还要知道所有节点与簇的关系。但总的来说，在相同网络规模的条件下，路由开销要比平面结构的小。当簇内通信的信息量占较大比例时，各簇可以互不干扰地进行通信，系统的吞吐量显然要比平面结构的要高。层次路由协议的最大优点是可扩充性好，网络规模不受限制。必要时可以通过增加簇的个数或级数来提高网络的容量。但是层次路由也有它的缺点。首先，维护层次路由需要较复杂的簇头选择算法，簇头选择算法需要仔细设计。其次，簇间的信息都要经过簇头寻路，不一定能使用最佳路由。HSR 是一种基于簇头的多层链路状态路由协议。它不仅将网络在物理上划分为一个个区域，而且将网络在逻辑上分成多个层次，第一层的簇头是高一层的成员。分层的目标是减少路由维护的信息量。CGSR 是一种基于簇头的两层距离向量路由协议。整个网络节点划分为许多区域，每个区域选出一个簇头，簇头负责与簇内节点之间通信。两个区域交界的节点为网关节点，其负责跨区域报文转交。整个报文的传送过程为：源节点—簇头—网关节点—簇头—网关节点—簇头—目标节点。ZRP 是一个分层路由协议，它巧妙地结合了按需路由协议和预先路由协议的长处。ZRP 将整个网络分成若干个区域，在一个区域内采用预先路由协议，用于获取区域内节点可达性的完整信息，在区域之间使用按需路由协议。

3）位置路由协议

全球定位系统(GPS)技术的迅速发展，使得定位精度可达到数米的误差范围之内。一些研究表明，在地理位置信息的帮助下，无线自组织网络路由协议的性能可以得到明显提高。下面是几种基于位置信息的路由协议。

(1) 在 GeoCast 协议中，通过分层的位置路由器来实现其报文的转发。当源节点发送报文时，首先看其目标节点是否在本区域内，如果不在则交给上层位置路由器，以此类推，直到转发到其节点所在区域内的位置路由器，再由位置路由器发给区域内所有节点，包括目标节点。

(2) DREAM 是一个预先路由协议，即利用位置信息确定数据分组的泛洪方向。它通过给控制信息设置不同的 TTL 值来实现所谓的距离效应，即两个节点相距越远，它们的相对运动越慢，从而减少网络中的控制信息。

(3) LAR 是一个类似于 DSR 的随选型路由协议，即利用位置信息选择控制分组泛洪的方向，它提出了两种方案——创建包含源节点的请求区域以及利用分组在传输过程中离目的节点越来越近的特点。

目前的各种路由算法各有其长处和短处，各有其使用的场合，没有一种算法能适用于所有情况。

3. 多播路由协议

在无线自组织网络的应用中，如灾难救助、战场指挥、临时会议等，通常都有一个共同的需求，就是一到多或是多到多的数据传输，因此，多播路由协议在无线自组织网络中具有非常重要的作用。近年来，研究人员提出了一些能适应 Ad Hoc 环境的多播路由协议，这些协议可以大致分为三类：第一类是基于树的多播路由协议，如 AMRIS、MAODV、LAM、LGT，它们在源和接收者之间只提供一条路由；第二类是基于网格的多播路由协议，如 ODMRP、CAMP、FGMP，它们在传输数据时能在源和接收者之间提供多跳路由；第三类是混合多播，如 AMRoute、MCEDAR。

在 Ad Hoc 环境中，基于树的多播路由协议来源于有线网络多播路由协议，它们通过建立多播共享树的方法来实现多播。由于网络拓扑结构经常发生变化，因此基于树的多播路由协议数据递交率一般都较低，不能满足应用的需要，但状态维护的工作量较少。而基于网格的多播路由协议因为能提供冗余路径，所以具有较高的健壮性。它们更适用于动态的拓扑结构，分组递交率一般都较高，但状态维护的工作量较多。结合前面的两种多播路由协议就形成了第三种多播方式——混合多播，其核心节点采用基于网格的方式，外围节点采用基于树的方式。

在这些多播路由协议中，由于 ODMRP 是通过源节点在全网广播控制信息来建立和维护路由的，因而，当源节点个数较多时，协议将产生较大的开销，这一特性大大影响了该协议的可扩展性。为了减小这种广播所带来的控制开销，CAMP 使用了核心网格，并不在全网泛洪。模拟结果表明它的可扩展性好于 ODRMP 的可扩展性，不过该协议依赖于底层的单播路由协议。AMRoute 是一种混合多播路由协议，它首先建立核心网格，然后通过核心网格节点去建立多播树。当网络拓扑变化时，只要网格节点与树节点之间还存在链路，就不需要对多播树进行更新。其缺点是由于节点的移动，可能导致路由环路和非优化的多播树。

4. 服务质量保证

无线自组织网络一方面作为一种自治系统，有自身特殊的路由协议和网络管理机制；另一方面作为互联网在无线和移动范畴的扩展和延伸，它又必须能够提供到互联网的无缝接入机制。当前互联网已经可以在一定程度上保证综合业务传输的服务质量(QoS)。近年来随着多媒体应用的普及和无线自组织网络在商业应用中的进展，人们很自然地会产生在 Ad Hoc 网络上传送综合业务的需求，并且希望能像固定的有线网络一样为不同业务的服务质量提供保障。因此无线自组织网络对 QoS 保障的支持显得越来越迫切和重要。但是与固定的有线网络不同，在 Ad Hoc 网络中提供 QoS 支持将面临许多不同于传统网络的新问题和挑战。

QoS 路由的目的是为应用服务寻找满足其 QoS 要求、具有足够网络资源的“端到端”传输路径。由于存在拓扑结构动态变化、链路资源时变、节点资源有限及运动形态不确定等问题，所以 Ad Hoc 网络在为路由协议提供精确的链路状态信息和为路由计算承担所需的大量资源开销、路由维护等方面较为困难。因此，QoS 路由技术一直是一个研究热点，也是 IETF 工作组关注的重点。与传统路由算法的分类方法相似，QoS 路由协议通常可分为预先式 QoS 路由协议和按需式 QoS 路由协议两大类。其中预先式 QoS 路由协议要求每个节点维持一至多张表以存储链路状态信息或基本路由信息，并通过广播方式进行信息更新。当需要进行 QoS 路由计算时，源节点或者根据信息表的有关内容按 QoS 参数约束直接计算出所需的可行路径，或者确定出基本路由策略，并采用部分洪泛机制发送带有 QoS 参数要求的路由请求分组，由中间节点根据其信息表的有关内容分布式完成寻路工作。相关的预先式 QoS 路由协议有 CEDAR、TBP 和基于带宽的 QoS 路由协议等。按需式 QoS 路由协议指当有分组传送需求时才进行 QoS 路由计算的寻路方式。开始传送业务分组前，源节点触发一个路由寻找进程，通常采用洪泛机制发送路由请求分组，并由中间节点根据其接口的基本信息和 QoS 参数要求分布式完成路由寻找工作。相关的按需式 QoS 路由协议有 AODV 扩展 QoS 路由协议、R. Lin 的按需 QoS 路由协议等。

预先式 QoS 路由协议对网路状态信息维护和更新有较高的要求，并由此造成有限网络资源的巨大浪费；而对于按需式 QoS 路由协议，由于业务需求激发往往造成实时业务分组传输的延迟和停顿。因此近年来这两类 QoS 路由协议正逐渐走向融合。将 MAC 层的多址技术和网络层路由技术组合，通过资源预留来满足 QoS 寻路要求，正成为 QoS 路由技术研究领域的新思路。此外，多通道路由多播、路由自适应服务优先 QoS 路由、功率路由、辅助位置路由等也将是 QoS 路由技术未来的研究方向。

5. 网络管理

在任何网络的建设中，控制网络、使网络具有最高效率和可靠工作的网络管理都将是一个必需内容，这一过程通常包括数据收集、数据处理、数据分析和报告生成等。为了实现对网络的控制和管理，OSI 将网络管理划分为五大功能域，这就是我们通常所说的配置管理、性能管理、安全管理、计费管理和故障管理。然而，由于 Ad Hoc 网络的特性决定了管理上比有线网络复杂许多，这是因为网络拓扑的动态变化要求网络管理也是动态自动配置的。而且要考虑到移动节点本身的限制，例如能源有限、链路状态变化和有限的存储能力等，因此要将管理协议给整个网络带来的负荷考虑在内。最后还要考虑到网络管理对不同环境的适用性等。

目前，无线自组织网络的管理研究处于起步阶段。由于其独有的网络特性与完全集中的管理相排斥，因此考虑到网络信息开销和节点的移动性，三级层次结构成为首选。在三层次结构中，最后一级由被称为代理的被管节点组成，许多互相邻近的代理集结成簇 Cluster，由第二级被称为簇首 Cluster head 的节点来管理，而簇首又由被称为网络管理者 Manager 的节点来管理。

6. 网络安全

从安全性的角度看，与传统网络相比，无线自组织网络本身具有许多系统脆弱性。

(1) 无线链路。节点之间的无线链路非常容易受到攻击，例如被动窃听、主动干扰、数据篡改、假冒、消息重放以及拒绝服务等。

(2) 无基础设施的分布式网络。由于没有基础设施的支持，无法事先对网络做出预测，阻碍了传统密钥管理和身份认证等技术的应用，因此，需要采用新的方案来保证网络的安全。

(3) 动态变化的网络。无线自组织网络的动态性和临时性导致节点间的信任关系不断变化，这给密钥管理带来了麻烦。

(4) 节点的特性。节点可以自由漫游并与邻近节点通信，在加入或离开一个子网时无需任何声明。这样，在大多数情况下都难以全面掌握网络成员的情况。在大规模网络中，更无法为大多数节点建立信任关系。在这种情况下，无法保证两个节点间路径上经过的中间节点都按协议操作，不能排除其中存在想要破坏网络的恶意节点。路由协议中的现有机制还不能处理恶意行为的破坏。

正由于无线自组织网络具有诸多系统脆弱性，容易遭受多种攻击，因此其所要求的安全性面临严重威胁，更需要安全的保障。无线自组织网络的安全需求包括机密性、完整性、有效性、身份认证和不可否认性等。

另外，在实验和应用网络的构建上，值得注意的是，一些学者正在研究用蓝牙节点组建Ad Hoc网络。就蓝牙本身的技术来说，蓝牙可以组成微微网(piconet)，微微网通过桥节点(bridge)互连，可以形成多跳的Ad Hoc网络，也称为蓝牙散射网(scatternet)。蓝牙规范尚未对蓝牙微微网之间的通信和基于蓝牙的Ad Hoc网络的形成等内容做出具体描述，这是一个开放的问题，目前已有一些文献针对基于蓝牙的Ad Hoc网络的形成提出了各种不同的协议或方案。

目前，国内学者所发表的Ad Hoc网络的研究成果较少。从2001年起，开始有少量的成果发表，研究类的论文有数十篇，主要成果基本上集中在路由协议的一些改进，少量成果涉及MAC协议的研究。可以说国内在该研究领域基本上是刚刚起步。

8.6.4　移动自组织网络的应用

由于无线移动自组织网络的分布式、无中心、自组织、节点可移动等技术特点，使得它具有可快速临时组网、系统抗毁性强、无需架设网络基础设施等特点。但是，自组织网络节点有限的处理与存储能力和节点有限的能量等缺点，又限制了它的应用场合。目前，自组织网络可能的应用场合可以归纳为以下几类。

1. 军事应用

自组织网络的研究起源于军事通信，目前军事通信仍是自组织网络的主要应用领域。军事无线通信领域要求通信系统必须具备以下特点：移动中通信、网络快速展开与组织、抗毁性强、通信距离远等，这些也恰恰是自组织网络的特点。而且，通信节点的互相协作(帮助其他节点中继转发)这一在民用领域十分困难的问题在军队中很容易做到。目前，也有一些实用的军事通信自组织网络系统存在。

在现代化的战场上，由于没有基站等基础设施，装备了移动通信装置的军事人员、军事车辆以及各种军事设备之间可以借助无线自组织网络进行信息交换，用以保持密切联系和协作完成作战任务。装备了音频传感器和摄像头的军事车辆和设备可以通过无线自组织网络，将目标区域收集到的重要的位置和环境信息传送到处理节点。另外，需要通信的舰队战斗群之间也可以通过无线自组织网络建立通信而不必依赖陆地或卫星通信系统。为了满足信息战和数字化战场的需要，美军研制了大量的无线自组织网络设备，用于单兵、车载、指挥所等不同的场合，并大量装备部队。目前，美国的“斯瑞克”旅战斗队旅级网络支持指挥、态势/指挥与控制、数据库共享(陆军作战指挥系统)、管理/后勤以及火力支援，网络使用单信道地面和机载无线电系统(SINCGARS)、高频、增强定位报告系统(EPLARS)以及近期数字电台(NTDR)等多种无线电系统。目前，NTDR已经取代移动用户设备(MSE)，而战术高速数据网(THSDN)则正在取代NTDR。THSDN目前的传输速率是512 kb/s，将来可能提高到8 Mb/s。目前正处于开发中的是联合战术电台系统(JTRS)。

2. 灾后紧急救援

灾后紧急救援是众多研究者看好的自组织网络应用领域。在发生了地震、水灾、强热带风暴或遭受其他灾难打击后，固定的通信网络设施可能被全部摧毁或无法正常工作，这时就需要自组织网络这种不依赖于任何固定网络设施又能快速布设的通信技术。

无线无中心的自组织网络应急救援指挥系统就是目前应用于灾后紧急救援的自组织网

络系统。

在矿井发生爆炸、倒塌、火灾、水淹等灾害时，其原有的通信设备常常被彻底破坏，而且，灾害后的矿井环境和条件极其恶劣。因此灾后井下的救援抢修人员与地面指挥中心的畅通通信就显得极其重要。

无线无中心的自组织网络通信系统由紧急救援专用无线手持机组成，其通信示意图如图 8－16 所示，该系统具有以下特点：

（1）自组网。系统不需要任何预先架设的通信基础设施，两台以上手持机同时打开，就能够快速、自动组成网络进行语音通信。

（2）接力传输。救援手持机本身既是一个通信终端，同时它也是一个路由中继。每个手持机的单程覆盖范围可达 300 m，并能以接力的方式覆盖 6 km 以上。

（3）系统组网灵活、扩容方便。网络中节点的数量随时增减、位置自由移动而不影响通话。系统能进行实时网络动态管理，动态维护延迟时间小于 1 s。

（4）系统采用喉震耳麦，提高抗干扰能力，避免因环境和噪声影响通话质量。

（5）系统操作也非常简单，使用者无须进行特殊操作，只需像普通对讲机一样使用就可对讲通话。

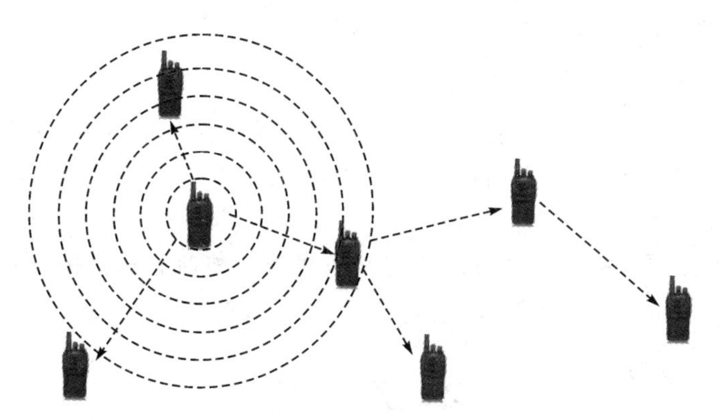

图 8－16　无线无中心的自组织网络通信系统通信示意图

3. 传感器网络

传感器网络是无线自组织网络技术的一个新出现的应用领域。传感器网络是一种新兴的信息获取技术。由于大量微小型传感器节点随机布设，每个传感器节点的功率极为有限，通信距离很短，所以必须自动组网多跳通信，只有这样，才能达到相互协作获取信息，以及实现将传输获取的信息传输到使用者的目的。传感器网络示意图如图 8－17 所示。

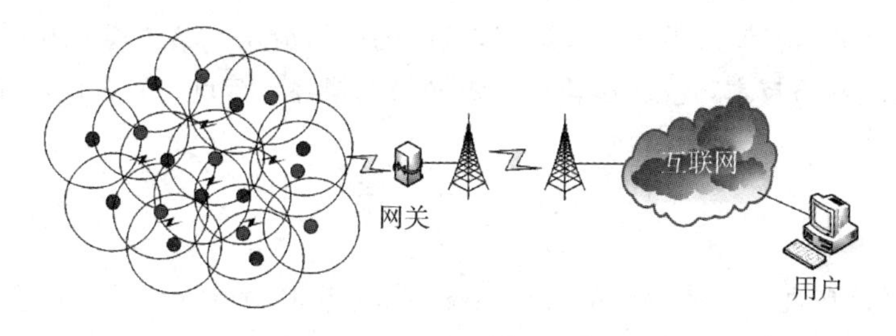

图 8－17　传感器网络示意图

4. 个人通信

个人局域网(PAN)是无线自组织网络技术的又一应用领域，用于实现 PDA、手机、掌上电脑等个人电子通信设备之间的通信，并可以构建虚拟教室和讨论组等崭新的移动对等应用(MP2P)。

5. 移动会议

目前，越来越多的人携带手提电脑、PDA 等便携式设备参加各种会议。在室外临时环境中，工作团体的所有成员可以通过 Ad Hoc 方式组成一个临时网络来协同完成一项大的任务或某个计算任务。在室内办公环境中，办公人员携带的包含 Ad Hoc 收藏器的 PDA 可以通过无线方式自动从台式机上下载电子邮件、更新工作日程表等。

6. 与蜂窝系统结合

自组织网络还可以与蜂窝移动通信系统等公共移动通信系统结合，让终端具备直通和多跳转发的能力。这主要利用了自组织网络较灵活的特点，它可以用来扩大蜂窝移动通信系统的覆盖范围、均衡相邻小区的业务、增加系统容量等。目前，国内外已就自组织网络与蜂窝移动通信系统的结合问题开展了一些研究，主要包括：ODMA、A-GSM、Soprano、Sphinx、iCAR、WWRF、UCAN 和 PARCELs 等。

7. 其他商业应用

自组织网络除了上述一些应用外，还有一些其他商业应用。例如，未来装备 Ad Hoc 收发设备的机场预约和登机系统可以自动地与乘客携带的个人无线 Ad Hoc 设备通信，完成目前的换登机牌等手续。再比如商场内商品 RF 标签可以通过无线接口由 Ad Hoc 设备动态刷新。携带手持无线设备的顾客可以很容易地找到某种商品和价格，目前，这种设备已由 NCR 公司生产。

本章小结

本章介绍了数据链技术发展。首先介绍了联合战术无线电系统，包括背景和目标、地位和作用、体系结构和参考模型、软件通信结构以及关键技术；然后介绍了协同作战能力系统及其关键技术，包括协同作战能力简介、协同作战能力系统设计、协同作战能力网络的战术原理和协同作战能力发展趋势；然后介绍了战术组件网络，包括 TCN 的技术简介、TCN 的组成、TCN 的机制以及 TCN 对 CEC 发展的意义；之后介绍了战术瞄准网络技术，包括战术瞄准网络技术的基本定义和特点，以及 TTNT 的主要研究内容与面临的挑战；再后介绍了宽带网络波形，包括概述、JTRS WNW 的网络应用、操作规范和网络规范；最后介绍了移动自组织网络技术，包括移动自组织网络的概述、特点、关键技术和应用。

思考题

1. 简述数据链在现代化战争中的应用情况，并分析其对现代化战争的影响。
2. 简述数据链在现代化战争中的应用趋势。
3. JTRS 的研发目标是什么？

4. 简述 JTRS 的体系结构和参考模型。
5. JTRS 都采用了哪些关键性技术?
6. 简述协同作战能力(CEC)的主要功能。
7. 简述协同作战能力(CEC)的战术原理。
8. 简述协同作战能力(CEC)的发展趋势。
9. 战术组件网络(TCN)由哪几部分组成?
10. 什么是战术瞄准网络技术(TTNT)?
11. 战术瞄准网络技术(TTNT)主要研究内容有哪些?
12. 宽带网络波形(WNW)主要实现哪些功能?
13. 简述宽带网络波形(WNW)在美军中的应用情况。
14. 简述移动自组织网络的概念。
15. 简述移动自组织网络的主要特点。
16. 移动自组织网络技术的关键技术有哪些?
17. 移动自组织网络的军事应用有哪些?

参考文献

[1] 骆光明. 数据链：信息系统连接武器系统的捷径[M]. 北京：国防工业出版社，2008.
[2] 相征. 数据链技术与系统[M]. 西安：西安电子科技大学出版社，2014.
[3] 赵志勇，毛忠阳，张嵩，等. 数据链系统与技术[M]. 北京：电子工业出版社，2014.
[4] 王润华. 外军数据链安全机制、弱点和攻击方法研究[M]. 北京：国防工业出版社，2007.
[5] 吴礼发，洪征，李华波. 网络攻防原理[M]. 北京：机械工业出版社，2012.
[6] 孙义明，杨丽萍. 信息化战争中的战术数据链[M]. 北京：北京邮电大学出版社，2005.
[7] 孙继银，付光远，车晓春，等. 战术数据链技术与系统[M]. 北京：电子工业出版社，2007.